免费提供 38 个实例源程序和 39 个微课视频

西门子 S7-1500 PLC 从入门到精通

李方园　主　编

吕林锋　副主编

U0299799

電子工業出版社·

Publishing House of Electronics Industry

北京·BEIJING

内 容 简 介

本书以国内广泛使用的西门子 S7-1500 PLC 作为研究对象，按照读者的学习路径，由浅入深、循序渐进地介绍 S7-1500 PLC 的入门基础、硬件配置、程序基本架构、与触摸屏的综合编程、PROFINET 通信功能、工艺指令编程和上位机 WinCC RT 控制等 7 部分内容，各部分内容有机结合、逐层深入、臻于完善。本书采用最新的博途 V15 及其以上版本讲述，不仅向下兼容，而且创新性地通过从入门到精通的 39 个实例及微课视频，使读者真正达到轻松学习的目的。

本书提供的实例源程序请到华信教育资源网 http://www.hxedu.com.cn 下载。

本书深入浅出、图文并茂，不仅适合广大从事自动化、智能控制的技术人员阅读，还可作为高等院校相关专业的教材。

未经许可，不得以任何方式复制或抄袭本书之部分或全部内容。

版权所有，侵权必究。

图书在版编目（CIP）数据

西门子 S7-1500 PLC 从入门到精通/李方园主编 . —北京：电子工业出版社，2020.6
ISBN 978-7-121-38984-9

Ⅰ . ①西…　Ⅱ . ①李…　Ⅲ . ①PLC 技术-教材　Ⅳ . ①TM571.61

中国版本图书馆 CIP 数据核字（2020）第 075879 号

责任编辑：富　军
印　　刷：北京虎彩文化传播有限公司
装　　订：北京虎彩文化传播有限公司
出版发行：电子工业出版社
　　　　　北京市海淀区万寿路 173 信箱　邮编 100036
开　　本：787×1 092　1/16　印张：20.75　字数：531.2 千字
版　　次：2020 年 6 月第 1 版
印　　次：2023 年 3 月第 5 次印刷
定　　价：128.00 元

前　言

　　本书采用最新的博途 V15 及其以上版本介绍西门子 S7-1500 PLC 的硬件配置和编程思路，具有极强的针对性、可读性和实用性。书中所介绍的从入门到精通的 39 个实例均在实训装置上测试通过，理论知识和工程实际应用符合读者的需求，是一本不可多得的好书。

　　本书共有 7 章。第 1 章为 S7-1500 PLC 与博途软件，介绍 S7-1500 PLC 标准型和紧凑型 CPU 的技术指标、标准型 CPU1511-1 PN 的硬件属性、电源选型及 I/O 模块，描述博途软件和 PLCSIM 仿真软件的安装过程。第 2 章介绍 S7-1500 PLC 的硬件配置，包括 CPU 的参数配置、I/O 模块的硬件配置、分布式 I/O 参数配置及硬件配置的编译与下载。第 3 章为 S7-1500 PLC 程序基本架构，从基本数据类型、数据存储区的寻址方式、程序块出发，通过多个应用实例介绍位逻辑指令的应用、定时器指令的应用、计数器指令的应用和数据操作指令的应用，最后通过电动机控制程序的仿真来介绍 S7-1500 PLC 仿真器。第 4 章阐述了 S7-1500 PLC 与触摸屏的综合编程，一方面介绍了触摸屏系统的组成、西门子触摸屏与 S7-1500 PLC 的通信，另一方面介绍了 FC/FB 接口及其应用、SCL 及其应用。第 5 章介绍 S7-1500 PLC 的 PROFINET 通信功能，包括 I-Device 智能设备、S7-1500 PLC 与驱动器的 PROFINET 通信及 S7-1500 PLC 与第三方设备的 PROFINET 通信。第 6 章介绍 S7-1500 PLC 的工艺指令编程，包括 PID 控制的功能与编程、计数模块的功能与编程、运动控制的功能与编程。第 7 章介绍 S7-1500 PLC 的上位机 WinCC RT，包括 WinCC RT 的初步使用、WinCC RT 的应用实例及 OPC UA 在 WinCC RT 上的应用。

　　本书由浙江工商职业技术学院李方园担任主编，吕林锋担任副主编，周宇杰、胡寅、李霁婷、陈亚玲、胡锴锴参与编写。在编写过程中，西门子公司、宁波市电工电气行业协会人工智能分会、宁波市自动化学会的相关技术人员给予了很多帮助，并提供了很多实例，在此一并致谢。

编　者

本书涉及的缩略词

AQ	模拟量输出
AI	模拟量输入
BA	S7-1500 PLC 模块的一种，基本型模块
CH	硬件 I/Q 通道
CM	通信模块
CP	通信处理器
CPU	中央处理器，本书指的是 S7-1500 PLC 控制器
DB	数据块
DI	数字量输入
DP	PROFIBUS 中的一种协议，用于设备级控制系统与分散式 I/O 的通信
DQ	数字量输出
EMC	电磁兼容
ERR	运行时出错
ET200MP	一种分布式 I/O 模块
FB	函数块
FBD	功能块图，PLC 的一种编程语言
FC	函数
GSD	PROFINET/PROFIBUS 站点通用描述文件
HF	S7-1500 PLC 模块的一种，高性能型模块
HMI	人机界面，包括触摸屏、文本和工控机等
HS	S7-1500 PLC 模块的一种，高速型模块
HW	西门子硬件
IRT	实时，指通过硬件来实现实时功能
I-Device	智能设备
IP	网际互联协议
ISO	国际标准化组织
LAD	梯形图，PLC 的一种编程语言
LED	发光二极管
LLDP	链路层发现协议
MES	制造企业生产过程执行管理系统

MRP	西门子的介质冗余协议
MSI	共享设备的输入模块副本
MSO	共享设备的输出模块副本
OB	组织块
ODK	开放式开发套件
OPC UA	新一代 OPC 标准，是目前已经使用的 OPC 工业标准的补充
PG	西门子编程设备
PII	过程映像输入
PIQ	过程映像输出
PLC	可编程控制器
PLCSIM	博途仿真软件，可用于 PLC 和 HMI 的仿真
PM	PLC 的负载电源
PN	PROFINET 的简称
PROFINET	新一代基于工业以太网技术的自动化总线标准
PS	一般指电源，本书特指 PLC 的系统电源
PTO	高速脉冲输出指令
RT	实时，指通过软件来实现实时功能
RTD	电阻式温度传感器
SIMATIC	西门子自动化系列产品品牌统称，来源于 SIEMENS 与 AUTOMATIC 的合成
SCADA	数据采集与监视控制
SCL	结构化控制语言
ST	S7-1500 PLC 模块的一种，标准型模块
STL	语句表，PLC 的一种编程语言
TC	热电偶
TCP	传输控制协议
TIA	全集成自动化软件 TIA Portal 的简称
TM	工艺模块
Web Server	网络服务器

第 1 章　S7-1500 PLC 与博途软件 ································· 1

1.1　S7-1500 PLC ···································· 1

1.1.1　概述 ···································· 1

1.1.2　标准型和紧凑型 CPU 的技术指标 ·················· 3

1.1.3　标准型 CPU1511-1 PN 的硬件属性 ················· 4

1.1.4　电源选型 ································· 5

1.1.5　I/O 模块 ································· 6

1.2　博途软件 ···································· 18

1.2.1　概述 ···································· 18

1.2.2　安装过程 ································· 19

1.2.3　博途 PLCSIM 仿真软件 ······················ 23

第 2 章　S7-1500 PLC 的硬件配置 ······························· 25

2.1　硬件配置基本流程 ································· 25

2.1.1　硬件配置的功能 ····························· 25

2.1.2　添加一个 S7-1500 PLC ······················ 26

2.1.3　配置中央机架 ····························· 28

2.2　CPU 的参数配置 ································· 30

2.2.1　概述 ···································· 30

2.2.2　CPU 的常规配置 ··························· 31

2.2.3　PROFINET 接口的配置 ······················ 33

2.2.4　CPU 的启动 ····························· 39

2.2.5　CPU 循环扫描 ···························· 40

2.2.6　通信负载 ································· 41

2.2.7　系统和时钟存储器 ··························· 41

2.2.8　显示屏的功能 ····························· 42

2.3　I/O 模块的硬件配置 ······························ 44

2.3.1　数字量输入模块的硬件配置 ······················ 44

2.3.2　数字量输出模块的硬件配置 ······················ 46

2.3.3　模拟量输入模块的硬件配置 ······················ 50

2.3.4　模拟量输出模块的硬件配置 ······················ 55

2.4 分布式 I/O 参数配置 ··· 58

2.4.1 ET200MP 概述 ·· 58

2.4.2 配置 ET200MP ·· 59

2.4.3 PROFINET I/O 模式下的 DI 模块组态 ····································· 61

2.4.4 PROFINET I/O 模式下的 DQ 模块组态 ···································· 66

2.5 硬件配置的编译与下载 ··· 73

2.5.1 硬件配置的编译 ·· 73

2.5.2 硬件配置的下载 ·· 76

第 3 章 S7-1500 PLC 程序基本架构 ··· 80

3.1 基本数据类型 ··· 80

3.1.1 位数据类型 ··· 82

3.1.2 数学数据类型 ··· 83

3.1.3 字符数据类型 ··· 84

3.1.4 时间数据类型 ··· 85

3.2 数据存储区的寻址方式 ··· 86

3.2.1 寻址方式 ··· 86

3.2.2 位寻址方式 ··· 87

3.2.3 字节、字及双字寻址方式 ··· 88

3.2.4 I/O 外设寻址方式 ··· 89

3.2.5 数据块（DB）存储区及其读取方式 ··· 89

3.3 程序块 ·· 91

3.3.1 程序块的类型 ··· 91

3.3.2 用户程序的结构 ·· 91

3.3.3 使用程序块来构建程序 ··· 92

3.3.4 OB 可实现的功能 ··· 93

3.4 位逻辑指令的应用 ··· 94

3.4.1 位逻辑"与""或""非"指令 ··· 94

3.4.2 用常开、常闭触点和输出线圈实现基本梯形图的功能 ························· 95

3.4.3 用自锁/互锁功能实现电动机正/反转 ·· 100

3.4.4 位逻辑运算指令汇总 ··· 104

3.5 定时器指令的应用 ·· 106

3.5.1 概述 ··· 106

3.5.2 TON 指令 ·· 107

3.5.3 TOF 指令 ·· 110

3.5.4 TP 指令 ·· 111

3.5.5 TONR 指令 ··· 112

3.5.6 应用定时器指令实现灯的各种控制 ··· 113

3.6 计数器指令的应用 ·· 116

3.6.1　概述 ……………………………………………………………… 116

3.6.2　CTU 指令 ………………………………………………………… 118

3.6.3　CTD 指令 ………………………………………………………… 119

3.6.4　CTUD 指令 ……………………………………………………… 120

3.7　数据操作指令的应用 ………………………………………………… 122

3.7.1　比较指令 …………………………………………………………… 122

3.7.2　移动指令 …………………………………………………………… 124

3.7.3　数学运算指令 ……………………………………………………… 126

3.7.4　其他数据指令 ……………………………………………………… 129

3.7.5　数据指令的应用实例 ……………………………………………… 131

3.8　仿真软件 PLCSIM ……………………………………………………… 136

3.8.1　启动 S7-1500 PLC 仿真器 ………………………………………… 136

3.8.2　创建 SIM 表格 …………………………………………………… 141

3.8.3　创建序列 …………………………………………………………… 142

第 4 章　S7-1500 PLC 与触摸屏的综合编程 ………………………………… 144

4.1　触摸屏 ………………………………………………………………… 144

4.1.1　触摸屏系统的组成 ………………………………………………… 144

4.1.2　触摸屏的软件编程 ………………………………………………… 145

4.2　西门子精智系列触摸屏 ……………………………………………… 147

4.2.1　触摸屏与 S7-1500 PLC 的通信 …………………………………… 147

4.2.2　触摸屏与 S7-1500 PLC 的应用 …………………………………… 148

4.3　复合数据类型 ………………………………………………………… 159

4.3.1　概述 ………………………………………………………………… 159

4.3.2　数组的应用 ………………………………………………………… 161

4.4　FC/FB 接口 …………………………………………………………… 167

4.4.1　FC 接口区的定义 ………………………………………………… 167

4.4.2　无形参 FC 和有形参 FC …………………………………………… 168

4.4.3　FB 的接口区和背景数据块 ……………………………………… 169

4.4.4　FC /FB 实参与形参的结构体传递 ………………………………… 171

4.4.5　Struct 的应用 ……………………………………………………… 173

4.5　SCL 及其应用 ………………………………………………………… 182

4.5.1　指令 ………………………………………………………………… 182

4.5.2　用 SCL 指令进行数学运算 ………………………………………… 184

4.5.3　SCL 的逻辑控制 …………………………………………………… 188

4.5.4　SCL 数组操作 ……………………………………………………… 191

4.5.5　时钟与报警的 SCL 编程 …………………………………………… 194

第 5 章　S7-1500 PLC 的 PROFINET 通信功能 …………………………… 201

5.1　S7-1500 PLC 通信基础 ………………………………………………… 201

5.1.1 通信与网络结构 ……………………………………………………………… 201

5.1.2 从 PROFIBUS 到 PROFINET 的转变 …………………………………… 203

5.1.3 S7-1500 PLC 支持的以太网通信服务 …………………………………… 204

5.1.4 S7-1500 PLC PROFINET 设备名称 ……………………………………… 206

5.2 I-Device 智能设备 ………………………………………………………… 207

5.2.1 在相同项目中配置 I-Device ……………………………………………… 207

5.2.2 在不同项目中配置 I-Device ……………………………………………… 211

5.3 S7-1500 PLC 与驱动器的 PROFINET 通信 ………………………… 214

5.3.1 G120 变频器的速度控制 ………………………………………………… 214

5.3.2 V90 伺服驱动器的速度控制 ……………………………………………… 221

5.4 S7-1500 PLC 与第三方设备的 PROFINET 通信 …………………… 223

5.4.1 S7-1500 PLC 与南京华太 SMARTLINK 设备的 PROFINET 通信 …… 223

5.4.2 S7-1500 PLC 与 ABB 机器人的 PROFINET 通信 …………………… 227

第 6 章 S7-1500 PLC 的工艺指令编程 ……………………………………… 236

6.1 PID 控制的功能与编程 ……………………………………………………… 236

6.1.1 PID 控制概述 …………………………………………………………… 236

6.1.2 PID 控制器 ……………………………………………………………… 239

6.1.3 西门子 PID_Compact 工艺对象与编程 ………………………………… 241

6.2 计数模块的功能与编程 ……………………………………………………… 251

6.2.1 概述 ……………………………………………………………………… 251

6.2.2 TM Count 2×24V 模块 …………………………………………………… 252

6.3 运动控制的功能与编程 ……………………………………………………… 260

6.3.1 概述 ……………………………………………………………………… 260

6.3.2 G120 驱动器的运动控制功能 …………………………………………… 260

第 7 章 S7-1500 PLC 的上位机 WinCC RT ……………………………… 273

7.1 WinCC RT 的初步使用 …………………………………………………… 273

7.1.1 概述 ……………………………………………………………………… 273

7.1.2 WinCC RT 使用实例 …………………………………………………… 275

7.2 WinCC RT 的应用实例 …………………………………………………… 280

7.2.1 WinCC RT 的 VB 脚本编程 …………………………………………… 280

7.2.2 WinCC RT 创建变量的限制 …………………………………………… 284

7.2.3 WinCC RT 的复杂实例 ………………………………………………… 284

7.3 OPC UA 在 WinCC RT 上的应用 ………………………………………… 306

7.3.1 概述 ……………………………………………………………………… 306

7.3.2 S7-1500 PLC 作为 OPC UA 服务器实现通信 ………………………… 307

7.3.3 服务器为 WinCC RT 和客户端为精智面板的 OPC UA 通信 ………… 313

参考文献 ………………………………………………………………………… 318

第 1 章
S7-1500 PLC 与博途软件

 导读

　　西门子 S7-1500 PLC 采用多种创新技术，在通信上设定了新标准，有高速背板总线接口和多达 3 个 PROFINET 接口，适用于小型设备及对速度和准确性要求较高的复杂设备。

　　西门子 S7-1500 PLC、触摸屏及其运动控制功能可以无缝集成到同一个博途项目，极大地提高了工程组态效率和工作效率。

1.1 S7-1500 PLC

1.1.1 概述

　　目前市场上主流的 PLC 产品为西门子 S7 系列 PLC，包括 S7-200SMART PLC、S7-1200 PLC、S7-300 PLC、S7-400 PLC、S7-1500 PLC 等，具有体积小、速度快、标准化等特点，借助优秀的网络通信能力和 OPC UA 标准可以构成复杂多变的控制系统。图 1-1 为典型的自动化系统，系统的核心是 S7-1500 PLC，通过在现场层、控制层和管理层分别部署 S7-1500 PLC 的硬件产品和博途（TIA）软件，实现管理控制一体化。

　　S7-1500 PLC 与共用一个博途软件的 S7-1200 PLC 相比（见图 1-2），其复杂性、系统性更高。S7-1500 PLC 是高级可编程控制器；S7-1200 PLC 是基本可编程控制器。

　　S7-1500 PLC 的特点主要体现在高性能、开放性、高效的工程组态、集成运动控制功能、可靠诊断和创新型设计等方面。

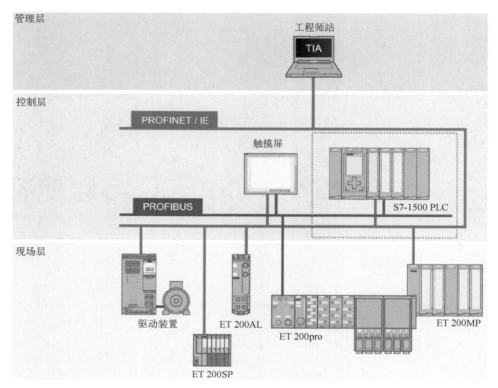

图 1-1 典型的自动化系统

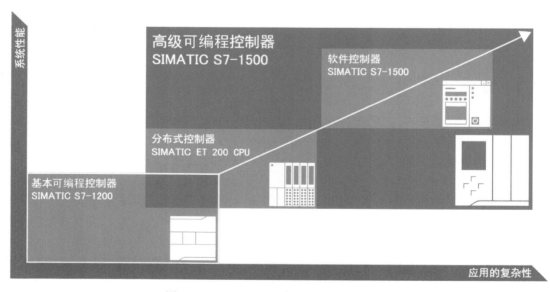

图 1-2 S7-1500 PLC 与 S7-1200 PLC 比较

1. 高性能

S7-1500 PLC 的高性能体现在以下几个方面：

（1）CPU 最快的位指令运行速度达 1ns；

（2）采用百兆级背板总线确保极端的响应时间；

（3）强大的通信能力，CPU 本体支持最多 3 个以太网接口；

（4）支持最快 $125\mu s$ 的 PROFINET 数据刷新时间。

2. 开放性

S7-1500 PLC 的开放性体现在：集成标准化的 OPC UA 通信协议；连接控制层和 IT 层；可实现与上位 SCADA、MES、ERP 或云端的安全高效通信；通过 PLC SIM Adv 可将虚拟 PLC 的数据与仿真软件对接；通过虚拟调试可提前预知错误，缩短现场调试时间。

3. 高效的工程组态

S7-1500 PLC 高效的工程组态体现在：统一编程调试平台，程序通用，拓展性强；支持 IEC 61131-3 编程语言（LAD、FBD、STL、SCL 和 Graph）；借助 ODK 可直接运行高级语言算法（C/C++）。

4. 集成运动控制功能

S7-1500 PLC 的集成运动控制功能体现在：可直接对速度控制轴、凸轮传动等从简单到复杂的运动控制任务进行编程；可借助 I/O 模块实现各种 PTO 等轴控制工艺功能；可进一步扩充产品线，支持绝对同步、凸轮控制等高端运动控制功能。

5. 可靠诊断

S7-1500 PLC 的可靠诊断体现在：借助 1:1 LED 通道分配，可在现场快速定位错误；发生故障时，无需编程就可通过编程软件、触摸屏、Web Server 等途径快速实现通道级诊断；使用标准化的 ProDiag 功能，可高效分析过程错误，甚至在触摸屏中直接查看出现错误的程序段，大大缩短调试与生产停机时间。

6. 创新型设计

S7-1500 PLC 的创新型设计体现在：CPU 自带面板支持诊断、初始调试和维护，可以直接查看变量状态、IP 地址分配、备份、趋势图，读取程序循环时间，支持自定义页面和多语言等功能；包含智能多功能型 I/O 模块，优化了产品线，方便用户选型与备品、备件的替换。

1.1.2　标准型和紧凑型 CPU 的技术指标

S7-1500 PLC 是一种模块化的控制系统，采用模块化与无风扇设计，很容易实现分布式结构，主要应用在纺织机械、包装机器、通用机械、机床、汽车工程、水处理、食品饮料等行业中。S7-1500 PLC 主要由电源模块、中央处理器（CPU）、导轨、信号模块、通信模块和工艺模式等部件组成。图 1-3 为 S7-1500 PLC 中标准型 CPU（CPU1511-1 PN）的安装示意图。表 1-1 为标准型和紧凑型 CPU 的技术指标。

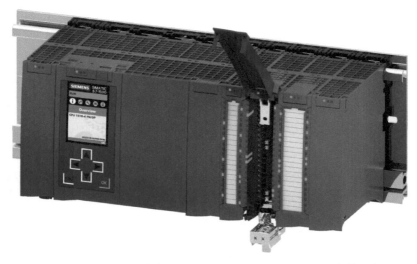

图 1-3　S7-1500 PLC 中标准型 CPU（CPU1511-1 PN）的安装示意图

表 1-1　标准型和紧凑型 CPU 的技术指标

CPU 类型	适用领域	PROFIBUS 接口	PROFINET IO RT/IRT 接口	PROFINET IO RT 接口	PROFINET 基本功能	工作存储器 容量	位操作 处理时间
CPU1511-1 PN	适用于中小型设备的标准型 CPU	—	1	—	—	1.15MB	60ns
CPU1513-1 PN	适用于中等设备的标准型 CPU	—	1	—	—	1.8MB	40ns
CPU1515-2 PN	适用于大中型设备的标准型 CPU	—	1	1	—	3.5MB	30ns
CPU1516-3 PN/DP	适用于高端设备和通信任务的标准型 CPU	1	1	1	—	6MB	10ns
CPU1517-3 PN/DP	适用于高端设备和通信任务的标准型 CPU	1	1	1	—	10MB	2ns
CPU1518-4 PN/DP	适用于高性能设备、高要求通信任务和超短响应时间的标准型 CPU	1	1	1	1	24MB	1ns
CPU1511C-1 PN	适用于中小型设备的紧凑型 CPU	—	1	—	—	1.175MB	60ns
CPU1512C-1 PN	适用于中等设备的紧凑型 CPU	—	1	—	—	1.25MB	48ns

1.1.3　标准型 CPU1511-1 PN 的硬件属性

图 1-4 为标准型 CPU1511-1 PN 的正面板标识，包括 LED 指示灯、CPU 显示屏和按键等，与系统电源、I/O 模块和带有集成 DIN 导轨的安装导轨组成的 PLC 实物图如图 1-5 所示。

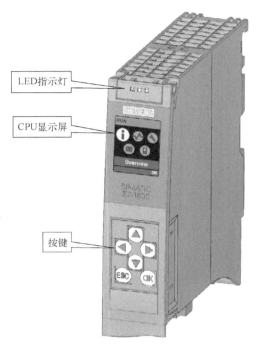

图 1-4 标准型 CPU1511-1 PN 的
正面板标识

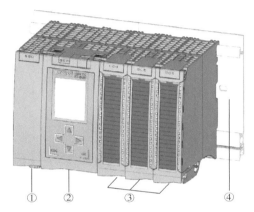

①系统电源；②CPU；③I/O 模块；
④带有集成 DIN 导轨的安装导轨。

图 1-5 PLC 实物图

本书的大部分实例均是以标准型 CPU1511-1 PN 为基础进行讲解的。图 1-6 为配置 CPU1511-1 PN 的 S7-1500 PLC、ET 200MP 及触摸屏共同组成的自动化工程组态。

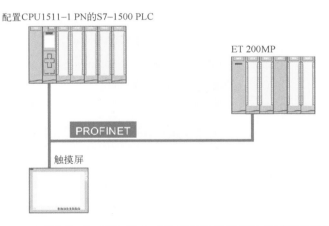

图 1-6 配置 CPU1511-1 PN 的 S7-1500 PLC、ET 200MP 及触摸屏共同组成的自动化工程组态

1.1.4 电源选型

S7-1500 PLC 通过负载电源（PM）进行供电，为背板总线供电的系统电源（PS）集成

在 CPU 中。在进行电源选型时，首先根据自动化工程规模确定所需的自动化系统电源；其次根据具体系统组态，最多可选用两个附加系统电源模块，对集成的系统电源进行扩展。如果需要实施的工程项目具有较高的电力要求（如 I/O 负载组），则可额外连接负载电源。表 1-2 为 S7-1500 PLC 的两种电源选型。

表 1-2　S7-1500 PLC 的两种电源选型

电　源	说　明
负载电源（PM）	为 S7-1500 PLC 提供 24V 直流电压，可直接安装在 CPU 的左边（不连接背板总线）；通过系统电源为背板总线供电时，可通过 24V 直流电压为 CPU/接口模块供电
系统电源（PS）	仅提供 S7-1500 PLC 内部所需的系统电压；为部分模块和 LED 指示灯供电

1.1.5　I/O 模块

1. 概述

S7-1500 PLC 支持各种品种 I/O 模块。表 1-3 为 S7-1500 PLC 选配的 I/O 模块，包括高速型（HS）、高性能型（HF）、标准型（ST）、基本型（BA）等四种类型。

表 1-3　S7-1500 PLC 选配的 I/O 模块

类　型	性　价　比	是否带有模拟量模块
高速型（HS）	适用于超高速应用的专用模块，输入延时时间极短，转换时间极短，等时同步模式	否
高性能型（HF）	应用极为灵活，尤其适用于复杂应用，支持按通道进行参数设置，支持按通道进行诊断，支持附加功能	带有模拟量模块： 最高精度<0.1%； 高共模电压，如 60V DC/30V AC，如果进行单通道电气隔离
标准型（ST）	价格适中，支持按负载组/模块进行参数设置，支持按负载组/模块进行诊断	带有模拟量模块： 通用模块； 精度 = 0.3%； 共模电压为 10~20V
基本型（BA）	经济实用型基本模块，无参数设置，无诊断功能	否

根据工程项目的复杂程度及具体的技术和功能需求，可根据如图 1-7 所示的方法灵活选择 I/O 模块的类型。

2. 前连接器和屏蔽触点

前连接器用于连接 I/O 模块。对于支持 EMC 标准信号的 I/O 模块（如模拟量模块和工艺模块），在连接前连接器时还需要一个屏蔽触点。使用螺钉型端子和直插式端子连接时，前连接器可连接 35mm 的 I/O 模块；使用直插式端子连接时，前连接器可连接 25mm 的 I/O 模块。25mm I/O 模块的前连接器是模块自带的，通过一个直插式供电元器件，即可为模拟量模块提供 24V 的直流电压。屏蔽触点包括屏蔽支架和屏蔽端子。屏蔽支架与屏蔽端子一起使用时，可在最短的安装时间内实现模块层级屏蔽线的低阻抗连接，且安装时无需使用工具。图 1-8 为前连接器和屏蔽触点的型号与外观。

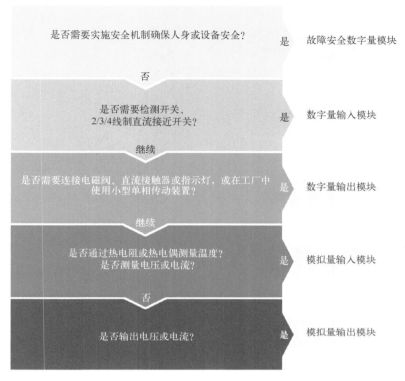

图 1-7　I/O 模块类型的选择

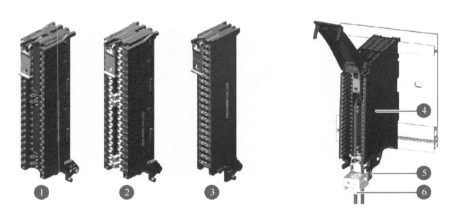

①带螺钉型端子的 35mm 前连接器；②带直插式端子的 35mm 前连接器；
③带直插式端子的 25mm 前连接器；④前连接器；⑤屏蔽支架；⑥屏蔽端子。

图 1-8　前连接器和屏蔽触点的型号与外观

不带屏蔽触点前连接器的连接（见图 1-9）步骤如下：

（1）断电后，将电缆束上附带的电缆固定夹（电缆扎带）放置在前连接器上 [图 1-9（a）]。

（2）向上旋转已连接 I/O 模块的前盖直至锁定 [见图 1-9（b）]。

（3）将前连接器接入预接线位置，即首先将前连接器挂到 I/O 模块底部，然后将其向上旋转直至锁定［见图 1-9（c）］。

（4）在此位置，前连接器仍然从 I/O 模块中凸出［见图 1-9（d）］，前连接器和 I/O 模块尚未进行电气连接，方便通过预接线的位置轻松地对前连接器进行接线。

（5）将前连接器直接接入最终位置，使用固定夹将电缆束环绕，拉动固定夹将电缆束拉紧。

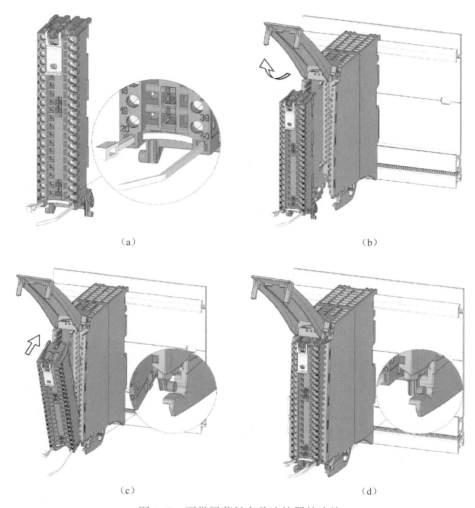

图 1-9   不带屏蔽触点前连接器的连接

在连接带屏蔽触点的前连接器时，需要卸下前连接器下半部分的连接分离器，并插入电源部件，从下方将屏蔽支架插入前连接器的导向槽，直至锁定到位；将电缆束的附带固定夹（电缆扎带）置于前连接器，如图 1-10 所示。

图 1-11 为电源部件，端子 41/42 和 43/44 彼此电气连接。如果将电源连接到 41（L+）和 44（M）端，则通过 42（L+）和 43（M）端子可以为下一个模块供电。

使用固定夹（电缆扎带）将电缆束环绕，拉动固定夹将电缆束拉紧，再从下方将屏蔽线夹插入屏蔽支架，以连接电缆套管，如图 1-12 所示。

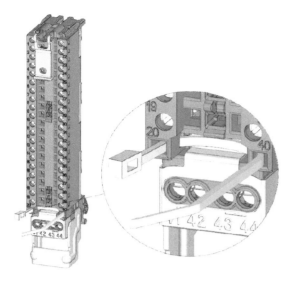

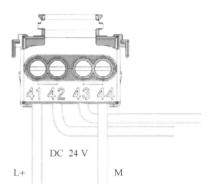

图 1-10　带屏蔽触点前连接器的连接　　　　　图 1-11　电源部件

3. 数字量输入 DI 32×24VDC BA 模块

图 1-13 为数字量输入 DI 32×24VDC BA 模块（编号为 6ES7521-1BL10-0AA0，该编号为订货号，下文中的编号含义相同）的外观。

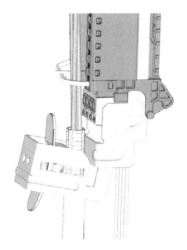

图 1-12　拉紧电缆束后，将屏蔽线夹　　　　　图 1-13　数字量输入 DI 32×24VDC BA
　　　　　插入屏蔽支架　　　　　　　　　　　　　　　模块的外观

DI 32×24VDC BA 模块具有下列技术特性：

（1）32 点数字量输入，漏型输入，并按每组 16 个进行电气隔离。

（2）额定输入电压为直流 24V：信号"0"为 −30～+5V，信号"1"为 +11～+30V。输入电流信号"1"的典型值为 2.7mA。

（3）适用于 2/3/4 线制接近开关，允许的最大静态电流（以 2 线制传感器为例）

为 1.5mA。

（4）当输入电压额定值时，从"0"到"1"和从"1"到"0"的输入延时都为 3~4ms。

（5）与数字量输入 DI 16×24VDC BA（6ES7521-1BH10-0AA0）模块兼容。

图 1-14 为 DI 32×24VDC BA 模块的接线与通道分配。

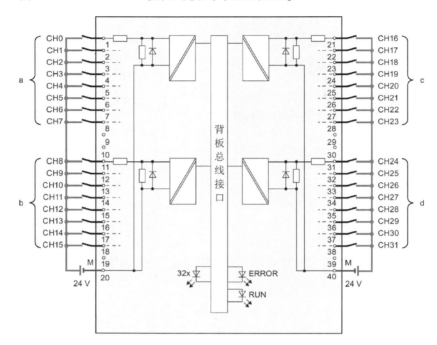

图 1-14   DI 32×24VDC BA 模块的接线与通道分配

图 1-15 为 DI 32×24VDC BA 模块的 LED 指示灯。DI 32×24VDC BA 模块除了有 CH0~CH31 通道的通/断 LED 指示灯，还有 RUN 状态 LED 指示灯（绿色）和 ERROR 错误 LED 指示灯（红色）。RUN 状态 LED 指示灯和 ERROR 错误 LED 指示灯的含义和解决方法见表 1-4。

表 1-4   RUN 状态 LED 指示灯和 ERROR 错误 LED 指示灯的含义和解决方法

RUN	ERROR	含　　义	解　决　方　法
□ 灭	□ 灭	背板总线上电压缺失或过低	接通 CPU 和/或系统电源模块。 验证是否插入 U 型连接器。 检查是否插入过多的模块
☼ 闪烁	□ 灭	模块正在启动	——
■ 亮	□ 灭	模块准备就绪	
☼ 闪烁	☼ 闪烁	硬件缺陷	更换模块

4. 数字量输出 DQ 32×24VDC/0.5A HF 模块

数字量输出 DQ 32×24VDC/0.5A HF 模块（6ES7522-1BL01-0AB0）具有下列技术

特性：

（1）输出 32 个数字量，且按每组 8 个进行电气隔离。

（2）额定输出电压为直流 24V，每个通道的额定输出电流为 0.5A。

（3）可组态替代值（按通道）、可组态诊断（按通道）。

（4）适用于电磁阀、直流接触器、指示灯及执行器的开关循环计数器。

（5）与 DQ 16×24VDC/0.5A ST（6ES7522-1BH00-0AB0）、DQ 16×24VDC/0.5A HF（6ES7522-1BH01-0AB0）、DQ 32×24VDC/0.5A ST（6ES7522-1BL00-0AB0）等数字量输出模块兼容。

图 1-16 为 DQ 32×24VDC/0.5A HF 模块的接线与通道分配。

当 4 个负载组连接到非隔离的相同电位上时，可以使用前连接器随附的电位跳线连接，并确保每个电位跳线上的最大电流不超过 8A。电位跳线操作步骤示意图如图 1-17 所示。

（1）将 24V 直流电源连接到端子 19 和 20 上。

（2）在 9 和 29（L+）、10 和 30（M）、19 和 39（L+）、20 和 40（M）端子之间插入电位跳线。

（3）在端子 29 和 39 之间、30 和 40 之间插入电位跳线。

（4）使用端子 9 和 10 为下一个模块供电。

图 1-18 为 DQ 32×24VDC/0.5A HF 模块的 LED 指示灯。RUN 和 ERROR 的 LED 指示灯含义和解决方法见

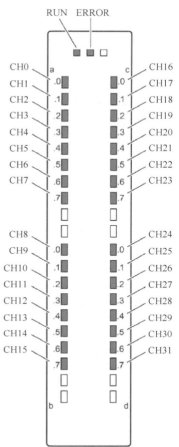

图 1-15　DI 32×24VDC BA 模块的 LED 指示灯

表 1-5。PWR1/PWR2/PWR3/PWR4 的 LED 指示灯含义和解决方法见表 1-6。MAINT 状态指示灯亮时，表示维护中断"限值警告"挂起。

表 1-5　RUN 和 ERROR 的 LED 指示灯含义和解决方法

RUN	ERROR	含　义	解 决 方 法
□ 灭	□ 灭	背板总线上电压缺失或过低	接通 CPU 和/或系统电源模块。验证是否插入 U 型连接器。检查是否插入过多的模块
※ 闪烁	□ 灭	模块启动并在设置有效参数分配之前一直闪烁	—
■ 亮	□ 灭	模块已组态	
■ 亮	※ 闪烁	表示模块错误（至少有一个通道存在故障，例如接地短路）	判断诊断数据并消除错误（例如检查电缆）
※ 闪烁	※ 闪烁	硬件故障	更换模块

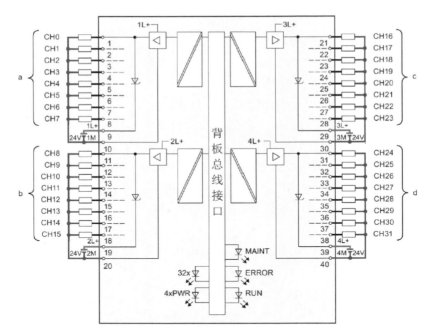

图 1-16　DQ 32×24VDC/0.5A HF 模块的接线与通道分配

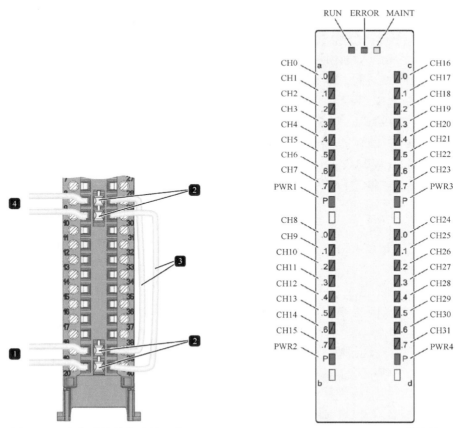

图 1-17　电位跳线操作步骤示意图　　图 1-18　DQ 32×24VDC/0.5A HF 模块的 LED 指示灯

表 1-6　PWR1/PWR2/PWR3/PWR4 的 LED 指示灯含义和解决方法

PWR1/PWR2/PWR3/PWR4	含　义	解 决 方 法
□ 灭	电源电压 L+过低或缺失	检查电源电压 L+
■ 亮	有电源电压 L+且正常	—

5. 模拟量输入 AI 8×U/I/RTD/TC ST 模块

模拟量输入 AI 8×U/I/RTD/TC ST 模块（6ES7531-7KF00-0AB0）具有下列技术特性：

（1）8 个模拟量输入端，按照通道设置电压的测量类型、电流的测量类型、4 通道电阻的测量类型、4 通道热电阻（RTD）的测量类型、热电偶（TC）的测量类型。

（2）能读取 16 位精度（包括符号）。

（3）可组态诊断（每个通道）。

（4）可按通道设置超限时的硬件中断（每个通道设置两个下限和两个上限）。

AI 8×U/I/RTD/TC ST 模块可连接多种类型的传感器；不需要量程卡进行内部跳线；使用不同序号的端子连接不同类型的传感器；在博途软件中进行配置。该模块的优势是没有通道组的概念，相邻通道之间连接传感器的类型没有限制。例如，第一个通道连接电压信号，第二个通道可以连接电流信号。

图 1-19 为 AI 8×U/I/RTD/TC ST 模块用于电压测量的引脚分配。图中，将电源部件插入

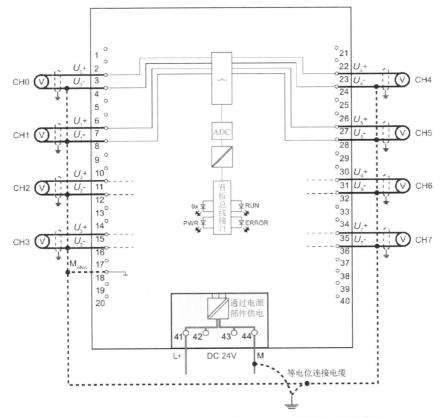

图 1-19　AI 8×U/I/RTD/TC ST 模块用于电压测量的引脚分配

前连接器为模块供电，即通过端子 41（L+）和 44（M）供电，通过端子 42（L+）和 43（M）为下一个模块供电。

图 1-20 为 AI 8×U/I/RTD/TC ST 模块的 2 线制变送器电流测量示意图，共有 8 个通道。

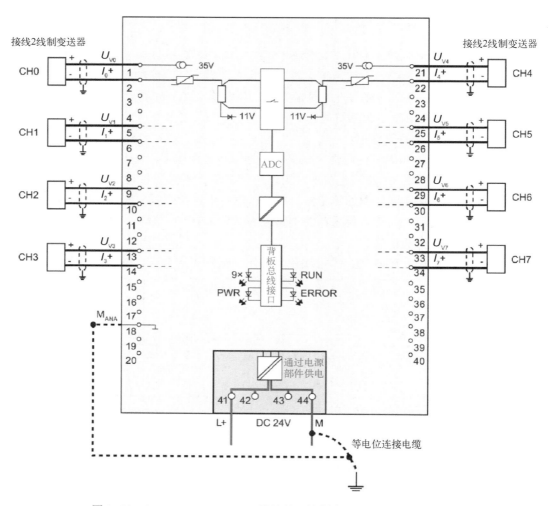

图 1-20　AI 8×U/I/RTD/TC ST 模块的 2 线制变送器电流测量示意图

图 1-21 为 AI 8×U/I/RTD/TC ST 模块的 RTD 测量示意图，共有 3 种接线方式，分别对应 2 线制连接、3 线制连接、4 线制连接。图 1-22 为 AI 8×U/I/RTD/TC ST 模块的接地型热电偶测量示意图。

AI 8×U/I/RTD/TC ST 模块的连接总结如下：

（1）连接电压类型传感器时，使用通道 4 个端子中的第 3、第 4 端子连接。

（2）连接 4 线制电流信号时，仪表的电源与信号线分开，使用通道 4 个端子中的第 2、第 4 端子连接。

（3）连接 2 线制电流信号时，仪表的电源与信号线共用，使用通道 4 个端子中的第 1、

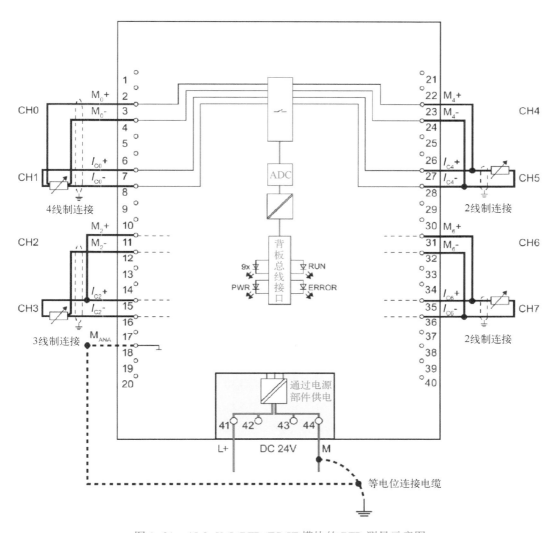

图 1-21　AI 8×U/I/RTD/TC ST 模块的 RTD 测量示意图

第 2 端子连接。

（4）连接热电阻信号时，使用 1、3、5、7 通道 4 个端子中的第 3、第 4 端子向传感器提供恒流源信号 IC+ 和 IC−，在热电阻上产生电压信号，使用相应 0、2、4、6 通道 4 个端子中的第 3、第 4 端子作为测量端。测量 2 线制、3 线制、4 线制热电阻信号的原理相同，都需要占用两个通道。考虑到导线电阻对测量阻值的影响，使用 4 线制连接和 3 线制连接可以补偿测量电缆中由于电阻而引起的偏差，使测量结果更精确。

（5）连接热电偶时，使用通道 4 个端子中的第 3、第 4 端子连接。热电偶由传感器及安装和连接所需部件组成。热电偶的两根导线可以使用不同金属或金属合金，根据材料的成分可以分为几种热电偶，例如 K 型、J 型和 N 型热电偶。不管类型如何，所有热电偶的测量原理都相同。

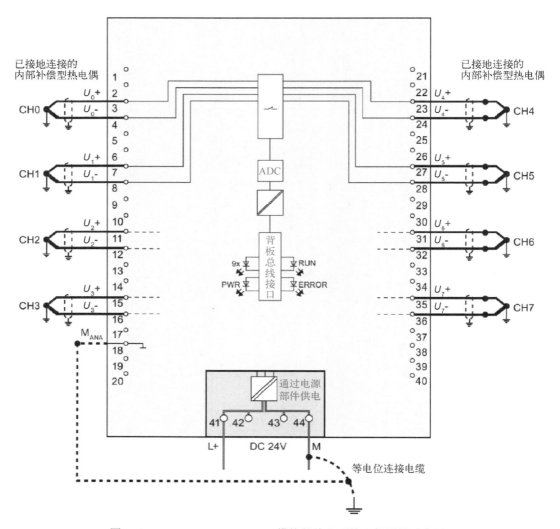

图 1-22   AI 8×U/I/RTD/TC ST 模块的接地型热电偶测量示意图

6. 模拟量输出 AQ 8×U/I HS 模块

模拟量输出 AQ 8×U/I HS（6ES7532-5HF00-0AB0）模块具有下列技术特性：

（1）基于通道有 8 个模拟量输出可供选择，可以选择电流输出的通道、电压输出的通道。

（2）精度为 16 位（包含符号）。

（3）可组态诊断（每个通道）。

（4）可快速更新输出值。

图 1-23 为 AQ 8×U/I HS 模块的电压输出接线示意图，可以采用 2 线制连接，也可以采用 4 线制连接。

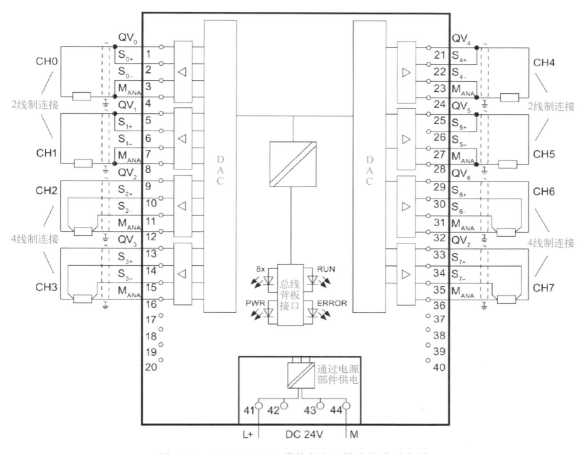

图 1-23　AQ 8×U/I HS 模块的电压输出接线示意图

图 1-24 为 AQ 8×U/I HS 模块的电流输出接线示意图。

AQ 8×U/I HS 模块的接线总结如下：

（1）连接 2 线制电压负载时，使用通道 4 个端子中的第 1、第 4 端子连接负载，第 1 和第 2 端子需要短接，第 3 和第 4 端子需要短接。

（2）连接 4 线制电压负载时，使用通道 4 个端子中的第 1、第 4 端子连接负载，第 2 和第 3 端子同样需要连接负载。连接负载的电缆会产生分压作用，加在负载两端的电压可能不准确。使用通道中的 S+、S- 端子连接相同的电缆到负载侧，测量电缆实际的阻值，并在输出端加以补偿，可保证输出的准确性。

（3）连接电流负载时，使用通道 4 个端子中的第 1 和第 4 端子连接。

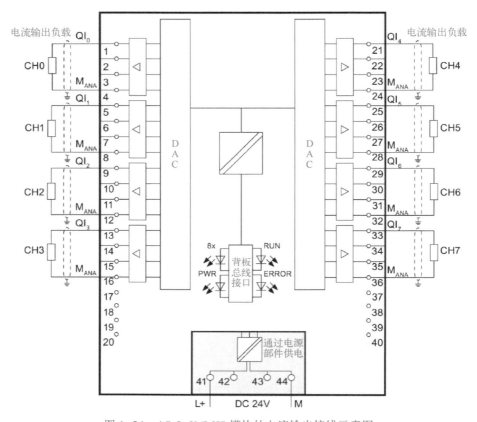

图 1-24　AQ 8×U/I HS 模块的电流输出接线示意图

1.2　博途软件

1.2.1　概述

全集成自动化软件 TIA portal 简称 TIA 或博途，是由西门子工业自动化集团发布的，是业内首个采用统一的工程组态和软件项目环境的自动化软件。借助该软件，用户能够快速、直观地开发和调试工程项目，几乎适用于所有的自动化系统。

博途在所有组态界面之间均提供高级共享服务，向用户提供统一的导航来确保操作的一致性，PLC、触摸屏和驱动装置等所有设备均可在一个共享编辑器中组态，项目导航、库概念、数据管理、项目存储、诊断和在线功能等均作为标准配置提供给用户。

在控制参数、程序块、变量、消息等数据管理方面，博途中的所有数据只需输入一次，方便用户将数据从 PLC 拖放到触摸屏，并在触摸屏中即时分配数据，在 PLC、驱动装置和触摸屏之间建立共享，大大缩短了组态时间，避免了数据的输入错误，实现了无缝的数据一致性，降低了成本，极大地缩短了项目的调试时间。

目前，博途的最高版本为 V16，图标为▨，各个版本的文件类型见表 1-7，高版本可兼容低版本。

表 1-7　各个版本的文件类型

版　　本	项目后缀名	文 件 类 型
V13	. AP13	Siemens TIA Portal V13 project（. ap13）
V13 SP1	. AP13_1	Siemens TIA Portal V13_1 project（. ap13_1）
V14	. AP14	Siemens TIA Portal V14 project（. ap14）
V14 SP1	. AP14_1	Siemens TIA Portal V14_1 project（. ap14_1）
V15	. AP15	Siemens TIA Portal V15 project（. ap15）
V15 SP1	. AP15_1	Siemens TIA Portal V15_1 project（. ap15_1）
V16	. AP16	Siemens TIA Portal V16 project（. ap16）

1. 2. 2　安装过程

下面以博途 V15 为例介绍安装过程，其他版本的安装过程几乎一样，安装界面从 V14 开始也差不多相同，建议采用默认的"典型"安装，有特殊需求的用户可以选择"用户自定义"安装。

图 1-25 为博途 V15 的安装界面。安装语言的选择如图 1-26 所示，一般选择中文。产品语言的选择如图 1-27 所示。

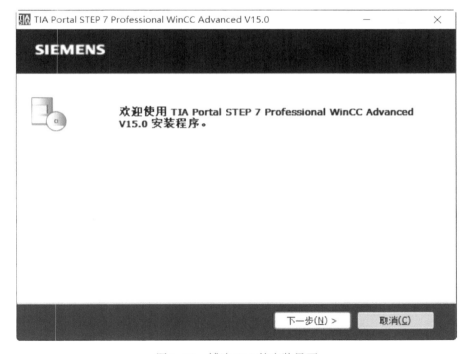

图 1-25　博途 V15 的安装界面

图 1-26　安装语言的选择

图 1-27　产品语言的选择

单击"下一步"按钮，接受所有许可证条款界面如图 1-28 所示。

图 1-28　接受所有许可证条款界面

安全控制界面如图 1-29 所示。

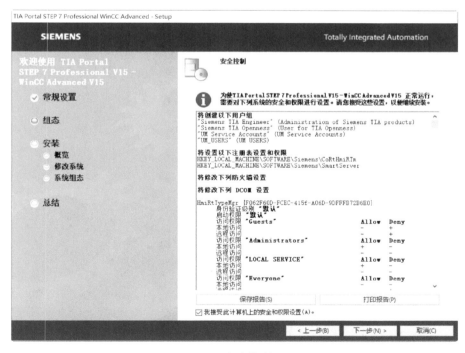

图 1-29　安全控制界面

博途产品概览界面如图 1-30 所示。

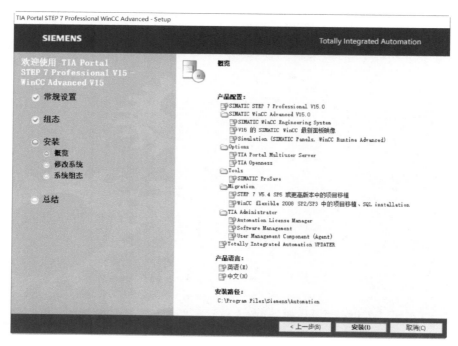

图 1-30　博途产品概览界面

博途 V15 的安装过程界面如图 1-31 所示。安装过程需要的时间比较长，需要耐心等待。安装完成后，提示重启计算机界面如图 1-32 所示。

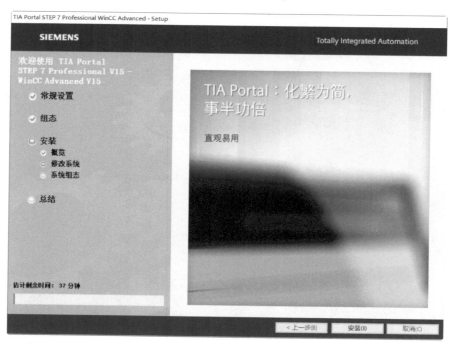

图 1-31　博途 V15 的安装过程界面

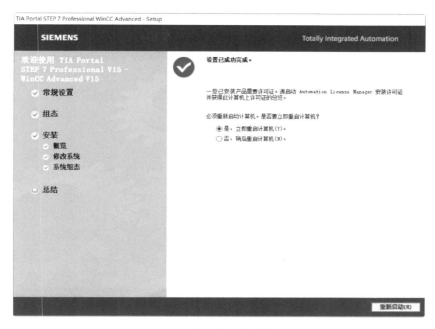

图 1-32　提示重启计算机界面

1.2.3　博途 PLCSIM 仿真软件

博途 PLCSIM 仿真软件几乎支持 S7-1500 PLC 的所有指令（系统函数和系统函数块）。博途 PLCSIM 仿真软件的安装过程与博途 V15 的安装过程相同，安装完成后，也需要重启计算机，如安装语言选择界面如图 1-33 所示，产品配置界面如图 1-34 所示。

图 1-33　博途 PLCSIM 仿真软件安装语言选择界面

图 1-34　博途 PLCSIM 仿真软件产品配置界面

第 2 章
S7-1500 PLC 的硬件配置

 导读

　　硬件配置就是在博途平台上或网络视图中将 S7-1500 PLC、触摸屏及驱动装置进行排列、设置和联网。博途采用图形化方式表示各种模块和机架，与"实际"的模块和机架一样，在设备视图中插入模块。插入模块时，博途将自动或手动为其分配地址，并为其指定一个唯一的硬件标识符（HW 标识符）。硬件配置还可以通过参数分配指定 CPU 对错误的响应。

▶ 2.1 硬件配置基本流程

2.1.1 硬件配置的功能

　　在使用 S7-1500 PLC 之前，需要在博途中创建一个项目并添加 S7-1500 PLC 站点，主要包括硬件配置信息和用户程序。

　　硬件配置是对 S7-1500 PLC 的参数化过程，即使用博途将 CPU 模块、电源模块、信号模块等硬件配置到相应的机架上，并进行参数设置。硬件配置对系统的正常运行非常重要，功能如下：

　　（1）将硬件配置信息下载到 CPU 中，CPU 将按硬件配置的参数执行。

　　（2）将 I/O 模块的物理地址映射为逻辑地址，用于程序块的调用。

　　（3）通过 CPU 比较硬件配置信息与实际安装的模块是否匹配，如 I/O 模块的安装位置、模拟量模块选择的测量类型等。如果不匹配，CPU 将报警，并将故障信息存储在 CPU 的诊断缓存区中，此时需要根据 CPU 提供的故障信息进行相应的修改。

　　（4）CPU 根据硬件配置信息对模块进行实时监控，如果模块有故障，CPU 将报警，并将故障信息存储在 CPU 的诊断缓存区中。

（5）一些智能模块的硬件配置信息存储在 CPU 中，如通信处理器 CP/CM、工艺模块 TM 等，若发生故障，则可直接更换，不需要重新下载硬件配置信息。

2.1.2　添加一个 S7-1500 PLC

博途的工程界面分为博途视图和项目视图，在两种视图下均可以组态新项目。博途视图以向导的方式组态新项目。项目视图是硬件组态和编程的主视窗。

下面以博途视图为例介绍如何添加和组态一个 S7-1500 PLC。图 2-1 为创建新项目界面。

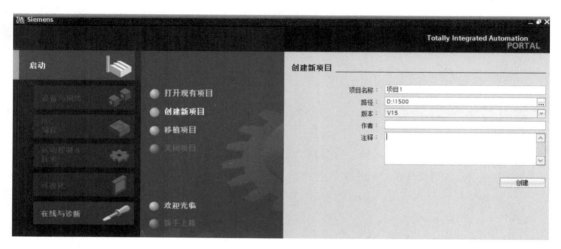

图 2-1　创建新项目界面

根据实际的需求选择添加新设备如图 2-2 所示。这些设备可以是"控制器""HMI""PC 系统"等。设备名称根据博途版本的不同会有所不同。首先选择"控制器"，然后打开分级菜单，选择需要的 CPU 类型，这里选择 CPU1511-1 PN，设备名称为默认的"PLC_1"，用户也可以对其进行修改。CPU 的固件版本要与实际硬件的版本匹配。勾选弹出窗口中左下角的"打开设备视图"选项，单击"确定"按钮即直接打开设备视图，如图 2-3 所示。

在设备视图中可以对 PLC 的中央机架或分布式 I/O 系统模块进行详细的配置和组态。图 2-3 中，①为项目树，列出项目中所有设备及各设备项目数据的详细分类；②为详细视图，提供项目树中被选中对象的详细信息；③为设备视图，用于硬件组态；④可以浏览模块的属性信息，并对属性进行设置和修改及编译信息和诊断等；⑤表示插入模块的设备概览，包括 I/O 地址及设备类型和订货号等；⑥为硬件目录，可以单击"过滤"，只保留与所选设备相关的模块。

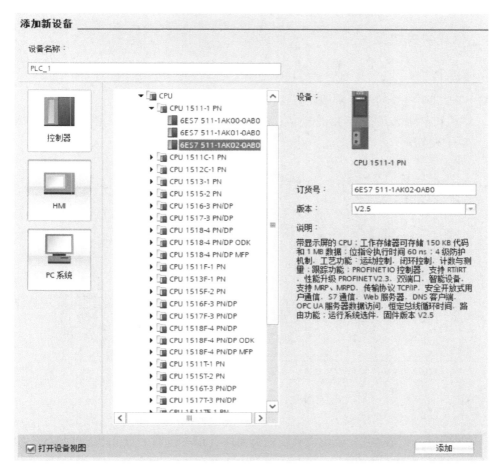

图 2-2　"添加新设备"界面

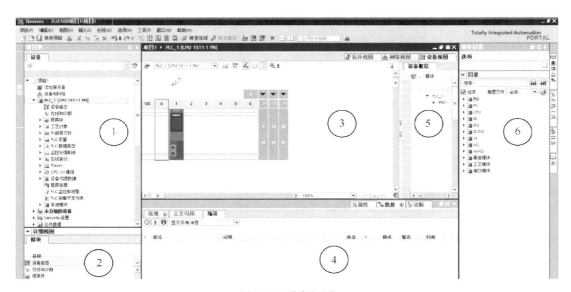

图 2-3　设备视图

2.1.3　配置中央机架

1.　遵循的原则

配置 S7-1500 PLC 的中央机架需要遵循以下原则：

（1）中央机架最多可插装 32 个模块，使用 0#～31#共 32 个插槽，CPU 占用 1#插槽，不能修改，如图 2-4 所示。

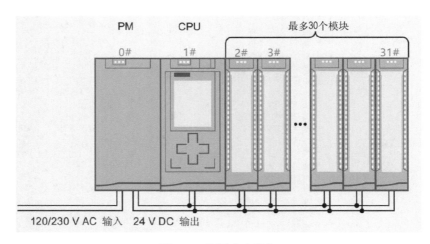

图 2-4　配置中央机架

（2）0#插槽插入负载电源模块或系统电源模块。由于负载电源 PM 无背板总线接口，所以可以不进行硬件配置。如果将一个系统电源 PS 插入 CPU 的左侧，则可以与 CPU 一起为中央机架上的右侧模块供电。

（3）CPU 右侧的插槽最多可以插入 2 个额外的系统电源模块，加上 CPU 左侧插入的 1 个系统电源模块，在中央机架上最多可以插入 3 个系统电源模块（电源段的模块数量最多为 3 个）。所有模块的功耗总和可决定需要的系统电源模块数量。

（4）从 2#插槽开始，可以依次插入 I/O 模块或通信模块。由于 S7-1500 PLC 中央机架不带有源背板总线，所以相邻模块之间不能有空槽位。

（5）S7-1500 PLC 不支持中央机架的扩展，可以通过 PROFINET 配置 ET200MP 等模块来扩展。

（6）2#～31#插槽可插入最多 30 个模块。PROFINET/Ethernet 通信处理器模块和 PROFIBUS 通信处理器模块的个数与 CPU 的类型有关，比如 CPU1518 支持 8 个通信处理器模块，而 CPU1511 仅支持 4 个通信处理器模块。模块数量与模块的宽窄无关。如果需要配置更多的模块，则需要使用分布式 I/O 模块。

2.　在博途上配置中央机架

如图 2-5 所示，中央机架在默认情况下只显示 0#～6#插槽，单击插槽上方的▼，可以展开所有插槽。

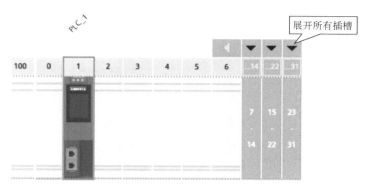

图 2-5　在博途上显示的中央机架

　　在中央机架上添加硬件模块的方式：首先选中插槽，然后在如图 2-6 所示右侧的 "硬件目录" 中双击选中的硬件模块，即可将硬件模块添加到中央机架上，或者使用更加方便的拖放方式，将硬件模块从 "硬件目录" 中直接添加到中央机架上。需要注意，硬件模块的型号和固件版本要与实际的工程项目一致。在一般情况下，添加硬件模块的固件版本都是最新的。如果当前使用的硬件模块固件版本不是最新的，则可以在 "硬件目录" 下方的信息窗口中选择相应的固件版本。

　　图 2-6 是插入系统电源后的中央机架。

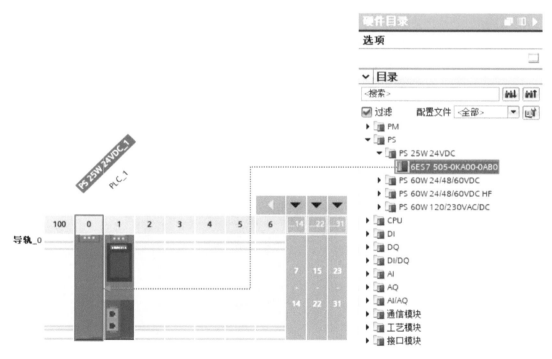

图 2-6　插入系统电源后的中央机架

　　然后依次添加 4 个 DI、两个 DQ 和 1 个 AI 模块，分别如图 2-7～图 2-9 所示。最后完成的中央机架如图 2-10 所示。

图 2-7 添加 DI 模块

图 2-8 添加 DQ 模块

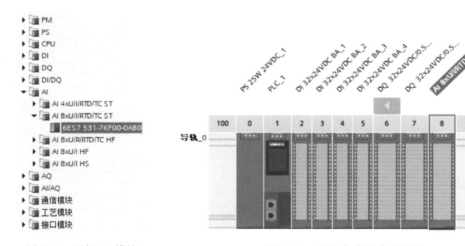

图 2-9 添加 AI 模块

图 2-10 最后完成的中央机架

2.2 CPU 的参数配置

2.2.1 概述

CPU 的属性对 S7-1500 PLC 的运行有特殊意义，可在博途中对 CPU 进行以下配置：

（1）启动特性；

（2）接口参数（例如 IP 地址和子网掩码）；

（3）Web 服务器（例如激活、用户管理和语言）；

（4）OPC UA 服务器；

（5）全局安全证书管理器；

（6）循环时间（例如最大循环时间）；

（7）屏幕操作属性；

（8）系统和时钟存储器；

（9）用于防止访问已分配密码参数的保护等级；

（10）时间和日期（夏令时/标准时）。

可配置的属性及相应值的范围可通过系统指定，不可编辑的域呈灰色显示状态。下面以 CPU1511-1 PN 为例介绍 CPU 的参数配置，如图 2-11 所示，选中中央机架上的 CPU，在博途的底部窗口中显示 CPU 的属性视图，在此可以配置 CPU 的各种参数，如 CPU 的启动特性、通信接口及显示屏等。

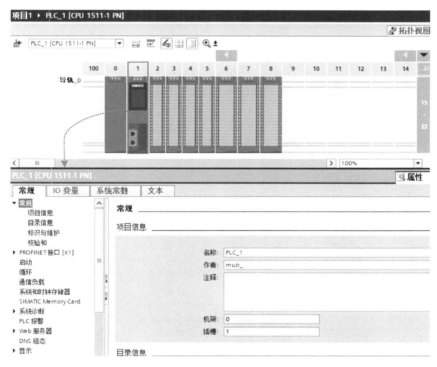

图 2-11　CPU 的属性视图

2.2.2　CPU 的常规配置

单击 CPU 属性视图中的"常规"选项卡，如图 2-12 所示，包括"项目信息""目录信息""标识与维护"及"校验和"等项目。

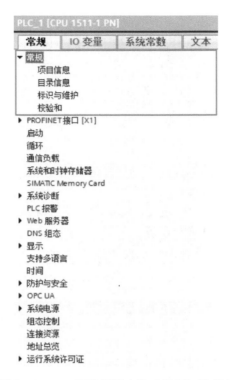

图 2-12　CPU 属性视图中的"常规"选项卡

用户可以在如图 2-13 所示的"项目信息"界面编写和查看与项目相关的信息，比如在"名称""作者""注释"的方框中填写提示性的标注。机架和插槽信息是由系统自动给出的，不可更改。

图 2-13　"项目信息"界面

用户可以在如图 2-14 所示的"目录信息"界面查看 CPU 的"短名称""描述""订货号""固件版本"等信息。

用户在如图 2-15 所示的"标识与维护"界面口中可以输入最多 32 个字符的工厂标识、22 个字符的位置标识、54 个字符的更多信息，用于识别设备和设备所属的工厂和位置等，安装日期可以进行选择性的输入。

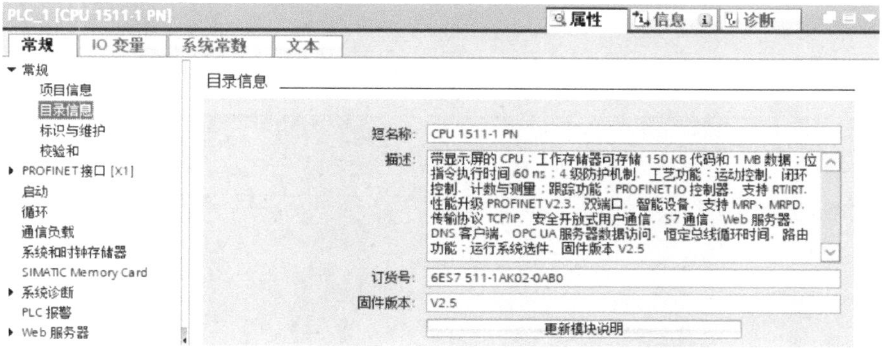

图 2-14 "目录信息"界面

图 2-15 "标识与维护"界面

2.2.3 PROFINET 接口的配置

1. 常规配置

PROFINET[X1] 表示 CPU 集成的第一个 PROFINET 接口,在 CPU 的显示屏中有标识。PROFINET 接口配置的"常规"选项卡如图 2-16 所示,用户可以在"名称""作者""注释"等方框中填写提示性的标注。这些标注不同于"标识与维护"数据,不能通过程序块读出。

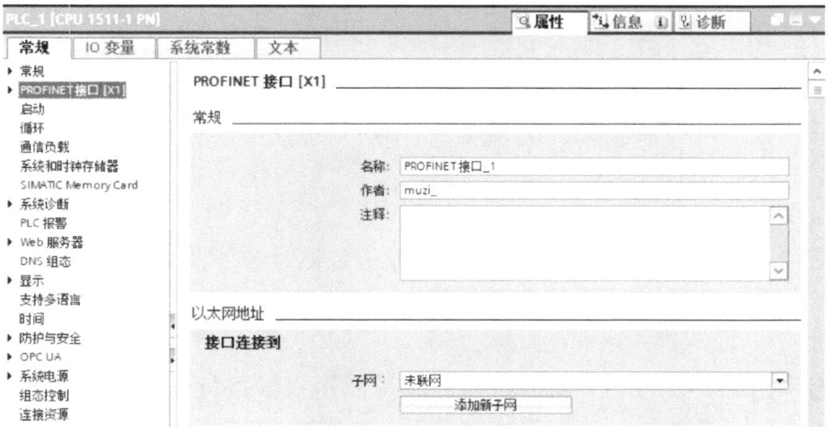

图 2-16 PROFINET 接口配置的"常规"选项卡

2. 以太网地址的配置

在"以太网地址"选项中，可以创建网络、配置 IP 地址等，如图 2-17 所示。

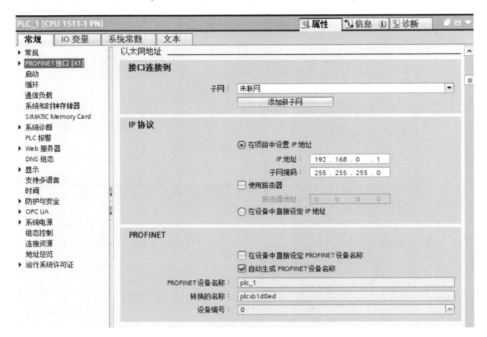

图 2-17 "以太网地址"选项

图 2-17 中的主要参数及选项的功能描述如下。

（1）"接口连接到"选项

如果有连接的子网，则可以通过下拉菜单选择需要连接的子网。如果选择的是"未联网"，也可以通过单击"添加新子网"按钮，为 PROFINET 接口（X1）添加新的以太网。新添加以太网的子网名称默认为 PN/IE_1。

（2）"IP 协议"选项

默认状态为"在项目中设置 IP 地址"，可以根据需要设置"IP 地址"和"子网掩码"。这里使用默认的 IP 地址 192.168.0.1，子网掩码 255.255.255.0。如果 PLC 需要与其他非同一子网的设备通信，那么需要激活"使用路由器"选项，并输入路由器地址。

如果激活"在设备中直接设定 IP 地址"，则表示不在硬件组态中设置 IP 地址，而是使用函数 T_CONFIG 或显示屏等方式设置 IP 地址。

（3）"PROFINET"选项

如果激活"在设备中直接设定 PROFINET 设备名称"选项，则表示当 CPU 用于 PROFINET IO 通信时，不在硬件组态中组态设备名称，而是通过函数 T_CONFIG 或显示屏等方式分配设备名称。

选择"自动生成 PROFINET 设备名称"表示博途根据接口的名称自动生成 PROFINET 设备名称。如果取消该选项，则可以由用户配置 PROFINET 设备名称。

"转换的名称"表示 PROFINET 设备名称转换为符合 DNS 惯例的名称，用户不能修改。

"设备编号"表示 PROFINET IO 设备的编号，故障时可以通过函数读出设备的编号。如果使用 IE/PBLink PN IO 连接 PROFIBUS DP 从站，则从站地址也占用一个设备编号。

3. 时间同步的配置

PROFNET 接口时间同步参数的配置界面如图 2-18 所示。"NTP 模式"表示 PLC 可以通过以太网从 NTP 服务器上获取时间以同步自己的时钟。如果激活"通过 NTP 服务器启动同步时间"选项，则表示 PLC 从 NTP 服务器上获取时间以同步自己的时钟。同步后，添加 NTP 服务器的 IP 地址，这里最多可以添加 4 个 NTP 服务器，更新周期定义 PLC 每次请求时钟同步的时间间隔，时间间隔的取值范围为 10s~1 天。

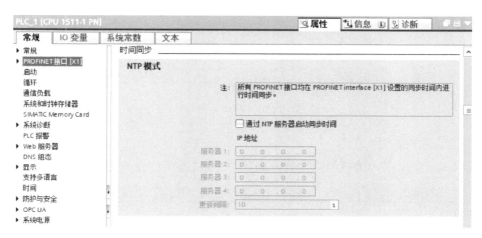

图 2-18　时间同步参数的配置界面

4. 操作模式的配置

PROFINET 接口的"操作模式"界面如图 2-19 所示。在"操作模式"中，可以将接口设置为 IO 控制器或 IO 设备。"IO 控制器"选项不可修改，这就意味着：一个 PROFINET 网络中的 CPU，即使被设置为 IO 设备，也可以同时作为 IO 控制器使用。

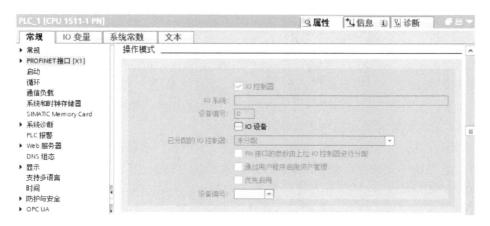

图 2-19　"操作模式"界面

如果将 PLC 作为智能设备，则需要激活 "IO 设备"，并在 "已分配的 IO 控制器" 选项中选择一个 IO 控制器，如果 IO 控制器不在项目中，则选择 "未分配"（见图 2-20）。如果激活 "PN 接口的参数由上位 IO 控制器进行分配"，则 IO 设备的名称由 IO 控制器分配。

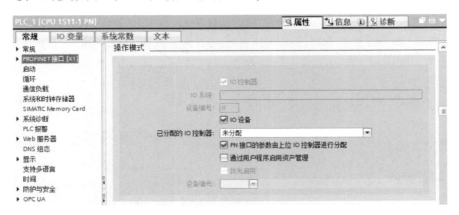

图 2-20　IO 设备选项

5. 接口选项的配置

在高级选项中可以对接口的特性进行配置，"接口选项" 界面如图 2-21 所示。

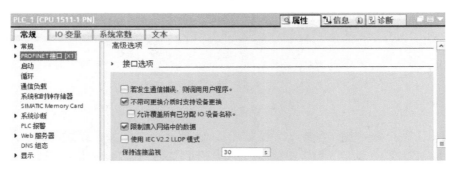

图 2-21　"接口选项" 界面

图 2-21 中的主要参数及选项的功能描述如下。

（1）"若发生通信错误，则调用用户程序" 选项

在默认情况下，一些关于 PROFINET 接口的通信事件，如维护信息、同步丢失等，会进入 CPU 的诊断缓冲区，但不会调用诊断中断 OB82。如果激活 "若发生通信错误，则调用用户程序" 选项，则在出现上述事件时，CPU 将调用诊断中断 OB82。

（2）"不带可更换介质时支持设备更换" 选项

如果不通过 PG 或存储介质替换旧设备，则需要激活 "不带可更换介质时支持设备更换" 选项。新设备不是通过存储介质或 PG 来获取设备名称的，而是通过预先定义的拓扑信息和正确的相邻关系由 IO 控制器直接分配设备名称。"允许覆盖所有已分配 IP 设备名称" 是指当使用拓扑信息分配设备名称时，不再需要将设备进行 "重置为出厂设置" 操作（S7-1500 PLC 需要固件版本为 V1.5 或更高版本）。

（3）"使用 IEC V2. 2LLDP 模式"选项

LLDP 为链路层发现协议，是在 IEEE-802.1AB 标准中定义的一种独立于制造商的协议。以太网设备使用 LLDP，按固定间隔向相邻设备发送关于自身的信息，相邻设备则保存此信息。所有联网的 PROFINET 设备接口必须设置为同一种模式（IECV2.3 或 IECV2.2）。当组态同一个项目中 PROFINET 子网的设备时，博途自动设置正确的模式，用户无需考虑设置问题。如果是在不同项目下组态（如使用 GSD 组态智能设备），则可能需要手动设置。

（4）"保持连续监视"选项

选项默认设置为 30s，表示该服务用于面向连接的协议，例如 TCP 或 ISOonTCP，周期性（30s）地发送 Keep-alive 报文检测伙伴的连接状态和可达性，并用于故障检测。

6. 介质冗余的配置

PROFINET 接口支持 MRP 协议，即介质冗余协议，可以通过 MRP 协议来实现环网的连接，如图 2-22 所示。如果使用环网，则在"介质冗余功能"中选择管理器、客户端、管理员（自动）。环网管理器发送检测报文用于检测网络连接状态，而客户端只是转发检测报文。当网络出现故障时，若希望调用诊断中断 OB82，则激活"诊断中断"。

图 2-22　"介质冗余"界面

7. 实时设定

"实时设定"界面如图 2-23 所示。

图 2-23　"实时设定"界面

图 2-23 中的参数设定如下。

（1）"IO 通信"选项

设置 PROFINET 的发送时钟，默认为 1.000ms，最大为 4.000ms，最小为 250μs，表示 IO 控制器和 IO 设备交换数据的最小时间间隔。

（2）"同步"选项

同步是指域内的 PROFINET 设备按照同一时基进行时钟同步，准确来说，若一台设备为同步主站（时钟发生器），则所有其他设备均为同步从站。在"同步功能"选项可以设置接口是未同步、同步主站或同步从站。当组态 IRT 通信时，所有的站点都在一个同步域内。

（3）"带宽"选项

博途根据 IO 设备的数量和 I/O 字节可自动计算"为循环 IO 数据计算得出的带宽"，最大带宽一般为"发送时钟"的一半。

8. 端口参数的配置

端口参数界面（1）、端口参数界面（2）分别如图 2-24 和图 2-25 所示。

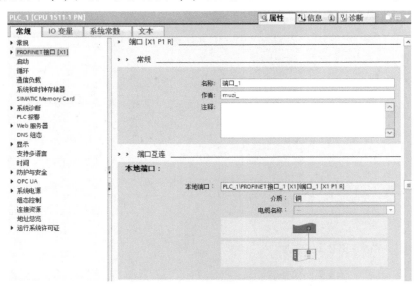

图 2-24　端口参数界面（1）

图 2-25　端口参数界面（2）

（1）"常规"选项

用户可以在"名称""作者""注释"方框中填写提示性的标注。

（2）"本地端口"选项

显示本地端口、介质的类型，默认为铜。

（3）"伙伴端口"选项

可以在"伙伴端口"下拉列表中选择需要连接的伙伴端口，如果在拓扑视图中已经组态了网络拓扑，则在"伙伴端口"处会显示连接的伙伴端口、介质类型及电缆长度或信号延迟等信息。电缆长度或信号延迟两个参数，仅适用于 PROFINET IRT 通信。若选择"电缆长度"，则博途根据指定的电缆长度可自动计算信号延迟时间；若选择"信号延时"，则可人为指定信号延迟时间。

如果激活了"备用伙伴"选项，则可以在拓扑视图中将 PROFINET 接口中的一个端口连接至不同的设备，同一时刻只有一个设备真正连接在端口上，并且使用功能块来启用/禁用设备，实现在操作期间替换 IO 设备（替换伙伴）的功能。

2.2.4　CPU 的启动

单击"启动"选项进入 CPU 启动参数化界面，所有设置的参数均与 CPU 的启动特性有关，如图 2-26 所示。

图 2-26　"启动"标签

图 2-26 中的主要参数及选项的功能描述如下。

（1）"上电后启动"选项

选择"上电后启动"选项，则 S7-1500 PLC 只支持暖启动方式，默认选项为"暖启动-断开电源之前的操作模式"，此时，CPU 上电后，会进入断电之前的运行模式。当 CPU 运行时，通过博途的"在线工具"可将 CPU 停止，当断电后再上电时，CPU 仍然是 STOP 状态。

在如图 2-27 所示的三种启动模式中，选择模式"暖启动-RUN"，CPU 上电后将进入暖启动和运行模式。如果 CPU 的模式开关为"STOP"，则 CPU 不会执行启动模式，也不会进

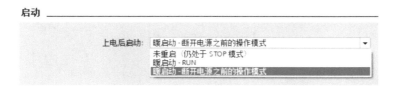

图 2-27　"上电后启动"选项

入运行模式。

（2）"比较预设与实际组态"选项

如图 2-28 所示的选项决定当硬件配置信息与实际硬件不匹配时，CPU 是否可以启动。

图 2-28　"比较预设与实际组态"选项

"仅兼容时启动 CPU"表示如果实际模块与组态模块一致或实际模块兼容组态模块，那么 CPU 可以启动。兼容是指实际模块要匹配组态模块的输入/输出数量，且必须匹配其电气和功能属性。兼容模块必须完全能够替换已组态模块，功能可以更多，但是不能少。比如，组态模块为 DI 16×24VDC HF（6ES7521-1 BH00-0AB0），实际模块为 DI32×24VDC HF（6ES7521-1 BL00-0AB0），则实际模块兼容组态模块，CPU 可以启动。

"即便不兼容仍然启动 CPU"表示实际模块与组态模块不一致，但是仍然可以启动 CPU。比如，组态模块是 DI 模块，实际模块是 AI 模块，此时 CPU 可以运行，但是带有诊断信息提示。

（3）"组态时间"选项

CPU 在启动过程中将检查集中式 I/O 模块和分布式 I/O 站点中的模块在组态时间内是否准备就绪，如果没有准备就绪，则 CPU 的启动特性取决于"比较预设与实际组态"中的硬件兼容性设置。

2.2.5　CPU 循环扫描

在如图 2-29 所示的"循环"选项中可以设置与 CPU 循环扫描相关的参数，主要参数及选项的功能描述如下。

图 2-29　"循环"选项

（1）"最大循环时间"选项

该选项用于设定 CPU 循环时间。如果超过了这个时间，则在没有下载 OB80 的情况下，CPU 会进入停机状态。通信处理、连续调用中断（故障）、程序故障等都会增加 CPU 的循环时间。S7-1500 PLC 可以在 OB80 中处理超时错误，循环时间会变为原来的 2 倍，如果此后的循环时间再次超过限制，则 CPU 仍然会进入停机状态。

（2）"最小循环时间"选项

在有些应用中需要设定 CPU 最小循环时间。如果实际循环时间小于设定的最小循环时间，那么 CPU 将等待，直到达到最小循环时间后才进行下一个扫描周期。

2.2.6　通信负载

CPU 之间的通信、调试及程序的下载等操作将影响 CPU 的循环时间，假定 CPU 始终有足够的通信任务要处理，那么在如图 2-30 中所示的"通信产生的循环负载"参数可以限制通信任务在一个循环时间中所占的比例，以确保 CPU 的循环时间内通信负载小于设定的比例。

图 2-30　"通信负载"界面

2.2.7　系统和时钟存储器

在如图 2-31 所示的"系统和时钟存储器"选项中，可以将系统和时钟信号赋值到标志位区（M）的变量中。如果激活"启用系统存储器字节"，则将系统存储器位赋值到一个标志位存储区的字节中。其中，第 0 位为首次扫描位，只有在 CPU 启动后的第一个程序循环中为 1，否则为 0；第 1 位表示诊断状态发生更改，即当诊断事件到来或离开时为 1，且只持续一个周期；第 2 位始终为 1；第 3 位始终为 0；第 4~7 位是保留位。如果激活"启用时钟存储器字节"，则 CPU 将 8 个固定频率的方波时钟信号赋值到一个标志位存储区的字节中，见表 2-1。

表 2-1　8 个固定频率的方波信号赋值

名　　称	变　量　表	数 据 类 型	地　　址
Clock_10Hz	默认变量表	Bool	%M0.0
Clock_5Hz	默认变量表	Bool	%M0.1
Clock_2.5Hz	默认变量表	Bool	%M0.2
Clock_2Hz	默认变量表	Bool	%M0.3
Clock_1.25Hz	默认变量表	Bool	%M0.4
Clock_1Hz	默认变量表	Bool	%M0.5
Clock_0.625Hz	默认变量表	Bool	%M0.6
Clock_0.5Hz	默认变量表	Bool	%M0.7

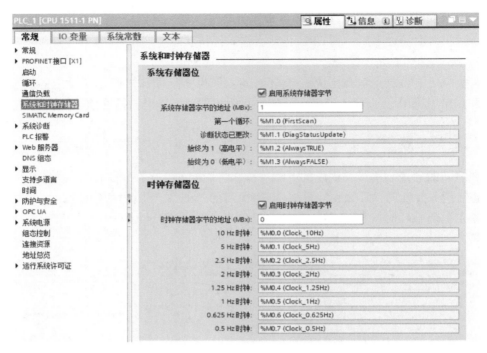

图 2-31 "系统和时钟存储器"标签栏

2.2.8 显示屏的功能

单击"显示"选项进入 SIMATIC S7-1500 PLC 的显示屏参数化界面，在该界面中可以设置 CPU 显示屏的相关参数。显示屏参数化界面主要参数及选项的功能描述如下。

（1）"常规"选项

当进入待机模式时，显示屏保持黑屏，并在按下任意按键时立刻重新激活。

图 2-32 为显示功能中的"常规"选项。

"待机模式的时间"表示显示屏进入待机模式时所需的无任何操作的持续时间。当进入节能模式时，显示屏将以低亮度显示信息，按下任意按键，节能模式立即结束。

"节能模式的时间"表示显示屏进入节能模式时所需的无任何操作的持续时间。

"显示的默认语言"表示显示屏默认的菜单语言，设置后下载至 CPU 中立即生效，也可以在显示屏中更改菜单语言。

"更新前时间"可以更新显示屏的时间间隔。

"密码"可以设置在显示屏"屏保""启用写访问"或"启用屏保"时的操作密码，以防止通过显示屏对 CPU 进行未授权的访问；为了安全起见，还可以设置在无任何操作下访问授权自动注销的时间。设置密码后，如果在显示屏上对 CPU 的参数等进行修改，则必须首先提供密码。

（2）"监控表"选项

在"监控表"选项中可以添加项目中的监控表和强制表，并设置访问方式为只读或读/

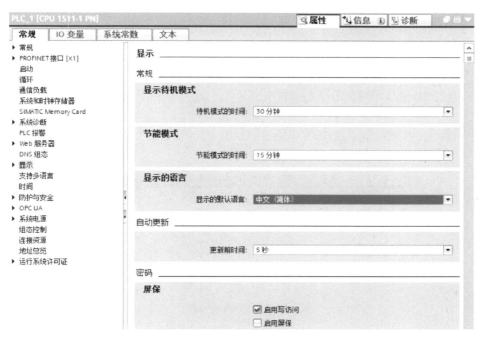

图 2-32 显示功能中的 "常规" 选项

写。单击 "监控表" 选项，在右侧的表格中选择需要显示的监控表或强制表，如图 2-33 所示。下载后，可以在 CPU 显示屏菜单下显示或修改监控表、强制表中的变量。显示屏只支持符号寻址方式，所以监控表或强制表中绝对寻址的变量不能显示。

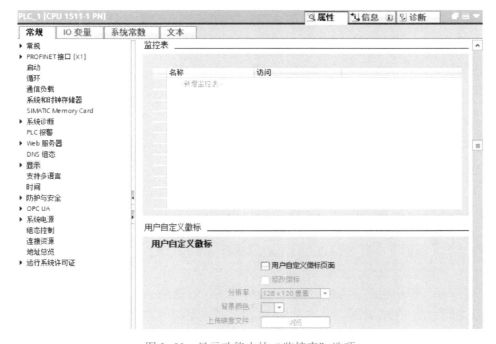

图 2-33 显示功能中的 "监控表" 选项

2.3　I/O 模块的硬件配置

2.3.1　数字量输入模块的硬件配置

以如图 2-34 所示的数字量输入 DI 32×24VDC BA 模块（6ES7521-1BL10-0AA0）为例，它可以组态为 3 种形式，见表 2-2。

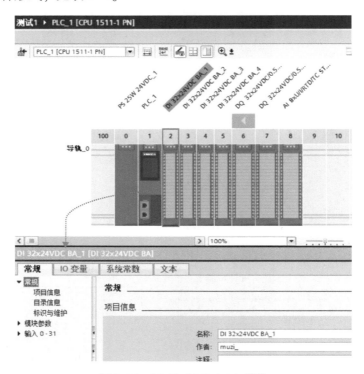

图 2-34　DI 32×24VDC BA 模块

表 2-2　DI 32×24VDC BA 模块的组态形式

组 态 形 式	GSD 文件中的简短标识/模块名	博途软件版本要求
1×32 通道（不带值状态）	DI 32×24VDC BA	V13 或更高版本
4×8 通道（不带值状态）	DI 32×24VDC BA S	V13 Update 3 或更高版本（仅限 PROFINET IO）
1×32 通道（带最多 4 个子模块中模块内部共享输出的值状态）	DI 32×24VDC BA MSI	V13 Update 3 或更高版本（仅限 PROFINET IO）

在正常情况，即在如图 2-34 所示的配置情况下，一般组态为 1×32 通道 DI 32×24VDC BA 的地址空间。图 2-35 显示了组态为 1×32 通道模块的地址空间分配。模块的起始地址可任意指定。通道的地址将从该起始地址开始。模块上已印刷字母 a~d。例如，IB a 是指模块起始地址输入字节 a。

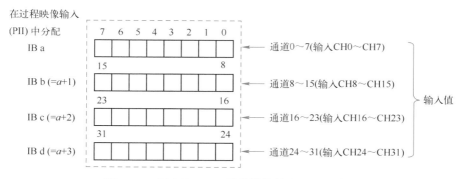

图 2-35　组态为 1×32 通道模块的地址空间分配

图 2-36 为 DI 32×24VDC BA 模块的"属性"→"模块参数"→"常规"界面，定义了启动的三种情况，分别是"来自 CPU""仅兼容时启动 CPU""即便不兼容仍然启动 CPU"。

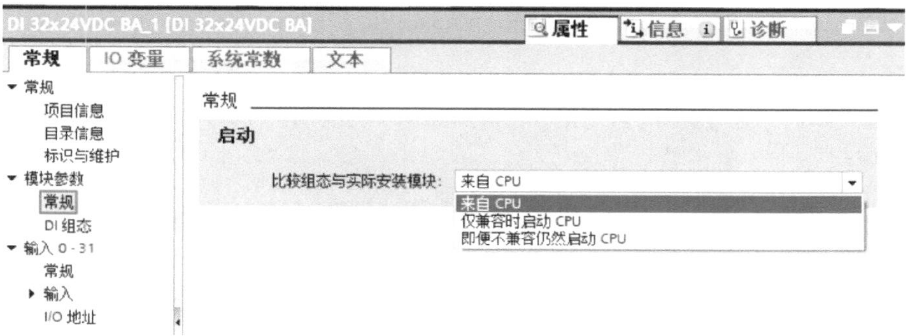

图 2-36　DI 32×24VDC BA 模块的"属性"→"模块参数"→"常规"界面

图 2-37 为 DI 32×24VDC BA 模块的组态情况。由于本次组态为主控制器，不是 PROFI-NET IO，因此"子模块的组态"（"模块分配"）显示灰色，"共享设备的模块副本（MSI）"显示灰色。本次组态为连续的 32 个输入，其地址可以任意指定，如图 2-38 所示。其中本模块默认地址为 I0.0~I3.7。

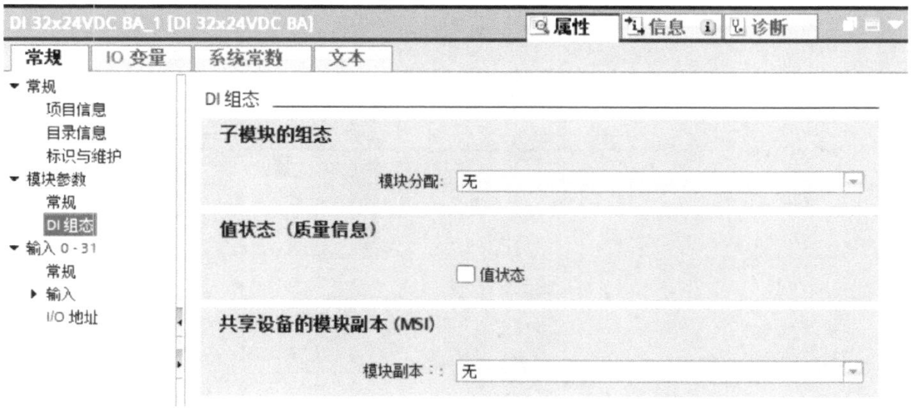

图 2-37　DI 32×24VDC BA 模块的组态情况

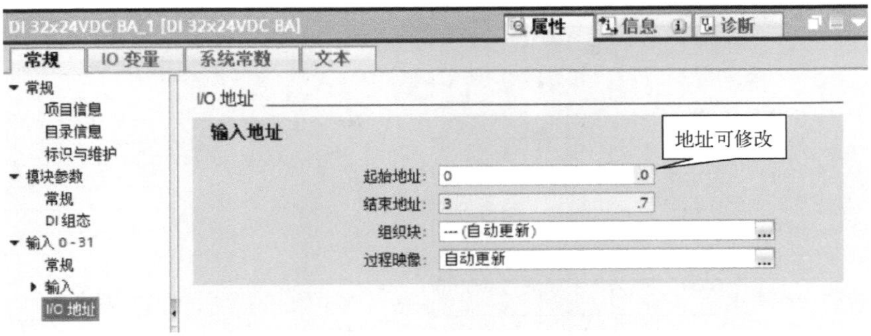

图 2-38 "I/O 地址"界面

DI 32×24VDC BA 模块的另外两种组态方式请参考 2.4 节。

2.3.2 数字量输出模块的硬件配置

1. DQ 组态地址

以如图 2-39 所示的数字量输出 DQ 32×24VDC/0.5A HF 模块（6ES7522-1BL01-0AB0）为例，它可以组态为 5 种形式，见表 2-3。

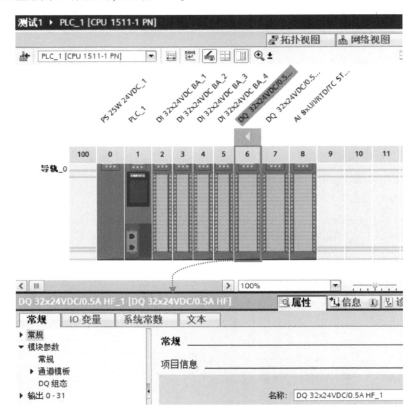

图 2-39 数字量输出 DQ 32×24VDC/0.5A HF 模块

表 2-3　数字量输出 DQ 32×24VDC/0.5A HF 模块的组态形式

组 态 形 式	GSD 文件中的缩写/模块名	是否集成在硬件目录
1×32 通道（无值状态）	DQ 32×24VDC/0.5A HF	✓
1×32 通道（带值状态）	DQ 32×24VDC/0.5A HF QI	✓
4×8 通道（无值状态）	DQ 32×24VDC/0.5A HF S	✓ （仅限 PROFINETIO）
4×8 通道（带值状态）	DQ 32×24VDC/0.5A HF S QI	✓ （仅限 PROFINETIO）
1×32 通道（带最多 4 个子模块中模块内部共享输出的值状态）	DQ 32×24VDC/0.5A HF MSO	✓ （仅限 PROFINETIO）

在正常情况，即在如图 2-40 所示的组态情况下，一般组态为 32 通道 DQ 32×24VDC/0.5A HF 的地址空间。如果勾选了"值状态"，则同时又具有 32 通道的输入。

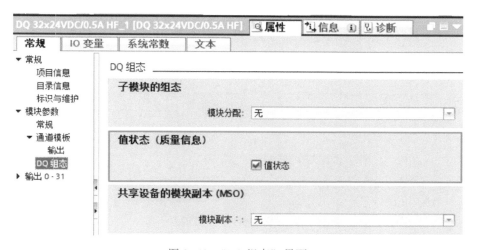

图 2-40　"DQ 组态"界面

图 2-41 显示了组态为带"值状态"的 32 通道模块的地址空间分配。可任意指定模块的起始地址。通道地址将从该起始地址开始。在模块上印有字母 a~d。QB a 是指模块起始地址输出字节 a。

图 2-42 为带"值状态"的 I/O 地址。数字量输出模块不仅有输出地址，同时还增加了输入地址。

组态为 4×8 通道的地址空间、组态为 1×32 通道 MSO 的地址空间请参考 2.4.4 节。

2. 通道输出组态

图 2-43 为数字量输出 DQ 32×24VDC/0.5A HF 模块的通道模板输出组态，即在"无电源电压 L+""断路""接地短路"下启用诊断。

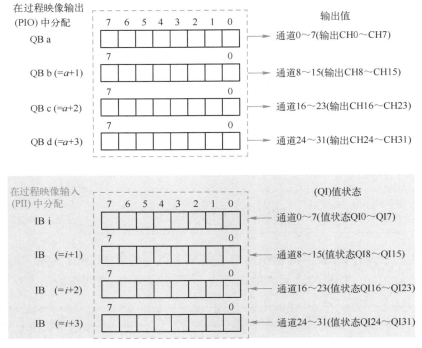

图 2-41　带"值状态"的 32 通道模块的地址空间分配

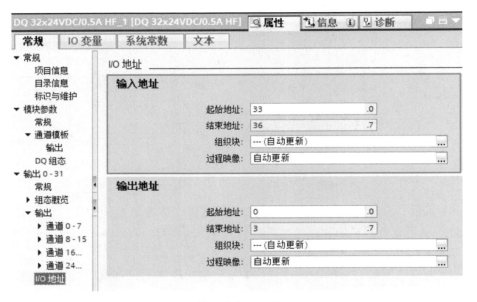

图 2-42　带"值状态"的 I/O 地址

图 2-44 为"对 CPU STOP 模式的响应方式"选项，可选择"关断""保持上一个值""输出替换值 1"三种中的任一种。

以上两种设置既可以全部应用到所有 32 通道，也可以在每一通道中进行单独设置。图 2-45 是通道 0 的输出组态，"参数设置"可以选择"来自模板"或"手动"。

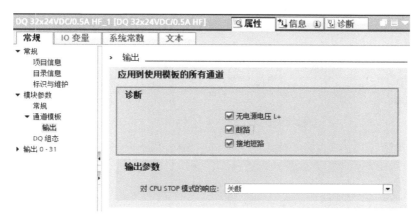

图 2-43　数字量输出 DQ 32×24VDC/0.5A HF 模块的通道模板输出组态

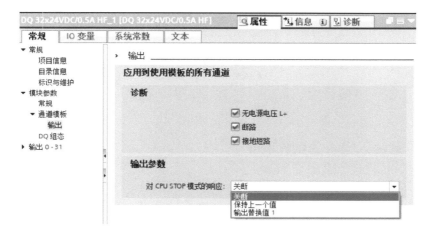

图 2-44　"对 CPU STOP 模式的响应"选项

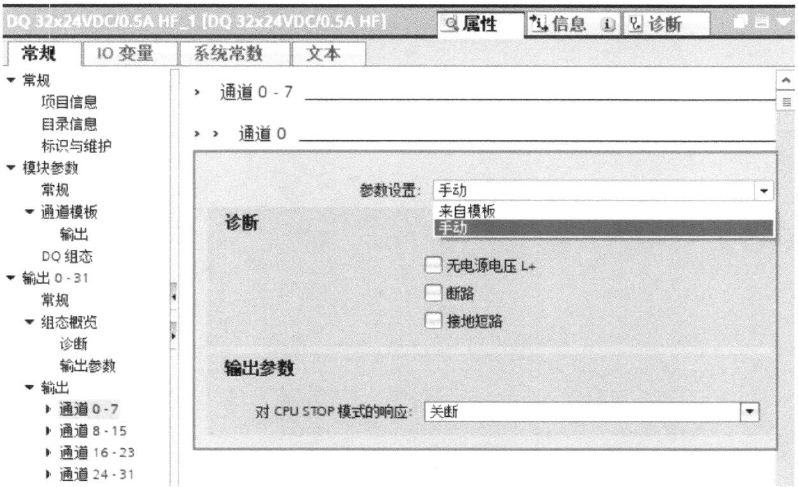

图 2-45　通道 0 的输出组态

当输出通道设置完毕，就可以在"输出参数"选项中看到所有的"输出参数概览"，如图 2-46 所示。

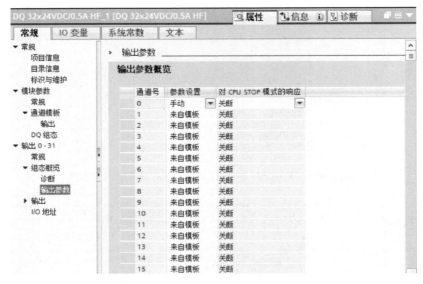

图 2-46　"输出参数概览"界面

2.3.3　模拟量输入模块的硬件配置

1. AI 组态地址

以如图 2-47 所示的 AI 8×U/I/RTD/TC ST 模块（6ES7531-7KF00-0AB0）为例，它可以组态为 5 种形式，见表 2-4。

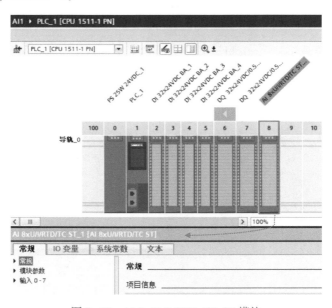

图 2-47　AI 8×U/I/RTD/TC ST 模块

表 2-4　AI 8×U/I/RTD/TC ST 模块的组态形式

组 态 形 式	GSD 文件中的简短标识/模块名	博途软件版本要求
1×8 通道（不带值状态）	AI 8×U/I/RTD/TC ST	V12 或更高版本
1×8 通道（带值状态）	AI 8×U/I/RTD/TC ST QI	V12 或更高版本
8×1 通道（不带值状态）	AI 8×U/I/RTD/TC ST S	V13 Update 3 或更高版本（仅限 PROFINET IO）
8×1 通道（带值状态）	AI 8×U/I/RTD/TC ST S QI	V13 Update 3 或更高版本（仅限 PROFINET IO）
1×8 通道（带最多 4 个子模块中模块内部共享输入的值状态）	AI 8×U/I/RTD/TC ST MSI	V13 Update 3 或更高版本（仅限 PROFINET IO）

图 2-48 显示了组态为带值状态的 1×8 通道 AI 8×U/I/RTD/TC ST 模块的地址空间分配。可以任意指定模块的起始地址。通道地址将从该起始地址开始。IB x 是指模块起始地址的输入字节 x。

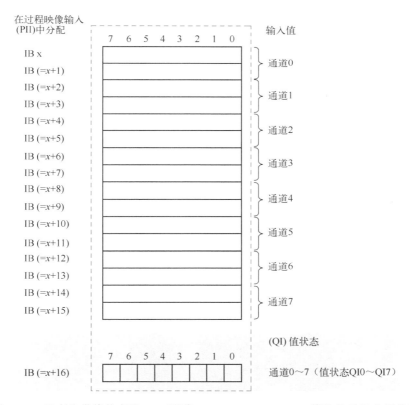

图 2-48　组态为带值状态的 1×8 通道 AI 8×U/I/RTD/TC ST 模块的地址空间分配

图 2-49 为 AI 组态选择"值状态"，模块的 I/O 地址占用 17 个字节，即如图 2-50 所示的 IB63～IB79，如果去掉"值状态"勾选，则为 16 个字节，即 IB63～IB78。

2. AI 通道输入属性

AI 模块可以通过选择通道模板来设置"诊断"和"测量"属性，也可以手动设置每一个通道的"诊断"和"测量"属性。图 2-51 是"应用到使用模板的所有通道"选项，包括"无电源电压 L+""上溢""下溢""共模"等多种方式诊断电流、电压、热敏电阻、热电偶的测量输入。

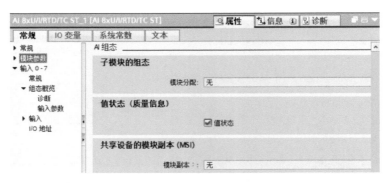

图 2-49 "值状态"选项

图 2-50 "输入地址"选项

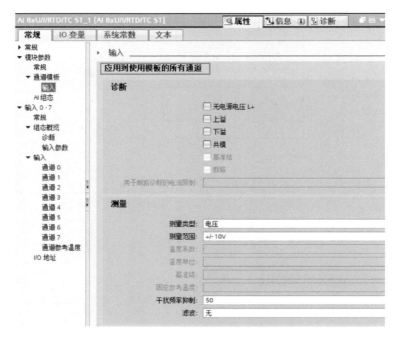

图 2-51 "应用到使用模板的所有通道"选项

图 2-52 为"通道 0"的"参数设置"选项，可选择"手动"或"来自模板"。

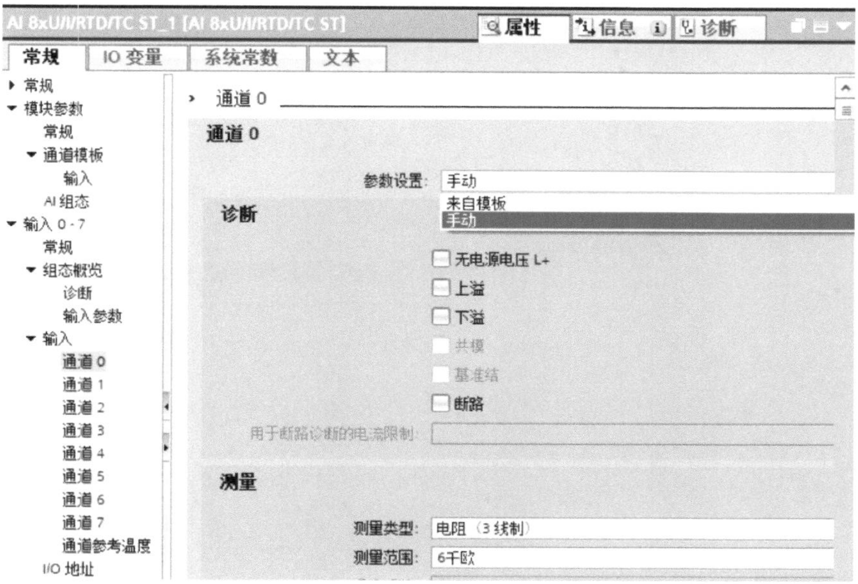

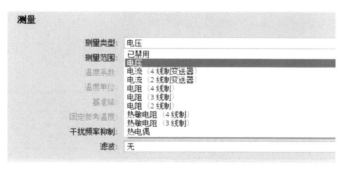

图 2-52　"通道 0"的"参数设置"选项

无论选择"来自模板"设置，还是选择"手动"设置，均需要对"诊断"和"测量"进行设置。以电压测量输入为例，需要在如图 2-53～图 2-56 所示中依次通过"测量类型""测量范围""干扰频率抑制"和"滤波"选项进行设置。

图 2-53　"测量类型"选项

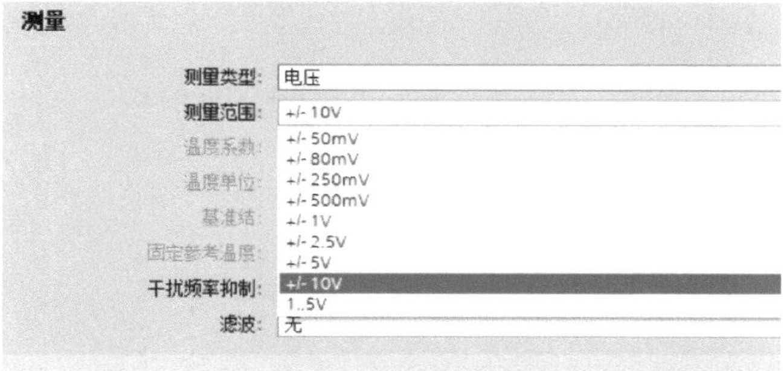

图 2-54　"测量范围"选项

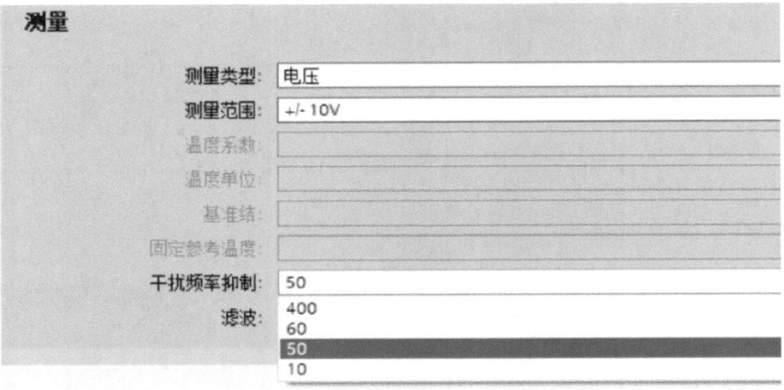

测量

测量类型:	电压
测量范围:	+/- 10V
温度系数:	
温度单位:	
基准结:	
固定参考温度:	
干扰频率抑制:	50
滤波:	400
	60
	50
	10

图 2-55 "干扰频率抑制"选项

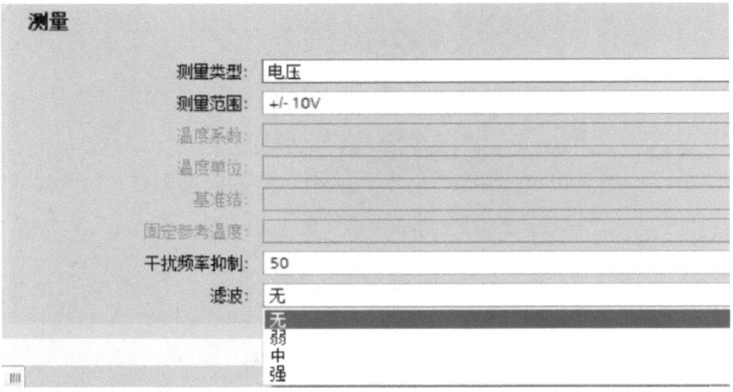

测量

测量类型:	电压
测量范围:	+/- 10V
温度系数:	
温度单位:	
基准结:	
固定参考温度:	
干扰频率抑制:	50
滤波:	无
	无
	弱
	中
	强

图 2-56 "滤波"选项

完成以上步骤后，就可以在如图 2-57 所示的"输入参数概览"界面中看到通道 0~7 的参数设置、测量类型和测量范围等信息。

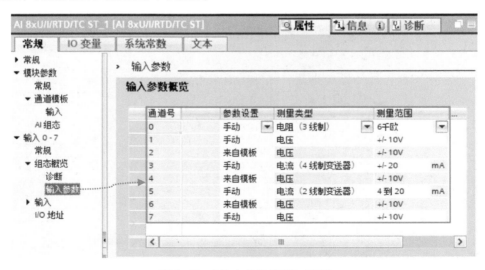

图 2-57 "输入参数概览"界面

2.3.4　模拟量输出模块的硬件配置

1. AQ 组态地址

以如图 2-58 所示的 AQ 8×U/I HS（6ES7532-5HF00-0AB0）模块为例，它可以通过不同方式对模块进行组态（见图 2-59），有 5 种形式，见表 2-5。

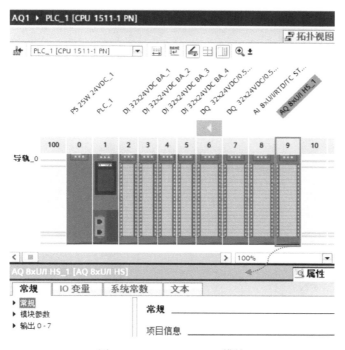

图 2-58　AQ 8×U/I HS 模块

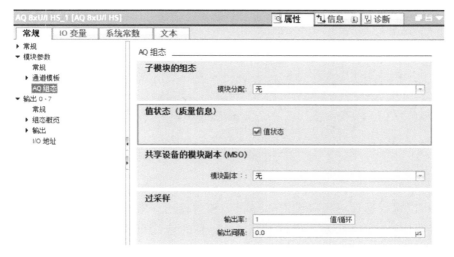

图 2-59　AQ 8×U/I HS 模块组态

表 2-5　AQ 8×U/I HS 模块的组态形式

组态形式	GSD 文件中的缩写/模块名	博途软件版本要求
1×8 通道（不带值状态）	AQ 8×U/I HS	V12 或更高版本
1×8 通道（带值状态）	AQ 8×U/I HS QI	V12 或更高版本
8×1 通道（不带值状态）	AQ 8×U/I HS S	V13 Update 3 或更高版本 （仅限 PROFINETIO）
8×1 通道（带值状态）	AQ 8×U/I HS S QI	V13 Update 3 或更高版本 （仅限 PROFINETIO）
1×8 通道（带最多 4 个子模块中模块内部共享输出的值状态）	AQ 8×U/I HS MSO	V13 Update 3 或更高版本 （仅限 PROFINETIO）

图 2-60 显示了组态为 1×8 通道模块的地址空间分配。可以在如图 2-61 所示中任意指定模块的起始地址。通道地址将从该起始地址开始。QB x 表示模块起始地址输出字节 x。

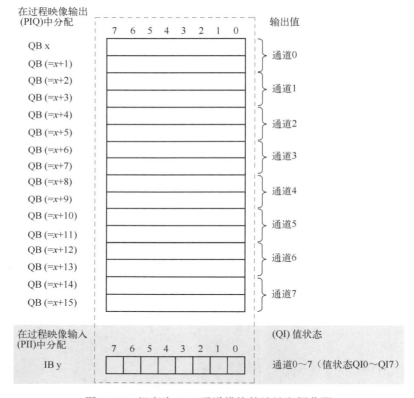

图 2-60　组态为 1×8 通道模块的地址空间分配

2. AQ 通道输入属性

AQ 模块可以选择通道模板来设置"诊断"和"输出参数"属性，也可以手动设置每一通道的"诊断"和"输出参数"属性。图 2-62 是"应用到使用模板的所有通道"选项，包括"无电源电压 L+""接地短路""上溢""下溢"等多种方式诊断电压、电流的测量输出。

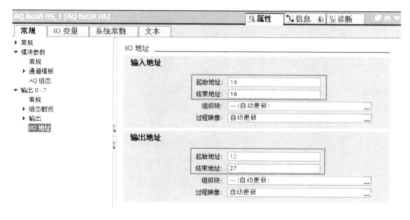

图 2-61　"I/O 地址"选项

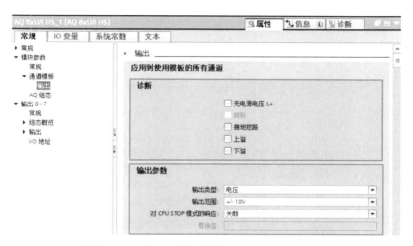

图 2-62　"应用到使用模板的所有通道"选项

图 2-63 为"通道 0"的"参数设置"选项，可选择"手动"或"来自模板"。

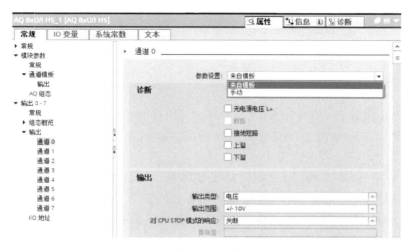

图 2-63　"通道 0"的"参数设置"选项

无论选择"来自模板"设置，还是选择"手动"设置，均需要对"诊断"和"输出"进行设置。以电压输出为例，需要在如图 2-64~图 2-66 所示中依次通过"输出类型""输出范围"和"对 CPU STOP 模式的响应"选项进行设置。

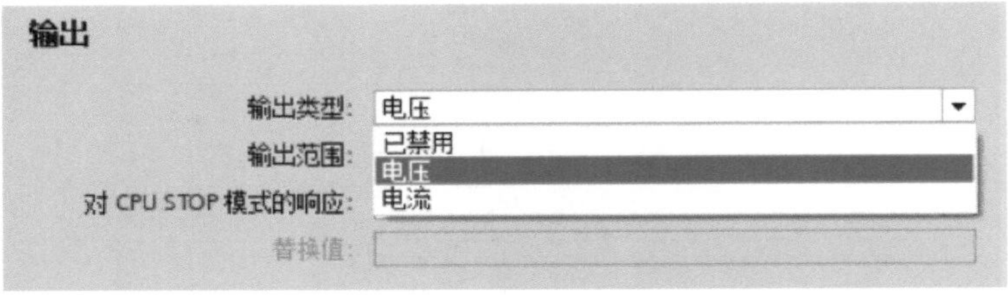

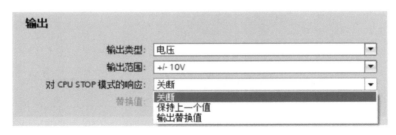

图 2-64　"输出类型"选项

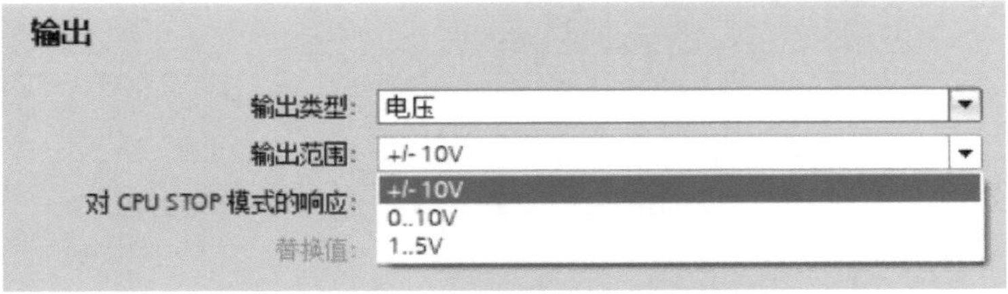

图 2-65　"输出范围"选项

图 2-66　"对 CPU STOP 模式的响应"选项

2.4　分布式 I/O 参数配置

2.4.1　ET200MP 概述

S7-1500 PLC 集成有一个 PROFINET 接口，可以作为 PROFINET 系统的 IO 控制器来接驳分布式 I/O 产品 ET200MP。图 2-67 是由 S7-1500 PLC 与 ET200MP 组成的自动化控制系统。

ET200MP 使用与 S7-1500 PLC 相同的安装导轨，支持 PROFIBUS 和 PROFINET 总线，有四种接口模块：IM155-5DP ST（标准型）、IM 155-5PN BA（基本型）、IM 155-5PN ST（标准型）及 IM155-5 HF（高性能型）。其中，IM155-5DP ST（标准型）和 IM 155-5PN BA（基本型）接口模块最多支持 12 个 I/O 信号模块；IM 155-5PN ST（标准型）和 IM155-5 HF（高性能型）接口模块最多支持 32 个模块（30 个信号模块和两个电源模块）；IM155-

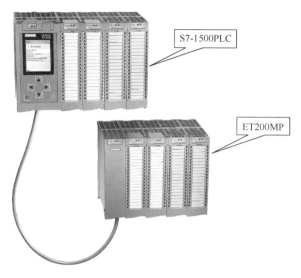

图 2-67　由 S7-1500 PLC 与 ET200MP 组成的自动化控制系统

5 HF（高性能型）接口模块还支持 PROFINET 的冗余系统。ET200MP 可以使用的标准数字量模块、模拟量模块、工艺模块及通信模块等信号模块与 S7-1500 PLC 的相关模块相同。

2.4.2　配置 ET200MP

在硬件目录下，通过"分布式 I/O"→"ET200MP"→"接口模块"→"PROPINET"→"IM155-5 PN ST"找到接口模块"6ES7 155-5AA01-0AB0"，如图 2-68 所示，在下方的信息窗口中能够选择该模块的固件版本，可以看到关于该模块的详细信息。

图 2-68　找到接口模块"6ES7 155-5AA01-0AB0"

将"6ES7 155-5AA01-0AB0"接口模块拖放至网络视图中,如图 2-69 所示,单击"未分配"图标,在弹出的界面中选择控制器接口,如图 2-70 所示。

图 2-69 将"6ES7 155-5AA01-0AB0"接口模块拖放至网络视图中

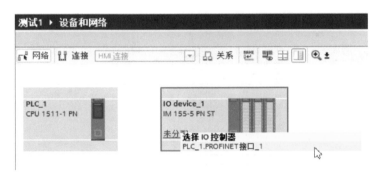

图 2-70 "设备和网络"界面

将 PLC_1 拖拽到 ET200MP 端口时,在出现连接符号后,释放鼠标,就可以生成 PROFINET 子网,如图 2-71 所示。

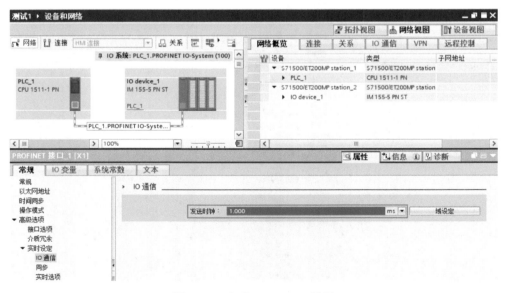

图 2-71 生成 PROFINET 子网

建立连接后，需要设置发送时钟，选中 CPU 1511-1 PN 的 PROFINET 接口，在属性窗口中选择"高级选项"→"实时设定"→"IO 通信"，在"发送时钟"中添加需要的公共发送时钟，默认为"1.000ms"。IO 通信的刷新时间由博途软件自动计算和设置，用户也可自行修改。

双击"IO 通信"进入设备视图，按照如图 2-72 所示在 ET200MP 机架上添加 DI 模块和 DQ 模块，添加的分布式 I/O 模块及其地址如图 2-73 所示。

图 2-72　在 ET200MP 机架上添加 DI 模块和 DQ 模块

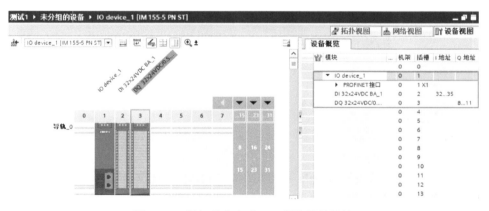

图 2-73　添加的分布式 I/O 模块及其地址

2.4.3　PROFINET I/O 模式下的 DI 模块组态

图 2-73 为正常情况下的 DI 模块地址，即组态为 1×32 通道，地址为连续的 I32.0 ～ I35.7，还可以组态为 4×8 通道 DI 32×24VDC BA S 的地址空间和 1×32 通道 DI 32×24VDC BA MSI 的地址空间。

1. 组态为 4×8 通道 DI 32×24VDC BA S 的地址空间

在如图 2-74 所示的"DI 组态"选项中，"模块分配"有两个选项，即"无"和"4 个带 8 路数字量输入的子模块"。这里选择后者，即组态为 4×8 通道模块，此时模块的通道分为 4 个子模块，在共享设备中使用该模块时，可将子模块分配给不同的 IO 控制器，与 1×32 通道模块组态不同，这 4 个子模块都可以任意分配起始地址，如图 2-75 所示。

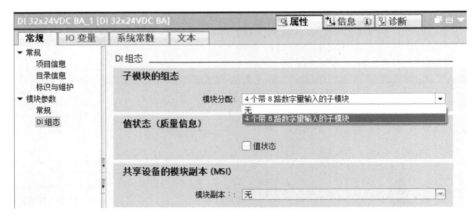

图 2-74　"DI 组态"选项

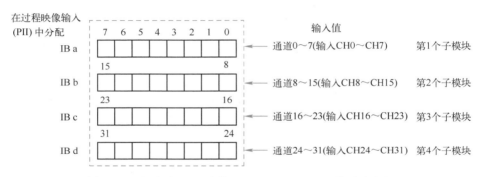

图 2-75　组态为 4×8 通道 DI 32×24VDC BA S 的地址空间

当模块地址分配完成后，就会看到在如图 2-76 所示的左下角出现"输入 0-7""输入 8-15""输入 16-23""输入 24-31"，并可以分别输入不同的模块地址，如 4 个模块分别设置为 32、42、52、62，设置完成后的地址如图 2-77 所示，有独立地址、独立插槽。

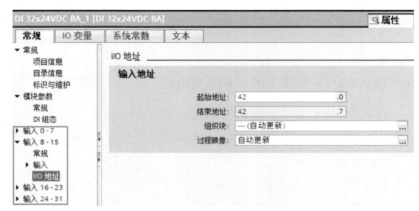

图 2-76　模块地址分配

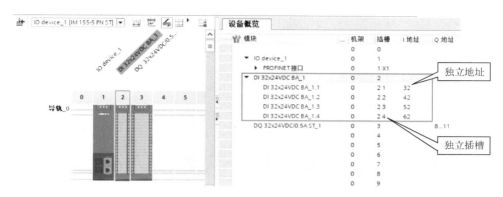

图 2-77　独立地址和独立插槽

2. 组态为 1×32 通道 DI 32×24VDC BA MSI 的地址空间

在组态 1×32 通道模块（模块内部共享输入，MSI）时，可将模块的通道 0~31 复制到最多 4 个子模块中，如图 2-78 所示。在不同的子模块中，通道 0~31 将具有相同的输入值。在共享设备中使用该子模块时，可将该子模块分配给最多 4 个 IO 控制器。每个 IO 控制器都对这些通道具有读访问权限。

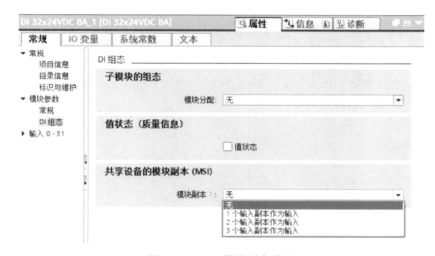

图 2-78　MSI 模块副本设置

一旦选择了 MSI，则"值状态"自动选用，如图 2-79 所示。图 2-80 为组态后的 MSI 地址，共有 3 个副本，且自身和副本都占 8 个字节。

值状态的含义取决于所在的子模块。对于第 1 个子模块（基本子模块），将不考虑值状态。对于第 2 个~第 4 个子模块（MSI 子模块），值状态为 0，表示值不正确或基本子模块尚未组态（未就绪）。图 2-81~图 2-84 分别显示了基本子模块 、MSI_1 子模块、MSI_2 子模块、MSI_3 子模块的地址空间分配。

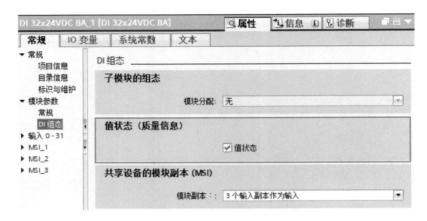

图 2-79　选用"值状态"

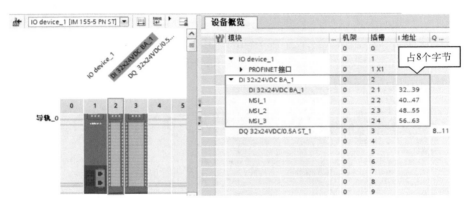

图 2-80　组态后的 MSI 地址

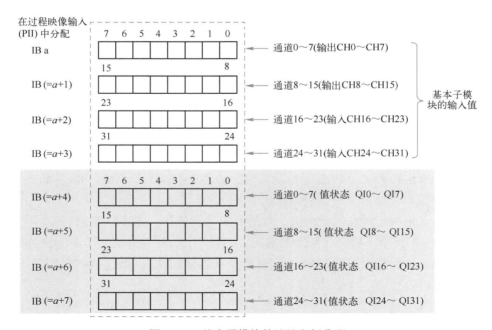

图 2-81　基本子模块的地址空间分配

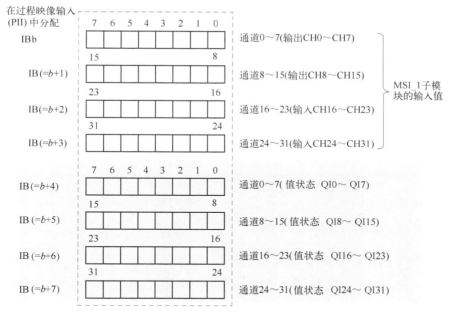

图 2-82　MSI_1 子模块的地址空间分配

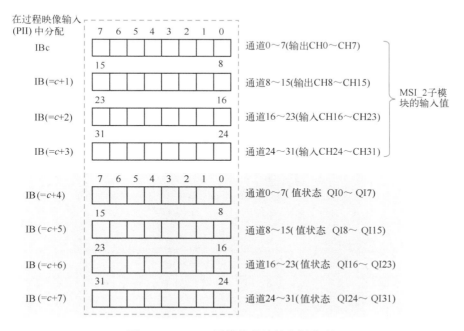

图 2-83　MSI_2 子模块的地址空间分配

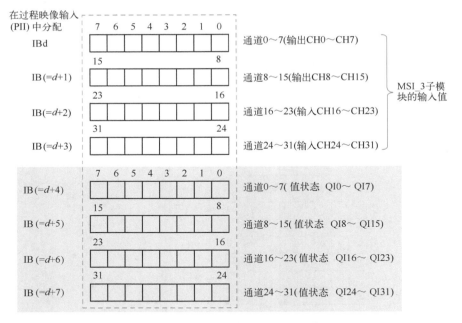

图 2-84   MSI_3 子模块的地址空间分配

2.4.4   PROFINET I/O 模式下的 DQ 模块组态

1. 组态为 4×8 通道的地址空间

PROFINET IO 模式下的 DQ 模块（DQ 32×24VDC/0.5A HF）组态如图 2-85 所示。组态

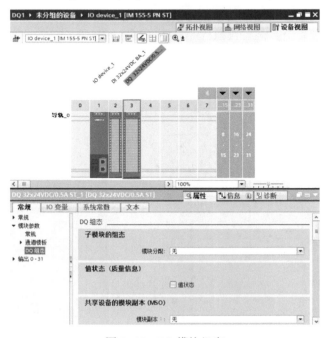

图 2-85   DQ 模块组态

为 4×8 通道时，模块通道应分为多个子模块，如图 2-86 所示。在共享设备中使用该子模块时，可将子模块分配给不同的 IO 控制器。与 1×32 通道模块组态不同，这 4 个子模块都可任意指定起始地址。用户也可指定子模块中相关"值状态"的地址。

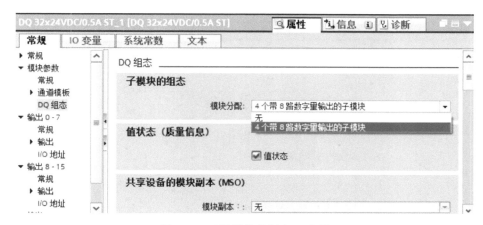

图 2-86　"子模块的组态"选项

图 2-87 是组态为 4×8 通道 DQ 32×24VDC/0.5A HF S QI 的地址空间（带值状态）分配。

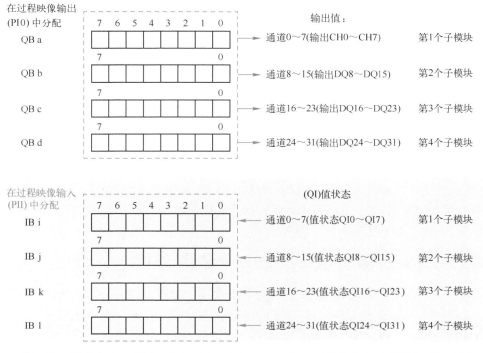

图 2-87　组态为 4×8 通道 DQ 32×24VDC/0.5A HF S QI 的地址空间（带值状态）分配

2. 组态为 1×32 通道 MSO 的地址空间

与共享设备的模块副本（MSI）类似，图 2-88 为"共享设备的模块副本（MSO）"选项，有"无""1 个输入副本作为输入""2 个输入副本作为输入"和"3 个输入副本作为输入"4 种选择。

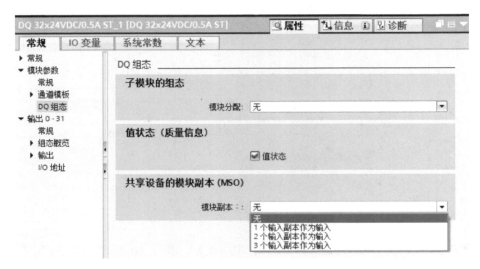

图 2-88 "共享设备的模块副本（MSO）"选项

组态 1×32 通道模块（模块内部共享输出，MSO）时，可将模块的通道 0~31 复制到多个子模块中，各个子模块通道 0~31 的值都相同。

在共享设备中使用该子模块时，可将子模块分配给最多 4 个 IO 控制器，并遵循以下规则：

（1）分配给子模块 1 的 IO 控制器对输出通道 0~31 具有写访问权限。

（2）分配给子模块 2、3 或 4 的 IO 控制器对输出通道 0~31 具有读访问权限。

（3）IO 控制器的数量取决于所使用的接口模块。

（4）对于第 1 个子模块（基本子模块），值状态为 0，表示值不正确或 IO 控制器处于 STOP 状态；对于第 2~4 个子模块（MSO 子模块），值状态为 0，表示值不正确或发生基本子模块尚未组态（未就绪）、IO 控制器与基本子模块之间的连接已中断、基本子模块的 IO 控制器处于 STOP／POWER OFF 状态等错误。

 实例【2-1】DQ 模块共享设备访问的硬件配置与地址分析

有 4 个 S7-1500 PLC（CPU1511-1 PN）通过 PROFINET 共同接驳一个 ET200MP（IM155-5 PN ST）分布式 I/O 站点。该站点配置有 1 个 DQ 模块（DQ 32×24VDC/0.5A HF），现需要对该 DQ 模块进行共享设备访问，请进行 DQ 模块的硬件配置，并分析其地址。

步骤与分析

（1）新建项目，将 PLC_1 和 IO device_1 联网，如图 2-89 所示。

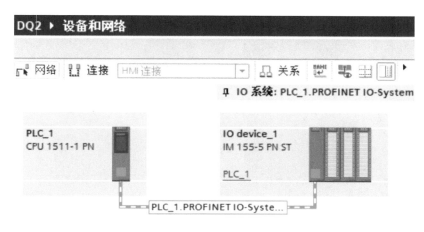

图 2-89　将 PLC_1 和 IO device_1 联网

（2）在 IO device_1 上添加 DQ 模块（DQ 32×24VDC/0.5A HF），选择带"值状态"，"模块副本"选择"3 个输入副本作为输入"，如图 2-90 所示。完成后，就会在左侧出现 3 个新的 MSO_1、MSO_2 和 MSO_3 子模块。

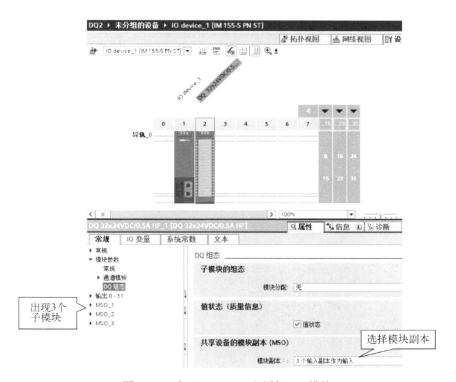

图 2-90　在 IO device_1 上添加 DQ 模块

（3）图 2-91 为子模块的地址空间分配。其中，基本子模块有 I 地址和 Q 地址，允许 CPU 进行读写访问，其他 MSO 子模块只有 I 地址，即只有读的访问。

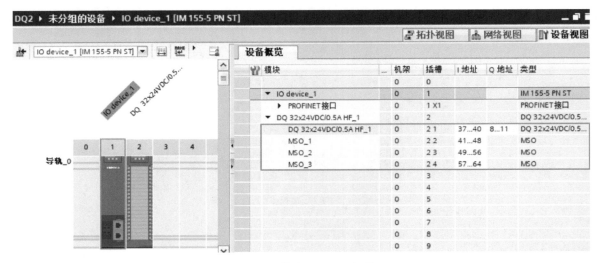

图 2-91　子模块的地址空间分配

（4）根据 MSO 原则，基本子模块的输出和输入地址及信息如图 2-92 所示。

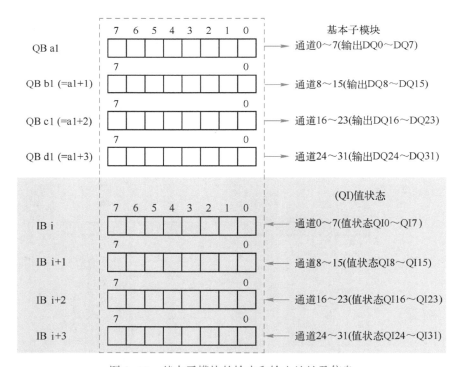

图 2-92　基本子模块的输出和输入地址及信息

MSO_1 子模块的输入地址及信息如图 2-93 所示。

MSO_2 子模块的输入地址及信息如图 2-94 所示。

MSO_3 子模块的输入地址及信息如图 2-95 所示。

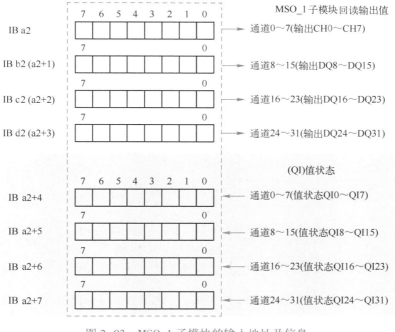

图 2-93　MSO_1 子模块的输入地址及信息

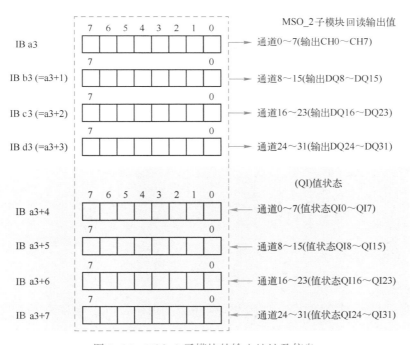

图 2-94　MSO_2 子模块的输入地址及信息

（5）在新建项目中，设置 PLC_1 的地址为 192.168.10.1，IM155-5 PN ST 的网址为 192.168.10.5，并在 "Shared Device（共享设备）" 中将 MSO_1、MSO_2、MSO_3 的访问对象设置为 "-"，如图 2-96 所示。

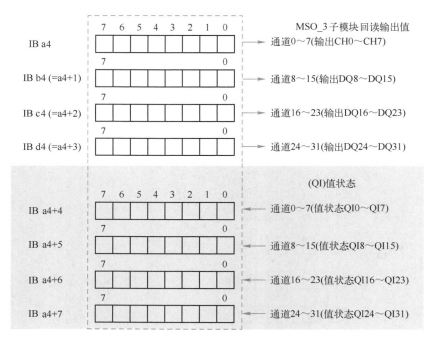

图 2-95 MSO_3 子模块的输入地址及信息

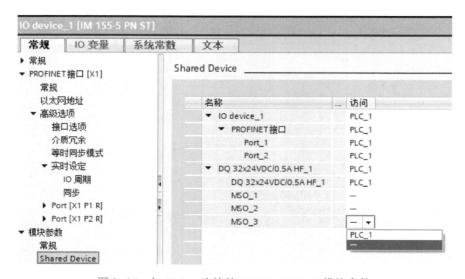

图 2-96 与 PLC_1 连接的 IM155-5 PN ST 模块参数

（6）新建项目 DQ2_MSO_1，如图 2-97 所示。图中，PLC 命名为 PLC_2，IP 地址为 192.168.10.2；IM155-5PNST 名称不变，仍为 IO device_1，IP 地址不变，为 192.168.10.5。在 IO device_1 模块参数的 "Shared Device（共享设备）" 中，可以将基本子模块、MSO_2 子模块、MSO_3 子模块的访问对象设置为 "—"，而将 MSO_1 子模块的访问对象设置为 "PLC_2"，如图 2-98 所示。

（7）依次建立另外两个项目，并进行相应的修改，就能完成 DQ 模块的共享访问。

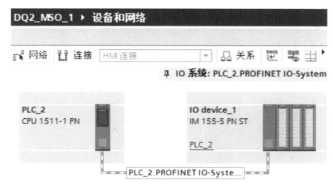

图 2-97　新建项目 DQ2_MSO_1

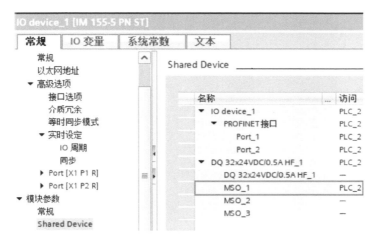

图 2-98　修改 MSO_1 的访问选项

2.5　硬件配置的编译与下载

2.5.1　硬件配置的编译

某主站 S7-1500 PLC 的配置如图 2-99 所示，共包括 1 个 PS 模块、1 个 CPU1511-1 PN 模块、4 个 DI 32×24VDC BA 模块、两个 DQ 32×24VDC/0.5A HF 模块和 1 个 AI 8×U/I/RTD/TC ST 模块，共计 9 个模块，对其配置的地址总览如图 2-100 所示。

单击项目树中的"PLC_1"→"编译"→"硬件（完全重建）"，如图 2-101 所示。

编译完成后，出现如图 2-102 所示的编译结果，比如编译后出现"错误：0；警告：2"，则表示为"PLC_1 不包含组态的保护等级""该 S7-1500 CPU 显示屏不带任何密码保护"。

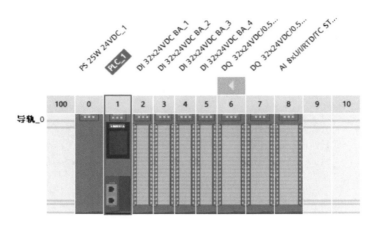

图 2-99　某主站 S7-1500 PLC 的配置

地址总览

地址总览

过滤器：　☑输入　　　　　　☑输出　　　　　　☑地址间隙　　　　　　☑插槽

类型	起始地	结束地	大小	模块	机架	插槽	设备名称	设备…	主站 I O 系统
I	0	3	4 字节	DI 32x24VDC BA_1	0	2	PLC_1 [CPU 1511-1 PN]	-	-
I	4	7	4 字节	DI 32x24VDC BA_2	0	3	PLC_1 [CPU 1511-1 PN]	-	-
I	8	11	4 字节	DI 32x24VDC BA_3	0	4	PLC_1 [CPU 1511-1 PN]	-	-
I	12	15	4 字节	DI 32x24VDC BA_4	0	5	PLC_1 [CPU 1511-1 PN]	-	-
O	0	3	4 字节	DQ 32x24VDC/0.5A HF_1	0	6	PLC_1 [CPU 1511-1 PN]	-	-
O	4	7	4 字节	DQ 32x24VDC/0.5A HF_2	0	7	PLC_1 [CPU 1511-1 PN]	-	-
I	16	31	16 字…	AI 8xU/I/RTD/TC ST_1	0	8	PLC_1 [CPU 1511-1 PN]	-	-

图 2-100　地址总览

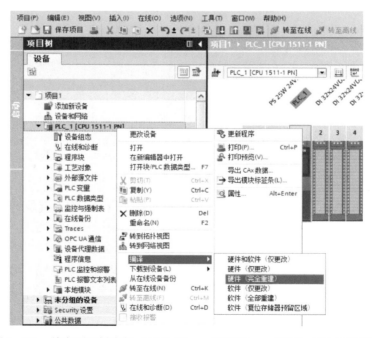

图 2-101　单击项目树中的 "PLC_1" → "编译" → "硬件（完全重建）"

常规	交叉引用	**编译**

	显示所有消息	▼

编译完成（错误：0；警告：2）

!	路径	说明	转至	?	错误	警告	时间
!	▼ PLC_1		↗		0	2	18:47:29
!	▼ 硬件配置		↗		0	2	18:47:29
!	▼ S71500/ET200MP statio...		↗		0	2	18:47:31
!	▼ 导轨_0		↗		0	2	18:47:31
!	▼ PLC_1		↗		0	2	18:47:31
!	▼ PLC_1		↗		0	1	18:47:31
!		PLC_1 不包含组态的保护等级	↗				18:47:31
!	▼ CPU 显示_1		↗		0	1	18:47:31
!		该 S7-1500 CPU 显示屏不带任何密码保护。	↗				18:47:31
🛈	系统诊断		↗				18:47:33
!		编译完成（错误：0；警告：2）					18:47:34

图 2-102　编译结果

根据编译结果提示，分别对两个警告进行相应处理。图 2-103 为给 PLC_1 的访问级别增加密码。图 2-104 为给 CPU 的显示屏增加密码。

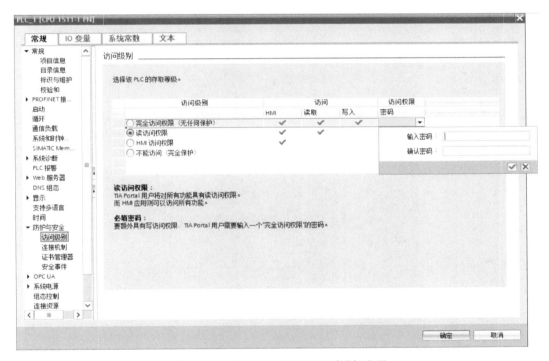

图 2-103　给 PLC_1 的访问级别增加密码

修改完成后，再次编译的结果如图 2-105 所示。有些警告可以忽略。

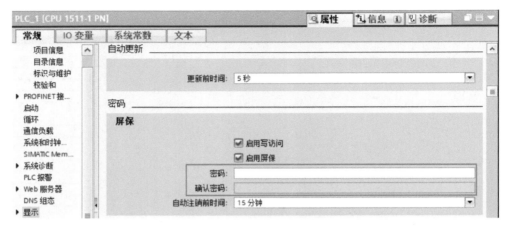

图 2-104   给 CPU 的显示屏增加密码

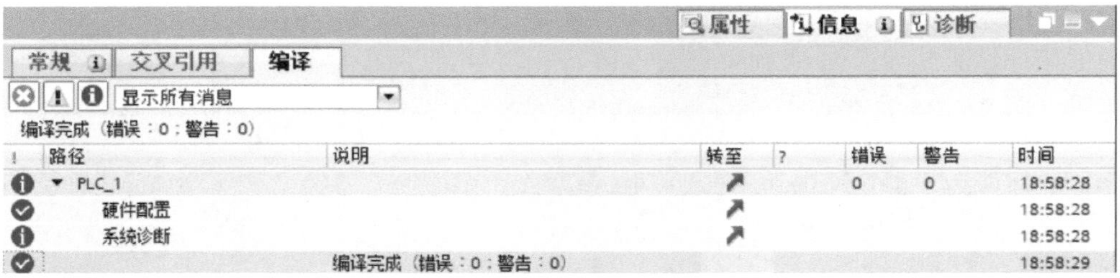

图 2-105   再次编译的结果

2.5.2   硬件配置的下载

当硬件配置编译完成后，就可以按如图 2-106 所示选择"转至在线""扩展在线""下载到设备""扩展的下载到设备"。

图 2-106   编译完成后选择选项

在计算机端，选择"控制面板"→"网络和 Internet"→"网络连接"→"以太网属性"，单击 TCP/IPv4 属性，设置同一网段的 IP 地址，如图 2-107 所示。

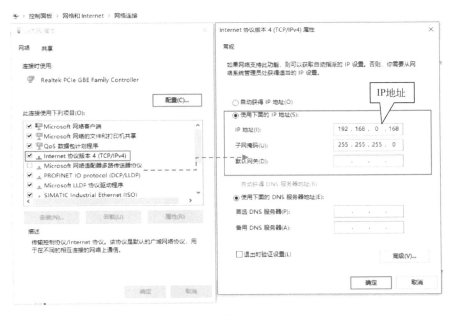

图 2-107　设置 IP 地址

转至在线后，就会出现如图 2-108 所示的"转至在线"界面，包括组态访问节点 1、PG/PC 接口、选择目标设备等选项。需要注意的是，第一次联机时，存在 S7-1500 PLC 的

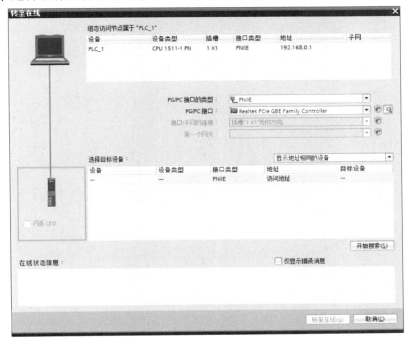

图 2-108　"转至在线"界面

IP 地址与计算机的 IP 地址不在同一个频段、S7-1500 PLC 的 CPU 第一次使用 IP 地址无等情况，因此在设置"选择目标设备"时，不能选择"显示地址相同的设备"，而是选择"显示所有兼容的设备"。图 2-109 为第一次使用 CPU 的联机情况，接口类型为 ISO，访问地址是 MAC 地址，连接 CPU 后，下载结束，再次联机，就会出现如图 2-110 所示的正常联机情况。

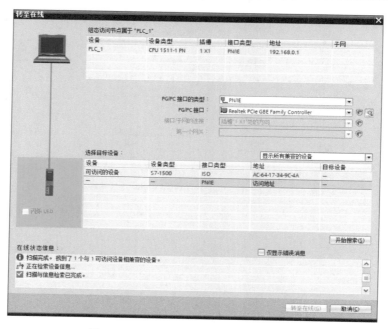

图 2-109　第一次使用 CPU 的联机情况

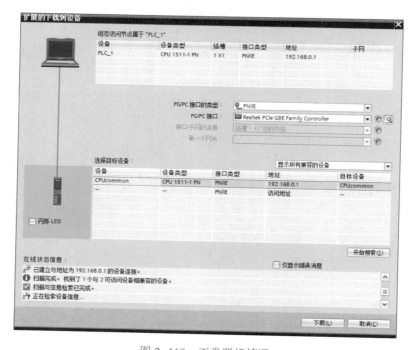

图 2-110　正常联机情况

图 2-111 为硬件配置时的"下载预览"界面, 下载完毕, 再次联机, 如图 2-112 所示,
会看到与 PLC 相关的模块均显示☑ (绿色), 表示硬件配置正常, 配置工作结束。

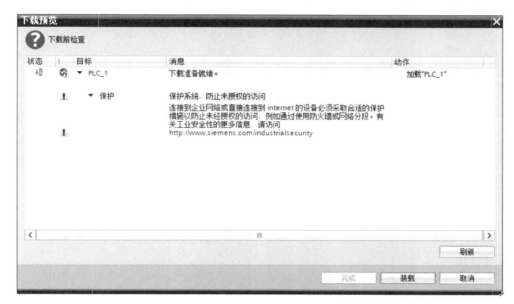

图 2-111　"下载预览"界面

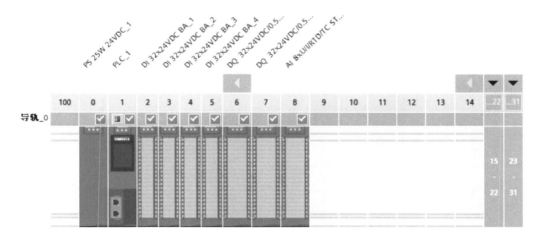

图 2-112　硬件配置正常

第 3 章
S7-1500 PLC 程序基本架构

📑 **导读**

    S7-1500 PLC 程序基本架构包括数据类型、地址存储区、程序块及基本指令。数据类型主要分为基本数据类型、复合数据类型、参数类型、系统数据类型和硬件数据类型等。本章主要介绍位数据类型、数学数据类型、字符数据类型、时间数据类型等基本数据类型。每一种基本数据类型数据都具备关键字、数据长度、取值范围和常数表达格式等属性。寻址方式是对数据存储区进行读/写访问的方式。S7-1500 PLC 的寻址方式有立即数寻址、直接寻址和间接寻址三大类。S7-1500 PLC 的 CPU 支持 OB、FC、FB、DB 块，可用其创建有效的用户程序结构。在 S7-1500 PLC 程序基本架构中，指令是灵魂，包括位逻辑指令、定时器指令、计数器指令、数学运算指令、数据操作指令等，能完成自动化系统的所有功能。

◤ 3.1 基本数据类型 ◢

    用户在编写程序时，变量的格式必须与指令的数据类型相匹配。S7-1500 PLC 的数据类型主要分为基本数据类型、复合数据类型、参数类型、系统数据类型和硬件数据类型等。

    基本数据类型分为位数据类型、数学数据类型、字符数据类型、时间数据类型。每一种基本数据类型数据都具备关键字、数据长度、取值范围和常数表达格式等属性。以字符数据类型为例，其关键字是字符，数据长度为 8bit，取值范围是 ASCII 字符集，常数表达格式为两个单引号包含字符，如 'A'。基本数据类型的数据长度、取值范围和常数表达格式举例见表 3-1。

表 3-1　基本数据类型的数据长度、取值范围和常数表达格式举例

数 据 类 型	数据长度	取 值 范 围	常数表达格式举例
Bool（位）	1bit	True 或 False	True
Byte（字节）	8bit	十六进制表达：B#16#0～B#16#FF	B#16#10
Word（字）	16bit	二进制表达：2#0～2#1111_1111_1111_1111	2#0001
		十六进制表达：W#16#0～W#16#FFFF	W#16#10
		十进制序列表达：B#（0,0）～B（255,255）	B#（10,20）
		BCD（二进制编码的十进制数）表达：C#0～C#999	C#998
DWord（双字）	32bit	二进制表达： 2#0～2#1111_1111_1111_1111_1111_1111_1111_1111	2#1000_0001 0001_1000 1011_1011 0111_1111
		十六进制表达：DW#16#0～DW#16#FFFF_FFFF	DW#16#10
		十进制序列表达：B#（0,0,0,0）～B#（255,255,255,255）	B#（1,10,10,20）
LWord（长字）	64bit	二进制表达： 2#0～2#1111_1111_1111_1111_1111_1111_1111_1111_ 1111_1111_1111_1111_1111_1111_1111_1111	2#0000_0000_0000_ 0000_0001_0111_1100_ 0010_0101_1110_1010_ 0101_1011_1101_0001_ 1011
		十六进制表达： LW#16#0～LW#16#FFFF_FFFF_FFFF_FFFF	LW#16#0000_0000_ 5F52_DE8B
		十进制序列表达： B#（0,0,0,0,0,0,0,0）～ B#（255,255,255,255,255,255,255,255）	B#（127,200,127,200, 127,200,127,200）
SInt（短整数）	8bit	有符号整数 -128～127	+44，SINT#-43
Int（整数）	16bit	有符号整数 -32768～32767	12
Dint（双整数，32 位）	32bit	有符号整数 -L#2147483648～L#2147483647	L#12
USInt（无符号短整数）	8bit	无符号整数 0～255	78 USINT#78
UInt（无符号整数）	16bit	无符号整数 0～65535	65295，UINT#65295
UDInt（无符号双整数）	32bit	无符号整数 0～4294967295	4042322160， UDINT#4042322160
LInt（长整数）	64bit	有符号整数 -9223372036854775808～+9223372036854775807	+154325790816159， LINT#+154325790816159
ULInt（无符号长整数）	64bit	无符号整数 0～18446744073709551615	154325790816159， ULINT#154325790816159
Real（浮点数）	32bit	-3.402823E+38～-1.175495E-38，0， +1.175495E-38～+3.402823E+38	1.0e-5，REAL#1.0e-51.0； REAL#1.0
LReal（长浮点数）	64bit	-1.7976931348623158e+308～-2.2250738585072014e-3080，0，0， +2.2250738585072014e-308～+1.7976931348623158e+308	1.0e-5，LREAL#1.0e-51.0； LREAL#1.0

数 据 类 型	数据长度	取 值 范 围	常数表达格式举例
S5Time （S5 时间）	16bit	S5T#0H_0M_0S_10MS～S5T#2H_46M_30S_0MS	S5T#10S
Time （IEC 时间）	32bit	IEC 时间格式（带符号），分辨率为 1ms： −T#24D_20H_31M_23S_648MS～T#24D_20H_31M_23S_648MS	T#0D_1H_1M_0S_0MS
LTime （长时间）	64bit	信息包括天（d）、小时（h）、分钟（m）、 秒（s）、毫秒（ms）、微秒（µs）和纳秒（ns） LT#−106751d23h47m16s854ms775us808ns LT#+106751d23h47m16s854ms775us807ns	LT#11350d20h25m 14s830ms652us315ns LTIME#11350d20h25m 14s830ms652us315ns
DATE （IEC 日期）	16bit	IEC 日期格式，分辨率 1 天： D#1990-1-1—D#2168-12-31	DATE#1996-3-15
Time_OF_Day （TOD，一天 毫秒时间）	32bit	24 小时时间格式，分辨率 1ms TOD#0：0：0：0～TOD#23：59：59：999	TIME_OF_DAY#1：10：3.3
Date_And_Time （DT，日期 毫秒时间）	8byte	年−月−日−小时：分钟：秒：毫秒 DT#1990-01-01-00：00：00：000～ DT#2089-12-31-23：59：59：999	DT#2008-10-25-8：12：34.567， DATE_AND_TIME#2 008-10-25-08：12：34.567
LTime_Of_Day （LTOD，一天 纳秒时间）	8byte	时间（小时：分钟：秒：纳秒） LTOD#00：00：00：000000000～ LTOD#23：59：59：999999999	LTOD#10：20：30.400_365_215， LTIME_OF_DAY# 10：20：30.400_365_215
Date_And_LTime （DTL，日期长时间）	8byte	存储自 1970 年 1 月 1 日以来的日期和时间信息（单位为纳秒） ［D］T#1970-01-01-0：0：0.000000000～ ［D］T#2263-04-11-23：47：15.854775808	［D］T#2008-10-25- 8：12：34.567
Char（字符）	8bit	ASCII 字符集 'A'、'b'等	'A'
WChar（宽字符）	16bit	Unicode 字符	'你'

3.1.1 位数据类型

位数据类型主要有布尔型（Bool）、字节型（Byte）、字型（Word）、双字型（DWord）和长字型（LWord）。

位数据类型只表示存储器中各位的状态是 0（False）还是 1（Ture），数据长度可以是一位（1bit）、一个字节（Byte，8bit）、一个字（Word，16bit）、一个双字（Double Word，32bit）或一个长字（Long Word，64bit），分别对应 Bool、Byte、Word、DWord 和 LWord 类型。位数据类型通常用二进制或十六进制表达，如 2#01010101、16#283C 等。需要注意的是，一位布尔型数据类型不能直接赋常数值。

位数据类型的常数表示需要在数据之前根据存储单元的长度（Byte、Word、DWord、LWord）加上 B#、W#、DW#或 LW#（Bool 除外），所能表示的数值范围见表 3-2。

表 3-2　位数据类型的数值范围

位数据类型	数 据 长 度	数 值 范 围
Bool	1bit	True，False
Byte	8bit	B#16#0～B#16#FF
Word	16bit	W#16#0～W#16#FFFF
DWord	32bit	DW#16#0～DW#16#FFFFFFFF
LWord	64bit	LW#16#0～LW#16#FFFFFFFFFFFFFFFF

图 3-1 为 Word 位数据类型的表达方法。

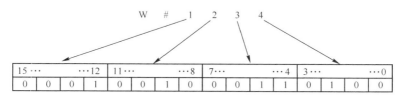

图 3-1　Word 位数据类型的表达方法

3.1.2　数学数据类型

数学数据类型主要有整数类型和实数类型（浮点数类型）。

1. 整数类型

整数类型分为有符号整数类型和无符号整数类型。有符号整数类型包括短整数型（SInt）、整数型（Int）、双整数型（DInt）和长整数型（LInt）；无符号整数类型包括无符号短整数型（USInt）、无符号整数型（UInt）、无符号双整数型（UDInt）和无符号长整数型（ULInt）。

短整数型、整数型、双整数型和长整数型的数据为有符号整数，分别为 8bit、16bit、32bit 和 64bit，在存储器中用二进制补码表示，最高位为符号位（0 表示正数，1 表示负数），其余各位为数值位。无符号短整数型、无符号整数型、无符号双整数型和无符号长整数型的数据均为无符号整数，每一位均为有效数值。

图 3-2 为 Int 正整数型的表达方法。图 3-3 为 Int 负整数型的表达方法。

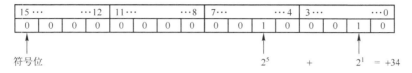

图 3-2　Int 正整数型的表达方法

2. 实数类型

实数类型包括实数型（Real）和长实数型（LReal），均为有符号的浮点数，分别占用 32bit 和 64bit，最高位为符号位（0 表示正数，1 表示负数），接下来的 8bit（或 11bit）为指

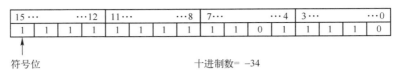

图 3-3　Int 负整数型的表达方法

数位，剩余位为尾数位，共同构成实数数值。实数的特点是利用有限的 32bit 或 64bit 可以表示一个很大的数，也可以表示一个很小的数。

一个 Real 类型的数占用 4 个字节的空间。S7-1500 PLC 中的 Real 类型符合 IEEE754 标准的浮点数标准，包括符号位 S、指数 E 和尾数 M，如图 3-4 所示。指数 E 和尾数 M 的位号和权值见表 3-3。

图 3-4　Real 类型的表达方法

表 3-3　指数 E 和尾数 M 的位号和权值

项　　目	位　　号	权　　值
指数 E	30	2^7
…	…	…
指数 E	24	2^1
指数 E	23	2^0
尾数 M	22	2^{-1}
…	…	…
尾数 M	1	2^{-22}
尾数 M	0	2^{-23}

3.1.3　字符数据类型

字符数据类型（Char）的数据长度为 8bit，操作数在存储器中占一个字节，以 ASCII 字符集格式存储单个字符。常量表示时使用单引号，例如常量字符 A 表示为 'A' 或 CHAR#'A'。表 3-4 列出了字符数据类型的属性。

表 3-4　字符数据类型的属性

数据长度	格　　式	取值范围	输入值举例
8bit	ASCII 字符集	ASCII 字符集	'A'，CHAR#'A'

S7-1500 PLC 还支持宽字符类型（WChar），操作数长度为 16 bit，即在存储器中占用 2 个字节（Byte），以 Unicode 字符串格式存储扩展字符集中的单个字符，但只涉及整个 Unicode 字符串的一部分。常量表示时需要加 WCHAR#前缀及单引号，例如常量字符 a 表示为 WCHAR#'a'。控制字符在输入时，以美元符号表示。表 3-5 列出了宽字符数据类型的属性。

表 3-5　宽字符数据类型的属性

数据长度	格　式	取 值 范 围	输入值示例
16bit	Unicode 字符串	$0000~$D7FF	WCHAR#'a'，WCHAR#'$0041'

3.1.4　时间数据类型

时间数据类型主要包括 IEC 时间（Time）数据类型、S5 时间（S5Time）数据类型和长时间（LTime）数据类型。

1. IEC 时间（Time）数据类型

IEC 时间（Time）数据类型为 32bit 的 IEC 定时器类型，是以毫秒（ms）为单位表示的双整数，可以是正数或负数，所表示的信息包括天（d）、小时（h）、分钟（m）、秒（s）和毫秒（ms）。表 3-6 列出了 IEC Time 数据类型的属性。

表 3-6　IEC Time 数据类型的属性

数据长度	格　式	取 值 范 围	输入值举例
32bit	有符号的持续时间	T#-24d20h31m23s648ms~ T# 24d20h31m23s648ms	T#10d20h30m20s630ms， TIME#10d20h30m20s630ms
	十六进制的数字	16#00000000~16#7FFFFFFF	16#0001EB5E

2. S5 时间（S5 Time）数据类型

S5 时间（S5 Time）数据类型的变量长度为 16bit。其中，最高两位未用，接下来的两位为时基信息（00 表示 0.01s，01 表示 0.1s，10 表示 1s，11 表示 10s），剩余的 12bit 为 BCD 码时间值，范围为 0~999，如图 3-5 所示，所表示的时间为时间常数与时基的乘积。S5 Time 数据类型的常数格式为在时间之前加 S5T#，例如 S5T#16sl00 ms，以时基 0.1 s 表示的时间常数为 161，故对应的变量内容为 2#00010001 01100001。表 3-7 列出了 S5 Time 数据类型的属性。

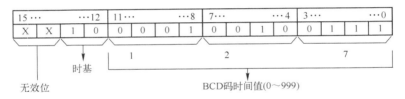

图 3-5　S5 Time 数据类型的表示方法

表 3-7   S5Time 数据类型的属性

数据长度	格　　式	取 值 范 围	输入值举例
16bit	10ms 增长的 S7 时间（默认值）	S5T#0MS～S5T# 2H_46M_30S_0MS	S5T#10s, S5TIME#10s
	十六进制的数字	16#0～16#3999	16#2

3. 长时间（LTime）数据类型

长时间（LTime）数据类型为 64bit 的 IEC 定时器类型，操作数内容是以纳秒（ns）为单位表示的长整数，可以是正数或负数，所表示的信息包括天（d）、小时（h）、分钟（m）、秒（s）、毫秒（ms）、微秒（μs）和纳秒（ns）。常数表示格式为在时间前加 LT#，如 LT#11ns。

3.2   数据存储区的寻址方式

3.2.1   寻址方式

S7-1500 PLC 的寻址方式是对数据存储区进行读/写访问的方式，有立即数寻址方式、直接寻址方式和间接寻址方式三大类。立即数寻址方式的数据在指令中以常数或常量的形式出现；直接寻址方式又称符号寻址方式，是指在指令中直接给出要访问的存储器或寄存器的名称和地址编号，并直接存取数据；间接寻址方式是指使用地址指针间接给出要访问的存储器或寄存器的地址。直接寻址方式是编程中使用最多的一种寻址方式，地址区域内的变量均可以进行直接寻址。S7-1500 PLC 地址区域可访问的地址单位、S7 符号及表示方法见表 3-8。

表 3-8   S7-1500 PLC 地址区域可访问的地址单位、S7 符号及表示方法

地址区域	可访问的地址单位	S7 符号及表示方法（IEC）
过程映像输入区	输入（位）	I
	输入（字节）	IB
	输入（字）	IW
	输入（双字）	ID
过程映像输出区	输出（位）	Q
	输出（字节）	QB
	输出（字）	QW
	输出（双字）	QD
标志位存储区	存储器（位）	M
	存储器（字节）	MB
	存储器（字）	MW
	存储器（双字）	MD

地址区域	可访问的地址单位	S7 符号及表示方法（IEC）
定时器	定时器（T）	T
计数器	计数器（C）	C
数据块	数据块，用 OPN DB 打开	DB
	数据位	DBX
	数据字节	DBB
	数据字	DBW
	数据双字	DBD
	数据块，用 OPN DI 打开	DI
	数据位	DIX
	数据字节	DIB
	数据字	DIW
	数据双字	DID
本地数据区	局部数据位	L
	局部数据字节	LB
	局部数据字	LW
	局部数据双字	LD

3.2.2　位寻址方式

位寻址方式是对存储器中的过程映像输入区（I）、过程映像输出区（Q）和其他区域的某一位进行读/写访问的方式。

（1）过程映像输入区（I）

过程映像输入区（I）位于 CPU 的系统存储区。在循环执行用户程序之前，CPU 首先扫描输入模块的信息，并将信息记录到过程映像输入区，与输入模块的逻辑地址匹配，如图 3-6 所示。使用过程映像输入区的好处是在一个程序执行周期内保持数据的一致性。S7-1500 PLC 使用地址标识符 I（不分大小写）访问过程映像输入区。

（2）过程映像输出区（Q）

过程映像输出区位于 CPU 的系统存储区。在循环执行用户程序时，CPU 将逻辑运算后的输出值存放在过程映像输出区。在程序执行周期结束后，更新过程映像输出区，如图 3-7 所示，并将所有输出值均发送到输出模块，以保证输出模块输出的一致性。S7-1500 PLC 中的所有输出信号均在过程映像输出区内，并使用地址标识符 Q（不分大小写）访问过程映像输出区。

由于输入模块和输出模块分别属于两个不同的地址区，所以逻辑地址可以相同。

在程序中，访问输入模块中一个输入点的格式为

地址标识符字节地址.位地址

其中，地址标识符指明存储区的类型，可以是 I、Q、M 和 L 等；位地址指明寻址的具体位

置，如访问过程映像输入区中的第 3 字节的第 4 位，如图 3-8 所示的框线标识部分，地址为 I2.3。

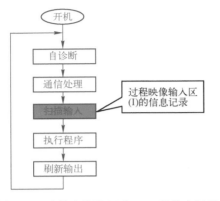
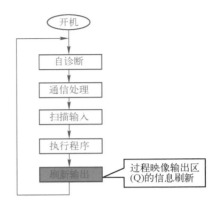

图 3-6   过程映像输入区（I）的信息记录   图 3-7   过程映像输出区（Q）的信息刷新

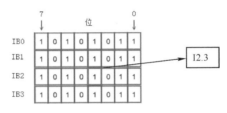

图 3-8   地址 I2.3 的表示

根据 IEC61131-3 标准，对于变量定义，需要在前面加上％，因此在编程时，所有的直接寻址变量前面均需要加上％，如 I2.3 应该写为％I2.3。为方便读者阅读，除编程截图外，本书中所有直接寻址变量均省略％，特此说明。

3.2.3   字节、字及双字寻址方式

系统存储器中的 I、Q、M 和 L 存储区是按字节进行排列的，对其中的存储单元进行的直接寻址方式包括位寻址方式、字节寻址方式、字寻址方式和双字寻址方式。对 I、Q、M 和 L 存储区也可以以 1Byte 或 2Byte 或 4Byte 为单位进行读/写访问，格式：地址标识符长度类型字节起始地址。其中，长度类型包括字节、字和双字，分别用 B（Byte）、W（Word）和 D（Double Word）表示。

例如，IB100 表示过程映像输入区中的第 100 个字节，IW100 表示过程映像输入区中的第 100 和第 101 两个字节，ID100 表示过程映像输入区中的第 100、第 101、第 102 和第 103 这 4 个字节。需要注意，当数据长度用字或双字表示时，最高有效字节为起始地址字节。图 3-9 为IB100、IW100、ID100 所对应访问的存储器空间及高低位排列方式。

图 3-10 为位、字节、字和双字对同一地址存取操作的比较。由图可知，MW100 包括MB100 和 MB101 两个字节；MD100 包括 MW100 和 MW102，即 MB100、MB101、MB102 和MB103 这 4 个字节。值得注意的是，这些地址是互相交叠的。

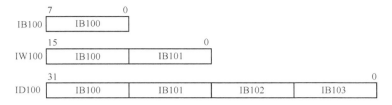

图 3-9　IB100、IW100、ID100 所对应访问的存储器空间及高低位排列方式

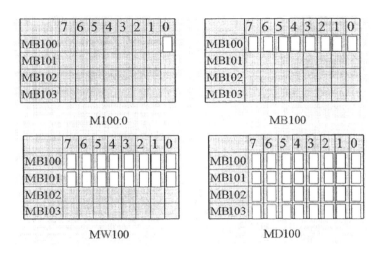

图 3-10　位、字节、字和双字对同一地址存取操作的比较

除了输入 I、输出 Q 和中间寄存器 M 变量外，还有表示局部数据暂存区的 L 变量，如 LD20 表示从第 20 个字节开始，包括 4 个字节的存储空间，即 LB20、LB21、LB22 和 LB23 这 4 个字节。

3.2.4　I/O 外设寻址方式

I/O 外设寻址方式也可以使用位寻址方式、字节寻址方式、字寻址方式和双字寻址方式。例如，IB0:P 表示过程映像输入区第 0 字节所对应的输入外设存储器单元，Q1.2:P 表示过程映像输出区第 1 个字节第 2 位所对应的输出外设存储器单元。

如果将模块插入站点，则其逻辑地址将位于 SIMATIC S7-1500 PLC 过程映像区中（默认设置）。在过程映像区更新期间，CPU 会自动处理模块与过程映像区之间的数据交换。

如果希望程序直接访问模块（而不是使用过程映像区），则在 I/O 地址或符号名称后附加后缀 ":P"，这种方式被称为直接访问 I/O 地址的访问方式。

3.2.5　数据块（DB）存储区及其读取方式

在 S7-1500 PLC 中，数据块可以存储在装载存储器、工作存储器及系统存储器（块堆栈）中，共享数据块地址标识符为 DB，函数块 FB 的背景数据块地址标识符为 IDB。

数据块（DB）分为两种：一种为优化 DB；另一种为标准 DB。每次添加一个新的全局 DB，默认类型均为优化 DB。可以在 DB 的属性中修改 DB 的类型。背景数据块（IDB）的属性是由其所属的函数块 FB 决定的。如果函数块 FB 为标准函数块，则其背景 DB 就是标准 DB；如果函数块 FB 为优化函数块，则其背景 DB 就是优化 DB。

优化 DB 和标准 DB 在 S7-1500 PLC 中存储和访问的过程完全不同。标准 DB 掉电保持属性为整个 DB，DB 内变量为绝对地址访问，支持指针寻址；优化 DB 内每个变量都可以单独设置掉电保持属性，DB 内变量只能使用符号名寻址，不能使用指针寻址。优化 DB 块借助预留的存储空间，支持"下载无需重新初始化"功能，而标准 DB 无此功能。

图 3-11 为标准 DB 在 S7-1500 PLC 内的存储及处理方式。图中，①：由于标准 DB 的编码方式与 CPU 不同，因此 CPU 在读取/存储数据到标准 DB 时，需要颠倒变量的高低字节或字，这需要花费 CPU 大量的时间，访问速度慢；②：如需访问标准 DB 中的位信号，则 CPU 需要先访问字节，再对其中的某一位进行处理，访问速度慢。

图 3-12 为优化 DB 在 S7-1500 PLC 内的存储及处理方式。图中，①：由于优化 DB 的编码方式与 CPU 相同，因此 CPU 在对优化 DB 内变量进行读取/存储时，无需颠倒高低字节或字，访问速度快；②：如需访问优化 DB 中的位信号，则 CPU 可直接对存储该位信号的字节进行访问，访问速度快；"保留"：优化 DB 通过预留的存储空间可实现下载，无需初始化功能。

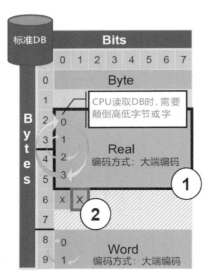

图 3-11　标准 DB 在 S7-1500 PLC
内的存储及处理方式

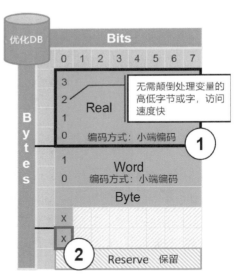

图 3-12　优化 DB 在 S7-1500 PLC
内的存储及处理方式

由图 3-11 和图 3-12 可知，S7-1500 PLC 在处理标准 DB 内的数据时，要额外消耗 CPU 的资源，导致 CPU 的效率下降，所以推荐使用优化 DB。在优化 DB 中，所有变量以符号形式存储，没有绝对地址，不易出错，且数据存储的编码方式与 CPU 编码方式相同，效率更高。

3.3　程序块

3.3.1　程序块的类型

在 S7-1500 PLC 中，CPU 支持 OB、FC、FB、DB，可用其创建有效的用户程序结构，具体介绍如下。

（1）组织块（OB）：定义程序的结构。OB 具有预定义的行为和启动事件，用户也可以创建具有自定义启动事件的 OB。

（2）功能（FC）和功能块（FB）：包含与特定任务或参数组合相对应的程序代码。每个 FC 或 FB 都提供一组输入和输出参数，用于与调用块共享数据。FB 还使用相关联的数据块（称为背景数据块）来保存执行期间的值状态，程序中的其他块可以使用这些值状态。

（3）数据块（DB）：存储程序块可以使用的数据，包括背景数据块和共享数据块。前者与 FB 调用有关，在调用时自动生成，作为 FB 的存储区；后者是全局数据块，用于存储用户数据，数据格式可以由用户定义。

用户程序的执行顺序：从一个或多个在进入 RUN 模式时运行一次的可选启动组织块（OB）开始，执行一个或多个循环执行的程序循环 OB。OB 也可以与中断事件（可以是标准事件或错误事件）相关联，并在相应的标准事件或错误事件发生时执行。

3.3.2　用户程序的结构

创建用于自动化任务的用户程序时，需要将程序指令插入程序块。

（1）组织块（OB）

OB 对应于 CPU 中的特定事件，可中断用户程序的执行。OB1 是用于循环执行用户程序的默认组织块，为用户程序提供基本结构，是唯一一个用户必需的程序块。如果程序中包括其他 OB，则这些 OB 会中断 OB1 的执行。其他 OB 可执行特定功能，如用于启动任务、用于处理中断和错误者用于按特定的时间间隔执行特定的程序代码。

（2）功能块（FB）

FB 是从另一个程序块（OB、FB 或 FC）进行调用时执行的子例程。调用块将参数传递到 FB，并标识可存储特定调用数据或特定数据块（DB）。更改背景 DB 可使通用 FB 控制一组设备的运行。例如，借助包含每个泵或阀门特定运行参数的不同背景 DB，一个 FB 可控制多个泵或阀门。

（3）功能（FC）

FC 是从另一个程序块（OB、FB 或 FC）进行调用时执行的子例程。与 FB 不同，FC 不具有相关的背景 DB。调用块将参数传递给 FC。FC 的输出值必须写入存储器地址或全局 DB 中。

根据实际应用要求，创建用户程序可选择线性结构或模块化结构，如图 3-13 所示。

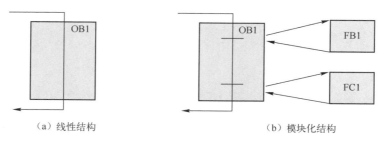

（a）线性结构　　　　　　　　　　　（b）模块化结构

图 3-13　用户程序的结构

线性结构程序按顺序逐条执行用于自动化任务的所有指令。通常，线性结构程序将所有的程序指令都放入用于循环执行程序的 OB（OB 1）中。

模块化结构程序需调用可执行特定任务的特定程序块。要创建模块化结构程序，需要将复杂的自动化任务划分为与过程的工艺功能相对应的更小的次级任务，每个程序块都为每个次级任务提供程序段，通过从另一个块中调用其中一个程序块来构建程序。

通过创建可在用户程序中重复使用的通用程序块，可简化用户程序的设计和实现。使用通用程序块具有许多优点：

（1）可为标准任务创建能够重复使用的程序块，如用于控制泵或电动机，也可以将这些通用程序块存储在可由不同的应用或解决方案使用的库中。

（2）将用户程序构建到与功能任务相关的模块化组件中，可使程序的设计更易于理解和管理。模块化组件不仅有助于标准化程序设计，也有助于使更新或修改程序代码更加快速和容易。

（3）创建模块化组件可简化程序的调试，通过将整个程序构建为一组模块化程序段，并在开发每个程序段时均对其功能进行测试。

（4）创建与特定工艺功能相关的模块化组件，有助于简化对已完成应用程序的调试，并减少调试过程中所用的时间。

3.3.3　使用程序块来构建程序

通过设计 FB 和 FC 执行通用任务，可创建模块化程序块，并通过由其他程序块调用这些可重复使用的模块来构建程序，调用块将设备特定的参数传递给被调用块，如图 3-14 所示。当一个程序块调用另一个程序块时，CPU 会执行被调用块中的程序代码。执行完被调用块后，CPU 会继续执行该块调用之后的指令。

图 3-15 为可嵌套块，可用来实现更加模块化的结构。

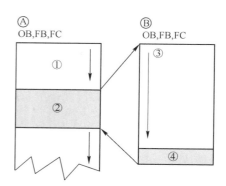

A：调用块；B：被调用（或中断）块；① 程序执行；② 可调用其他块的操作；③ 程序执行；④ 块结束（返回到调用块）。

图 3-14　块调用示意图

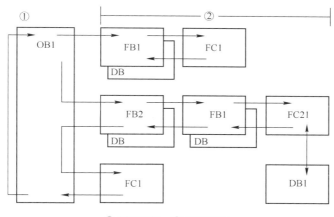

① 循环开始；② 嵌套深度。

图 3-15　可嵌套块

3.3.4　OB 可实现的功能

OB 可控制用户程序的执行。每个 OB 的编号必须唯一。CPU 中的特定事件将触发 OB 的执行。OB 无法互相调用或通过 FC 或 FB 调用。只有启动事件（例如诊断中断或时间间隔）可以启动 OB 的执行。CPU 按优先等级处理 OB，即先执行优先级较高的 OB，然后执行优先级较低的 OB。最低优先等级为 1（对应主程序循环），最高优先等级为 26（对应时间错误中断）。

（1）程序循环 OB

在 CPU 处于 RUN 模式时执行程序循环，主程序块是程序循环 OB。用户可在其中放置控制程序指令及调用其他用户块，允许使用多个程序循环 OB，并按编号顺序执行。OB 1 是默认程序循环 OB。

（2）启动 OB

启动 OB 在 CPU 的工作模式从 STOP 切换到 RUN 时执行一次，包括处于 RUN 模式时和执行 STOP 到 RUN 切换命令时，上电后，将开始执行主程序循环 OB。允许有多个启动 OB。OB 100 是默认启动 OB。

（3）时间延迟 OB

通过启动中断（SRT_DINT）指令组态事件，时间延迟 OB 将以指定的时间间隔执行。延迟时间在扩展指令 SRT_DINT 的输入参数中指定。指定的延迟时间结束后，时间延迟 OB 将中断正常的程序循环执行。

（4）循环中断 OB

循环中断 OB 将按用户定义的时间间隔（如每隔 2s）中断程序循环执行。每个组态的循环中断事件只允许对应一个 OB。

（5）硬件中断 OB

硬件中断 OB 在发生相关硬件事件时执行，包括内置数字输入端的上升沿和下降沿事件及 HSC 事件。硬件中断 OB 将中断正常的程序循环执行来响应硬件事件信号，可以在硬件配置的属性中定义事件。每个组态的硬件事件只允许对应一个 OB。

（6）时间错误中断 OB

时间错误中断 OB 在检测到时间错误时执行。如果超出最大循环时间，则时间错误中断 OB 将中断正常的程序循环执行。最大循环时间在 S7-1500 PLC 的属性中定义。OB 80 是唯一支持时间错误中断的 OB。

（7）诊断错误中断 OB

诊断错误中断 OB 在检测到和报告诊断错误时执行。如果具有诊断功能的模块发现错误（模块已启用诊断错误中断），则诊断错误中断 OB 将中断正常的程序循环执行。

3.4 位逻辑指令的应用

3.4.1 位逻辑"与""或""非"指令

位逻辑指令按照一定的控制要求进行逻辑组合，可以构成基本的逻辑控制。位逻辑指令使用"0""1"两个布尔操作数对逻辑信号状态进行逻辑操作，并将逻辑操作的结果送入存储器状态字的逻辑操作结果（RLO）。

图 3-16 为位逻辑指令"与"梯形图，是用串联的触点进行表示的。表 3-9 为位逻辑指令"与"真值表。

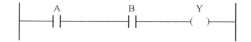

图 3-16 位逻辑指令"与"梯形图

表 3-9 位逻辑指令"与"真值表

A	B	Y
0	0	0
0	1	0
1	0	0
1	1	1

图 3-17 为位逻辑指令"或"梯形图，是用并联的触点进行表示的。表 3-10 为位逻辑指令"或"真值表。

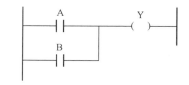

图 3-17 位逻辑指令"或"梯形图

表 3-10　位逻辑指令"或"真值表

A	B	Y
0	0	0
0	1	1
1	0	1
1	1	1

图 3-18 为位逻辑指令"非"梯形图。表 3-11 为位逻辑指令"非"真值表。

图 3-18　位逻辑指令"非"梯形图

表 3-11　位逻辑指令"非"真值表

A	Y
0	1
1	0

需要注意的是，S7-1500 PLC 内部输入触点的闭合与断开仅与输入映像寄存器相应位的状态有关，与外部输入按钮、接触器、继电器的常开/常闭触点连接方法无关。如果输入映像寄存器的相应位为"1"，则其内部的常开触点闭合，常闭触点断开。如果输入映像寄存器的相应位为"0"，则其内部的常开触点断开，常闭触点闭合。

3.4.2　用常开、常闭触点和输出线圈实现基本梯形图的功能

常开触点的激活取决于相关操作数的信号状态。当操作数的信号状态为"1"时，常开触点关闭，输出信号状态置位为输入信号状态。

常闭触点的激活取决于相关操作数的信号状态。当操作数的信号状态为"1"时，常闭触点断开，指令输出信号状态复位为"0"。

两个或多个常开触点、常闭触点串联时，将逐位进行"与"运算，所有的触点都闭合后才产生信号流。两个或多个常开触点、常闭触点并联时，将进行"或"运算，只要有一个触点闭合就会产生信号流。

实例【3-1】梯形图的输入与逻辑功能分析

在博途软件中输入如图 3-19 所示的常开触点串联、并联梯形图，试分析其逻辑功能。

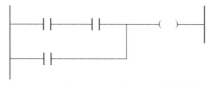

图 3-19　常开触点串联、并联梯形图

步骤与分析

（1）打开一个已经进行硬件配置的项目，单击"PLC_1"→"程序块"→"Main
[OB1]"，就可以看到如图 3-20 所示的程序编辑界面。

图 3-20　程序编辑界面

（2）在程序编辑界面中，将┤├（常开触点）、┤/├（常闭触点）和─( )─（输出线圈）
依次拖到程序段 1 中，如图 3-21 所示。

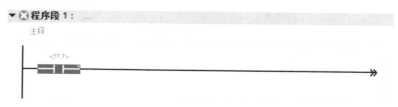

图 3-21　将常开触点、常闭触点和输出线圈拖到程序段 1 中

在<??.?>中输入 i0.0 或 I0.0 或%I0.0，如图 3-22 所示。图中，单击 显示所有
已经建立名称的输入变量，如 M0.5（1Hz 时钟信号）、M1.3（始终 OFF）、M1.2（始终
ON）等。

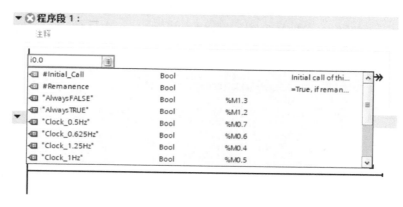

图 3-22　输入变量名称

输入完成后的第一个常开触点如图 3-23 所示。博途会自动给出直接寻址的变量名称，第一个是 Tag_*，该变量名称可以在后期进行修改。如图 3-24 所示，单击 "PLC_1" →"PLC 变量" → "显示所有变量" 就可以看到刚刚自动生成的变量名称 "Tag_1"（也就是%I0.0），此时可以修改为其他变量名称。如果在编程之前先进行变量名称定义，则可以按如图 3-25 所示直接在 目 中进行选择，而不用输入 I0.0。

图 3-23　输入完成后的第一个常开触点

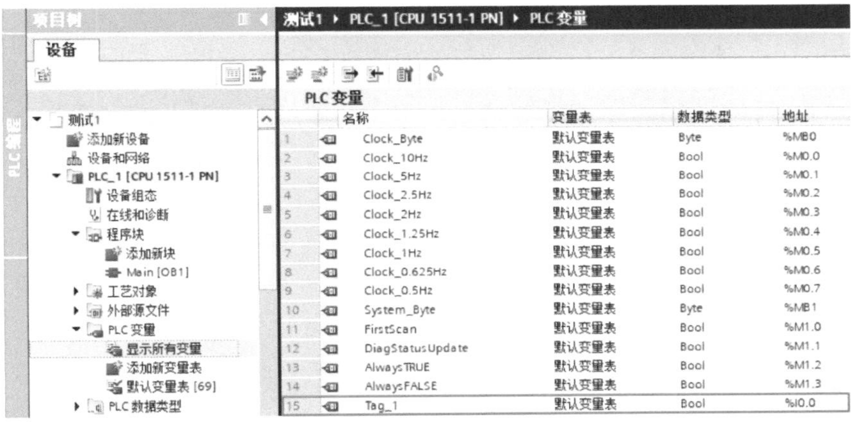

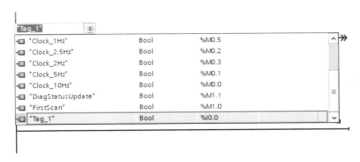

图 3-24　变量名称

图 3-25　选择变量名称

（3）按照以上步骤完成第二个常开触点 I0.1（Tag_2）的输入后，在如图 3-26 所示梯形图的方框位置，用鼠标或 [Shift+F8] 键选择 "打开分支"，即可完成第三个常开触点 I0.2（Tag_3）的输入。

如图 3-27 所示，单击梯形图第二行触点后的 符号，拖住不放，沿着虚线的位置，在箭头处单击，就会完成逻辑 "或" 的操作。输入完成后的梯形图如图 3-28 所示。

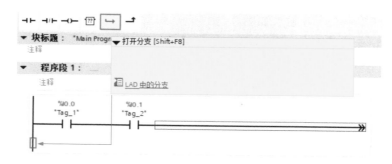

图 3-26 选择"打开分支"

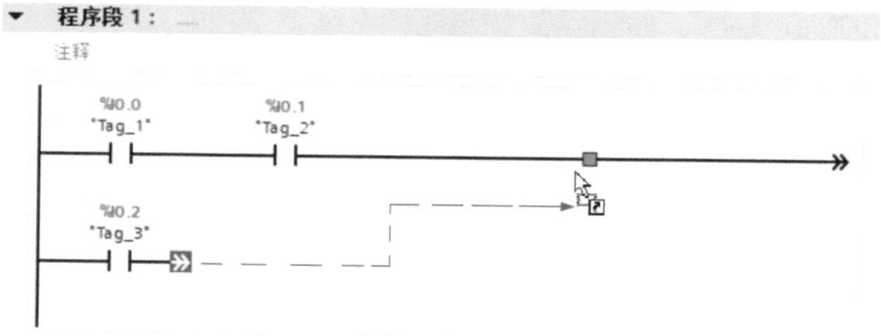

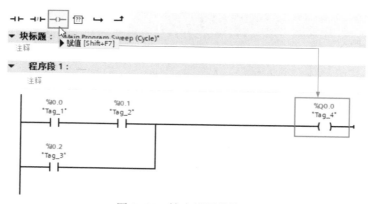

图 3-27 逻辑"或"的操作

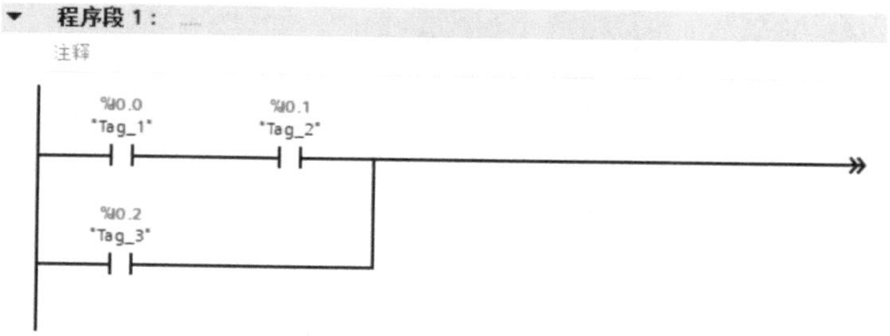

图 3-28 输入完成后的梯形图

单击如图 3-29 所示的输出线圈（又称赋值），在梯形图的方框内，输入相应的变量名称。

图 3-29 输出线圈的输入

（4）从逻辑结果可以看出，满足条件之一时，将置位 Q0.0，即输出"1"：I0.0 与 I0.1 的信号状态都为"1"或 I0.2 的信号状态为"1"。梯形图的真值表见表 3-12。表中，0 表示 False；1 表示 True。

表 3-12　梯形图的真值表

输　　　入			输　　　出
I0.0	I0.1	I0.2	Q0.0
0	0	0	0
0	0	1	1
0	1	0	0
0	1	1	1
1	0	0	0
1	0	1	1
1	1	0	1
1	1	1	1

实例【3-2】 分析带有常闭触点梯形图的逻辑功能

在博途软件中输入如图 3-30 所示带有常闭触点的梯形图，并分析其逻辑功能。

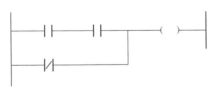

图 3-30　带有常闭触点的梯形图

步骤与分析

本实例的梯形图既可以按照实例【3-1】的方法输入，也可以按照新的方法输入，因为该梯形图结构的唯一变化，就是第二行的常开触点变成了常闭触点。新的方法操作步骤如下：

（1）如图 3-31 所示，单击常开触点 I0.2 的右上角，就会出现如图 3-32 所示的 4 种触点类型，选择其中的常闭触点，确认后，修改完成的梯形图如图 3-33 所示。

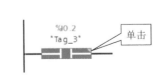

图 3-31　单击常开触点 I0.2 的右上角

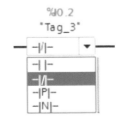

图 3-32　4 种触点类型

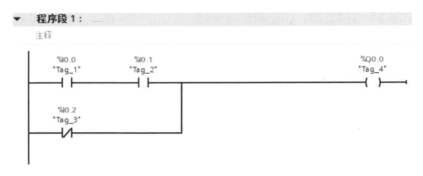

图 3-33　修改完成的梯形图

（2）带有常闭触点梯形图的逻辑功能描述如下：当 I0.0 和 I0.1 同时为 1 或 I0.2 为 0 时，只要满足其中一个条件，Q0.0 输出为 1；其余情况下，Q0.0 输出为 0。

3.4.3　用自锁/互锁功能实现电动机正/反转

应用自锁/互锁功能可实现电动机的正/反转。

 实例【3-3】自锁/互锁功能实现三相电动机正/反转

三相电动机的接触器连锁正/反转控制线路如图 3-34 所示。该线路采用 KM1 和 KM2 两个正/反转接触器，当 KM1 接通时，三相电源的相序按 L1-L2-L3 接入三相电动机；当 KM2 接通时，三相电源按 L3-L2-L1 接入三相电动机。当两个接触器分别工作时，三相电动机的旋转方向相反。

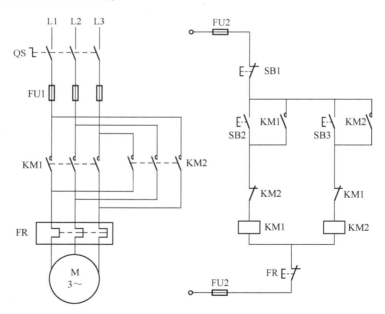

图 3-34　三相电动机的接触器连锁正/反转控制线路

　　线路要求接触器 KM1 和 KM2 不能同时通电，否则它们的主触头同时闭合，将造成 L1、L3 两相电源短路，为此在 KM1 和 KM2 线圈各自的支路中相互串接了对方的常开辅助触头，以保证 KM1 和 KM2 不会同时通电。KM1 和 KM2 的常开辅助触头在线路中所起的作用被称为连锁或互锁。

　　本实例要求采用 S7-1500 PLC 来控制三相电动机的正/反转，画出硬件接线图，对系统进行编程后下载调试。

步骤与分析

　　（1）采用 S7-1500 PLC，相应的模块分别为 CPU1511-1 PN、DI 32×24VDC BA、DQ 32×24VDC/0.5A HF，电气接线图如图 3-35 所示。

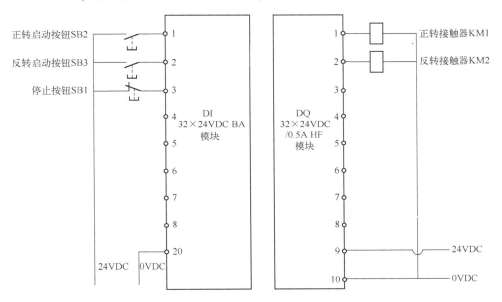

图 3-35　电气接线图

　　（2）三相电动机正/反转控制系统的硬件配置如图 3-36 所示。图中，DI 模块的地址为 I0.0~I3.7，DQ 模块的地址为 Q0.0~Q3.7。

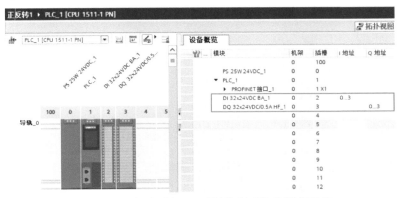

图 3-36　三相电动机正/反转控制系统的硬件配置

（3）单击"PLC_1"→"PLC 变量"→"显示所有变量"添加变量名称，如图 3-37 所示。添加完成后的变量名称列表如图 3-38 所示。

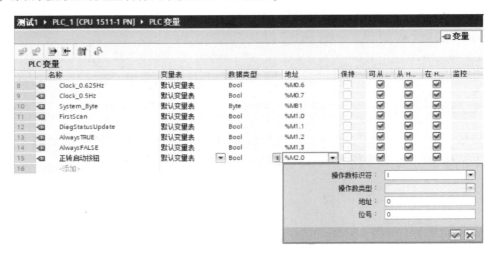

图 3-37　添加变量名称

	名称	变量表	数据类型	地址
15	正转启动按钮	默认变量表	Bool	%I0.0
16	反转启动按钮	默认变量表	Bool	%I0.1
17	停止按钮	默认变量表	Bool	%I0.2
18	正转接触器	默认变量表	Bool	%Q0.0
19	反转接触器	默认变量表	Bool	%Q0.1

图 3-38　添加完成后的变量名称列表

（4）编写程序时，可以直接选择相应的输入变量和输出变量，如图 3-39 所示。三相电动机正/反转控制梯形图如图 3-40 所示。程序段 1 是正转接触器 Q0.0 接通与断开，采用自锁方式，与反转接触器 Q0.1 互锁。程序段 2 是反转接触器 Q0.1 接通与断开，采用自锁方式，与正转接触器 Q0.0 互锁。

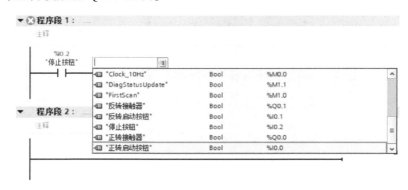

图 3-39　选择相应的输入变量和输出变量

（5）将梯形图按如图 3-41 所示进行编译，编译后，下载到 S7-1500 PLC 中，下载预览如图 3-42 所示。下载后，即可执行程序，监控界面如图 3-43 所示。

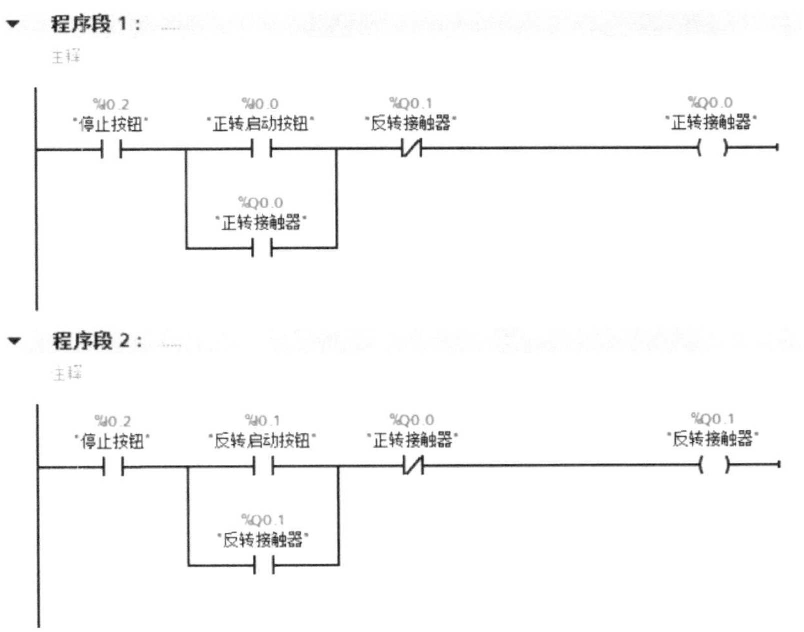

▼ 程序段 1：

主释

```
    %I0.2        %I0.0          %Q0.1                                      %Q0.0
   "停止按钮"   "正转启动按钮"   "反转接触器"                               "正转接触器"
   ──┤├─────┬──┤├──────────┤/├─────────────────────────────────( )──
            │
            │    %Q0.0
            │   "正转接触器"
            └──┤├──────────┘
```

▼ 程序段 2：

主释

```
    %I0.2        %I0.1          %Q0.0                                      %Q0.1
   "停止按钮"   "反转启动按钮"   "正转接触器"                               "反转接触器"
   ──┤├─────┬──┤├──────────┤/├─────────────────────────────────( )──
            │
            │    %Q0.1
            │   "反转接触器"
            └──┤├──────────┘
```

图 3-40　三相电动机正/反转控制梯形图

图 3-41　编译梯形图

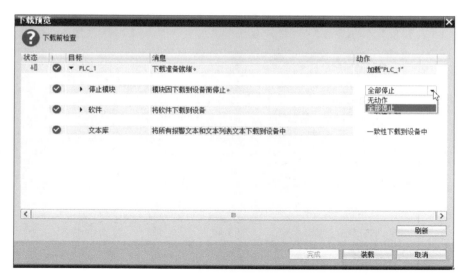

图 3-42　下载预览

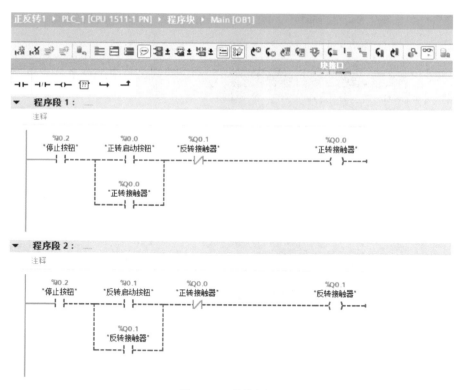

图 3-43　监控界面

3.4.4　位逻辑运算指令汇总

表 3-13 为位逻辑运算指令汇总。

表 3-13　位逻辑运算指令汇总

类型	LAD	说　　明
触点指令	─┤├─	常开触点
	─┤/├─	常闭触点
	─┤NOT├─	信号流反向
	─┤P├─	扫描操作数信号的上升沿
	─┤N├─	扫描操作数信号的下升沿
	P_TRIG	扫描 ROL 信号的上升沿
	N_TRIG	扫描 ROL 信号的下降沿
	R_TRIG	扫描信号的上升沿，并带有背景数据块
	F_TRIG	扫描信号的下升沿，并带有背景数据块
线圈指令	──(　)──	结果输出/赋值
	──(/)──	线圈取反
	──(R)──	复位
	──(S)──	置位
	SET_BF	将一个区域的位信号置位
	RESET_BF	将一个区域的位信号置位
	RS	复位置位触发器
	SR	置位复位触发器
	──(P)──	上升沿检测并置位线圈一个周期
	──(N)──	下降沿检测并置位线圈一个周期

（1）取反指令

取反指令（-|NOT|-、NOT）可改变能流输入的状态，将 RLO 的当前值由 0 变为 1 或由 1 变为 0。

（2）边沿检测指令

边沿信号在程序中比较常见，如电动机的启动、停止、故障等信号的捕捉都是通过边沿信号实现的。上升沿检测指令用于检测每一次 0 到 1 的正跳变，让能流接通一个扫描周期；下降沿检测指令用于检测每一次 1 到 0 的负跳变，让能流接通一个扫描周期。

（3）置位/复位指令

当触发条件满足（RLO=1）时，置位指令将一个线圈置 1；当触发条件不再满足（RLO=0）时，线圈值保持不变，只有触发复位指令后才能将线圈值复位为 0。单独的复位指令也可以对定时器、计数器的值进行清 0。在 LAD 编程指令中，RS、SR 触发器带有触发优先级，当置位、复位信号同时为 1 时，将触发优先级高的动作，如 RS 触发器，S（置位在后）优先级高。

3.5　定时器指令的应用

3.5.1　概述

S7-1500 PLC 可以使用 IEC 定时器和 SIMATIC 定时器。其相关指令见表 3-14。IEC 定时器占用 CPU 的工作存储器资源，数量与工作存储器的大小有关；SIMATIC 定时器是 CPU 的特定资源，数量固定，例如 CPU1513 的 SIMATIC 定时器的数量为 2048 个。相比而言，IEC 定时器可设定的时间要远远大于 SIMATIC 定时器可设定的时间。在 SIMATIC 定时器中，带有线圈的定时器比带有参数的定时器的参数简单，例如—（SP）与 S_PULSE，S_PULSE 指令带有复位和当前时间值等参数，而—（SP）指令的参数比较简单。在 IEC 定时器中，带有线圈的定时器和带有参数的定时器的参数类似，区别在于前者带有背景数据块，后者需要定义一个 IEC_TIMER 的数据类型。

表 3-14　定时器指令

类型	LAD	说　明
SIMATIC 定时器指令	S_PULSE	脉冲 S5 定时器（带有参数）
	S_PEXT	扩展脉冲 S5 定时器（带有参数）
	S_ODT	接通延时 S5 定时器（带有参数）
	S_ODTS	保持型接通延时 S5 定时器（带有参数）
	S_OFFDT	断电延时 S5 定时器（带有参数）
	—（SP）	脉冲定时器输出
	—（SE）	扩展脉冲定时器输出
	—（SD）	接通延时定时器输出
	—（SS）	保持型接通延时定时器输出
	—（SF）	断开延时定时器输出
IEC 定时器指令	TP	生成脉冲（带有参数）
	TON	接通延时（带有参数）
	TOF	关断延时（带有参数）
	TONR	记录一个位信号为 1 的累计时间（带有参数）
	—（TP）	启动脉冲定时器
	—（TON）	启动接通延时定时器
	—（TONR）	记录一个位信号为 1 的累计时间
	—（RT）	复位定时器
	—（PT）	加载定时时间

在实际应用中，IEC 定时器和 SIMATIC 定时器的使用是习惯问题。SIMATIC 定时器从 S5 系列时就开始使用；IEC 定时器在 SIMATIC S7-300/400 PLC 上才开始使用，且必须带有背景数据块，类型也少。S7-1500 PLC 增加了 IEC 定时器指令，应用多重背景数据块，与触

摸屏之间的数据转换比较方便。

3.5.2　TON 指令

TON 指令就是将定时器输出在预设的延时后设置为 ON，指令形式如图 3-44 所示，参数及数据类型见表 3-15。

图 3-44　TON 指令形式

表 3-15　TON 指令的参数及数据类型

参　　数	数 据 类 型	说　　明
IN	Bool	启用定时器输入
PT	Bool	预设的时间值输入
Q	Bool	定时器输出
ET	Time	经过的时间值输出
定时器数据块	DB	指定要使用 RT 指令复位的定时器

PT 和 ET 以表示毫秒时间的有符号双精度整数形式存储在存储器中（见表 3-16）。Time 数据使用 T#标识符，以简单时间单元 T#200ms 或复合时间单元 T#2s_200ms 的形式输入。

表 3-16　Time 数据类型

数据类型	大小	有效数值范围
Time	32bit 存储形式	T#-24d_20h_31m_23s_648ms ~ T#24d_20h_31m_23s_647ms -2,147,483,648ms ~ +2,147,483,647ms

✍ 实例【3-4】TON 指令的应用及时序图

"ON 信号" M2.0 作为定时器按通延时的输入端，定时为 5s，5s 后输出 Q0.0，驱动正转接触器，同时将实时时间记录在 MD20 中，编程并画出时序图。

🎯 步骤与分析

（1）在如图 3-45 所示的基本指令窗口中找到 TON 指令，将其拖到程序段中，就会跳出一个"调用选项"窗口，如图 3-46 所示，选择"自动"编号，会直接生成 IEC_Timer0_DB 数据块；也可以选择"手动"编号，根据用户需要生成 DB 数据块。

（2）在项目树的"程序块"中可以看到自动生成的 IEC_Timer_0_DB[DB1]数据块，如图 3-47 所示，双击进入，即可读取 DB1 的数据，如图 3-48 所示。

（3）图 3-49 为本实例的梯形图，即 M2.0 接通后，开始计时，5s 后，输出接通 Q0.0，在接通期间，实时时间记录在 MD20 中；当 M2.0 变为 OFF 时，输出 Q0.0 也为 OFF。

图 3-45　基本指令窗口

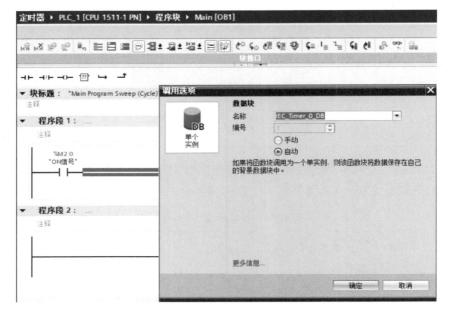

图 3-46　"调用选项"窗口

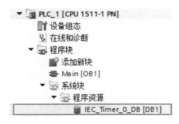

图 3-47　DB1 数据块

图 3-48　DB1 的数据

（4）将梯形图下载后进行监控，图 3-50 为 M2.0 信号接通后，MD20 实时时间为 4s-130ms，尚未达到输出接通条件，Q0.0 仍旧为 OFF；图 3-51 为 M2.0 信号接通 5s 后，MD20 实时时间为 5s，不再变化，Q0.0 为 ON。图 3-52 为 TON 指令的时序图。

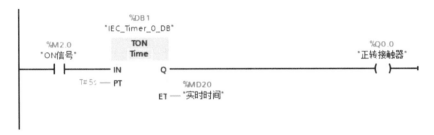

图 3-49　本实例的梯形图

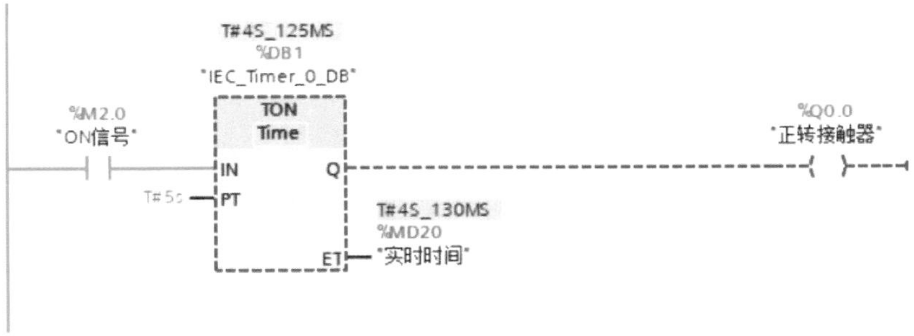

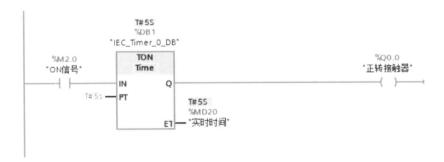

图 3-50　实时监控（1）

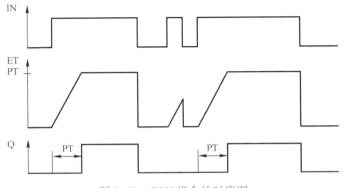

图 3-51　实时监控（2）

图 3-52　TON 指令的时序图

3.5.3　TOF 指令

 实例【3-5】TOF 指令的应用及时序图　　　　　

"ON 信号" M2.0 作为定时器关断延时的输入端，延时为 5s，5s 后停止输出 Q0.0，正转接触器断开，同时将实时时间记录在 MD20 中，编程并画出时序图。

 步骤与分析

如图 3-53 所示，将图 3-49 中的 TON 直接改为 TOF，就可以得到如图 3-54 所示的语句。TOF 指令的引脚定义与 TON 相同。

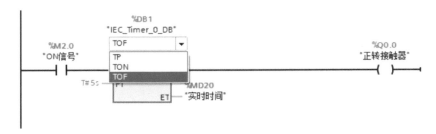

图 3-53　将 TON 直接改为 TOF

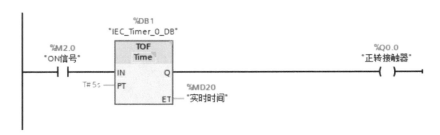

图 3-54　TOF 语句

TOF 指令，即关断延时。在图 3-54 的应用实例中，使用 TOF 将输出 Q 复位延时。当输入 IN 的逻辑运算结果（RLO）从 "0" 变为 "1"（信号上升沿）时，将输出 Q 置位。当输入 IN 的信号状态变回 "0" 时，PT 开始正计时。只要 PT 仍在计时，则输出就保持置位。当 PT 计时结束后，将输出 Q 复位。如果输入 IN 的信号状态在 PT 计时结束之前变为 "1"，则定时器复位，输出 Q 的信号状态仍将为 "1"。

在 ET 输出端可以查询实时时间，从 T#0s 开始，达到 PT 时间值时结束。当 PT 计时结束后，在输入 IN 变回 "1" 之前，ET 输出仍保持当前值。在 PT 计时结束之前，如果输入 IN 的信号状态切换为 "1"，则将 ET 输出复位为 T#0s。

与 TON 指令一样，在每次调用 TOF 指令时，必须将其分配给存储指令数据的 IEC 定时器。

图 3-55 为 TOF 指令的时序图。

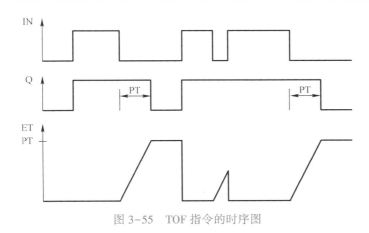

图 3-55　TOF 指令的时序图

3.5.4　TP 指令

　实例【3-6】TP 指令的应用及时序图

"ON 信号" M2.0 作为脉冲定时器的输入端，脉冲定时为 5s，5s 后驱动正转接触器 Q0.0，同时将实时时间记录在 MD20 中，编程并画出时序图。

步骤与分析

如图 3-56 所示，将图 3-49 中的 TON 直接改为 TP，就可以得到如图 3-57 所示的语句。TP 指令的引脚定义与 TON 相同。

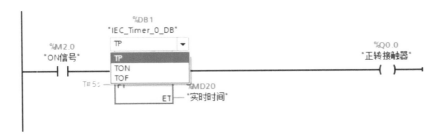

图 3-56　将 TON 直接改为 TP

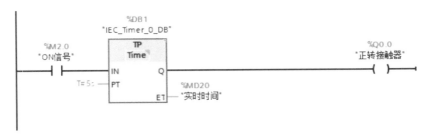

图 3-57　TP 语句

TP 指令是将输出 Q 置位为预设的一段时间。当输入 IN 的逻辑运算结果（RLO）从"0"变为"1"（信号上升沿）时，启动 TP 指令。"ON 信号"为"1"时，PT 开始计时。无论后续输入信号的状态如何变化，都将输出 Q 置位为由 PT 指定的一段时间。PT 计时时，即使检测到新的信号上升沿，输出 Q 的信号状态也不会受到影响。

ET 输出为定时时间，从 T#0s 开始，达到 PT 时间值时结束。如果 PT 计时结束且输入 IN 的信号状态为"0"，则输出复位。

每次调用 TP 指令时都会为其分配一个 IEC 定时器用于存储指令数据。

图 3-58 为 TP 指令的时序图。

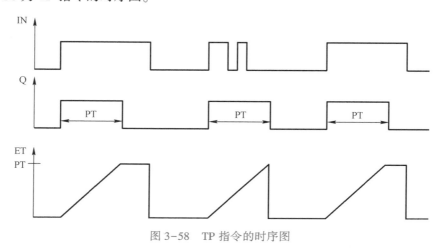

图 3-58　TP 指令的时序图

3.5.5　TONR 指令

 实例【3-7】TONR 指令的应用及时序图　

将图 3-49 中的 TON 直接换为 TONR，请画出时序图。

 步骤与分析

TONR 是时间累加器指令，用于在参数 PT 设置时间段内的计时。由于 TON 和 TONR 的指令不能替换，因此需要直接输入指令，如图 3-59 所示。

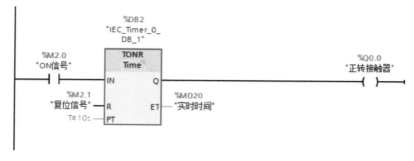

图 3-59　TONR 语句

TONR 指令与 TON、TOF、TP 指令的结构略有不同，具体参数见表 3-17。

表 3-17　TONR 指令的参数

参　　数	数 据 类 型	说　　明
IN	Bool	启用定时器输入
R	Bool	将 TONR 经过的时间重置为零
PT	Bool	预设的时间值输入
Q	Bool	定时器输出
ET	Time	经过的时间值输出
定时器数据块	DB	指定要使用 RT 指令复位的定时器

在图 3-59 中，输入 IN 的信号状态从"0"变为"1"时（信号上升沿），将执行 TONR 指令，PT 开始计时。在 PT 计时过程中，累加输入 IN 的信号状态为"1"时所记录的时间值。累加的时间将写到输出 ET 中，并可以查询。PT 计时结束后，输出 Q 的信号状态为"1"，即使输入 IN 的信号状态从"1"变为"0"（信号下降沿），输出 Q 仍将保持置位为"1"，直到将输出 ET 和 Q 复位。

图 3-60 为 TONR 指令的时序图。

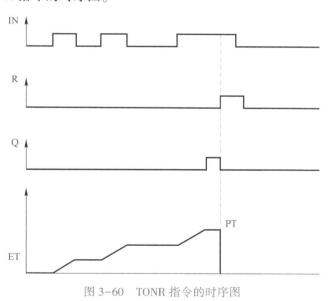

图 3-60　TONR 指令的时序图

3.5.6　应用定时器指令实现灯的各种控制

实例【3-8】延时开灯，延时关灯

按下开灯按钮 SB1，5s 后，指示灯 Q0.0 点亮；按下关灯按钮 SB2，10s 后，指示灯 Q0.0 熄灭。

步骤与分析

（1）根据要求，画出如图 3-61 所示的延时开灯、延时关灯电气接线图。

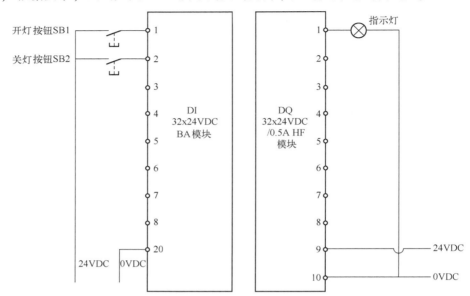

图 3-61　延时开灯、延时关灯电气接线图

（2）根据任务要求，需要设置两个定时器，即延时开灯定时器 1 和延时关灯定时器 2，并设置不同的 PT 值，延时开灯、延时关灯梯形图如图 3-62 所示。程序段 1 将开灯按钮 SB1 置位延时开变量 M3.0。程序段 2 对 M3.0 进行 TON 定时 5s，延时到，指示灯 Q0.0 点亮，同时将延时开变量 M3.0 复位。程序段 3 将关灯按钮 SB2 启动信号置位延时关变量 M3.1。程序段 4 对 M3.1 延时关变量进行 TON 定时 10s，延时到，指示灯 Q0.0 熄灭，同时将延时关变量 M3.1 复位。

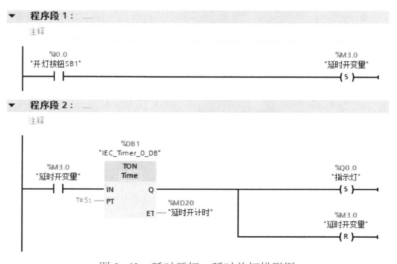

图 3-62　延时开灯、延时关灯梯形图

程序段 3：
主释

```
      %Q0.1                                          %M3.1
   "关灯按钮SB2"                                    "延时关变量"
    ──┤ ├──────────────────────────────────────────( S )──
```

程序段 4：
主释

```
                        %DB2
                  "IEC_Timer_0_
                      DB_1"
      %M3.1            TON                           %Q0.0
   "延时关变量"        Time                          "指示灯"
    ──┤ ├─────────── IN    Q ──────────────────────( R )──
              T#10s ── PT        %MD24
                             ET ──"延时关计时"
                                                      %M3.1
                                                   "延时关变量"
                                                    ─────────( R )──
```

图 3-62　延时开灯、延时关灯梯形图（续）

实例【3-9】按一定频率闪烁的指示灯

采用与如图 3-61 所示一样的电气接线图，当按下开灯按钮 SB1 时，指示灯 Q0.0 按照亮 3s、灭 2s 的频率进行闪烁，按下关灯按钮 SB2 时，指示灯 Q0.0 停止闪烁后熄灭。

步骤与分析

根据任务要求，需要设置两个定时器，按一定频率闪烁的指示灯梯形图如图 3-63 所示。闪烁指示灯的高、低电平时间分别由两个定时器的 PT 值确定，时序图如图 3-64 所示。

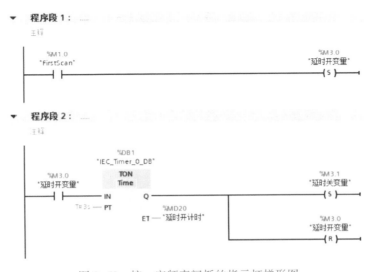

图 3-63　按一定频率闪烁的指示灯梯形图

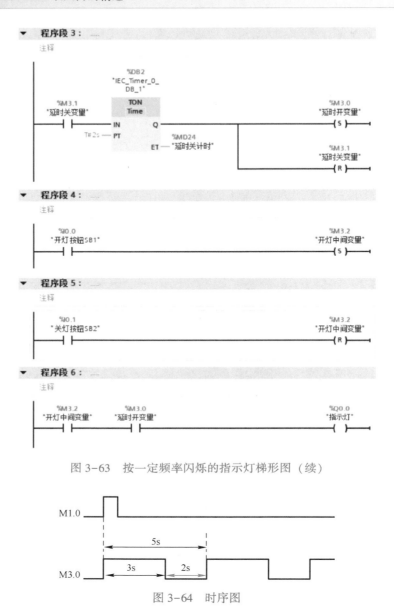

图 3-63　按一定频率闪烁的指示灯梯形图（续）

图 3-64　时序图

◢ 3.6　计数器指令的应用

3.6.1　概述

　　S7-1500 PLC 可以使用 IEC 计数器和 SIMATIC 计数器，相关指令见表 3-18。IEC 计数器占用 CPU 的工作存储器资源，数量与工作存储器的大小有关；SIMATIC 计数器是 CPU 的特定资源，数量固定，例如 CPU1513 的 SIMATIC 计数器的数量为 2048 个。相比而言，IEC

计数器可设定的计数范围要远远大于 SIMATIC 计数器可设定的计数范围。

表 3-18　计数器指令

类型	LAD	说　明
SIMATIC 计数器指令	—(CD)	减计数器线圈
	—(CU)	加计数器线圈
	—(SC)	预置计数器值
	S_CD	减计数器
	S_CU	加计数器
	S_CUD	加/减计数器
IEC 计数器指令	CTU	加计数函数
	CTD	减计数函数
	CTUD	加/减计数函数

使用 LAD 编程，计数器指令分为两种。

（1）加/减计数器线圈，如 -(CU) 、-(CD) ，必须与预置计数器指令 -(SC) 、计数器复位指令结合使用。

（2）如图 3-65 所示的三种加/减计数器指令具有计数器复位、预置等功能，相关参数见表 3-19。

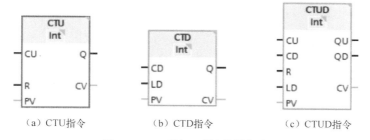

（a）CTU指令　　　　（b）CTD指令　　　　（c）CTUD指令

图 3-65　三种加/减计数器指令

表 3-19　CTU/CTD/CTUD 指令参数

参　　数	数　据　类　型	说　明
CU、CD	Bool	加计数或减计数，按加或减 1 计数
R（CTU、CTUD）	Bool	将计数值重置为零
LOAD（CTD、CTUD）	Bool	预设值的装载控制
PV	SInt、Int、DInt、USInt、UInt、UDInt	预设计数值
Q、QU	Bool	CV>=PV 时为真
QD	Bool	CV<=0 时为真
CV	SInt、Int、DInt、USInt、UInt、UDInt	当前计数值

3.6.2　CTU 指令

 实例【3-10】 CTU 指令的应用及时序图

将 M2.0 信号作为 CTU 加计数器的输入信号，编程并画出时序图。

步骤与分析

在博途的指令窗口中将 CTU 加计数器拖到程序中，出现如图 3-66 所示的"调用选项"窗口，生成保存加计数器的背景数据块，可以"自动"或"手动"编号。这里选择"自动"编号，为 IEC_Counter_0_DB。

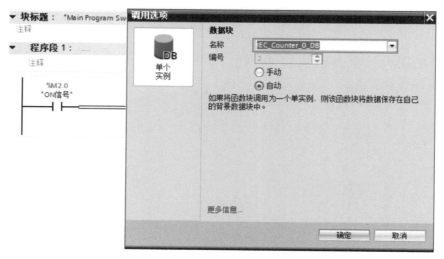

图 3-66　添加 CTU 时的"调用选项"窗口

完成后，CTU 指令应用实例如图 3-67 所示。

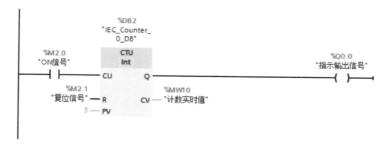

图 3-67　CTU 指令应用实例

图 3-67 中，如果输入 CU 的信号状态从"0"变为"1"（信号上升沿），则执行 CTU 指令，同时输出 CV 的计数实时值加 1，也就是说，当 M2.0 信号接通一次，CV 的计数实时值，即 MW10 就递增输出一次。每检测到一个信号上升沿，计数实时值就会递增，直到输出 CV 中所指定数据类型的上限。达到上限时，输入 CU 的信号状态将不再影响 CTU 指令。

可以查询输出 Q 中的计数器状态。输出 Q 的信号状态由参数 PV 决定。如果计数实时值大于或等于参数 PV 的值，则将输出 Q 的信号状态置位为"1"。在其他任何情况下，输出 Q 的信号状态均为"0"。

输入 R 的信号状态变为"1"时，输出 CV 的值被复位为"0"。只要输入 R 的信号状态仍为"1"，输入 CU 的信号状态就不会影响 CTU 指令。

CTU 指令的时序图如图 3-68 所示。

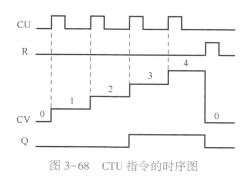

图 3-68　CTU 指令的时序图

3.6.3　CTD 指令

 实例【3-11】CTD 指令的应用及时序图

将 M2.0 信号作为 CTD 加/减计数器的输入信号，编程并画出时序图。

步骤与分析

本实例的梯形图只需将图 3-67 中的 CTU 改为 CTD 即可，如图 3-69 所示。

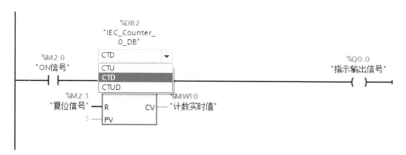

图 3-69　将 CTU 改为 CTD

由于 CTD 与 CTU 的参数含义不同，因此将 M2.1 从"复位信号"修改为"设置信号"，如图 3-70 所示。

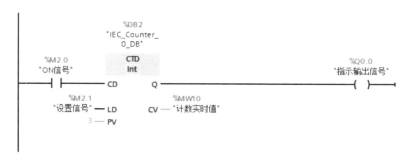

图 3-70　CTD 指令的应用实例

图 3-70 中，如果输入 CD 的信号状态从 "0" 变为 "1"（信号上升沿），则执行 CTD 指令，同时输出 CV 的计数实时值减 1。每检测到一个信号上升沿，计数实时值就会递减 1，直到指定数据类型的下限。达到下限时，输入 CD 的信号状态将不再影响 CTD 指令。

可以查询输出 Q 中的计数器状态。如果计数实时值小于或等于 "0"，则输出 Q 的信号状态将置位为 "1"。在其他任何情况下，输出 Q 的信号状态均为 "0"。

输入 LD 的信号状态变为 "1" 时，将输出 CV 的值设置为参数 PV 的值。只要输入 LD 的信号状态仍为 "1"，输入 CD 的信号状态就不会影响 CTD 指令。

CTD 指令的时序图如图 3-71 所示。

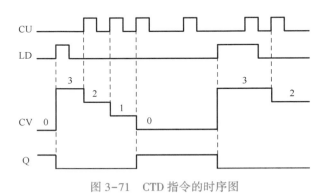

图 3-71   CTD 指令的时序图

3.6.4   CTUD 指令

 实例【3-12】CTUD 指令的应用及时序图

将 M2.0 信号作为 CTUD 加/减计数器的输入信号，编程并画出时序图。

 步骤与分析

本实例的梯形图只需将图 3-67 中的 CTU 改为 CTUD 即可，如图 3-72 所示。图 3-73 为 CTUD 指令的应用实例。

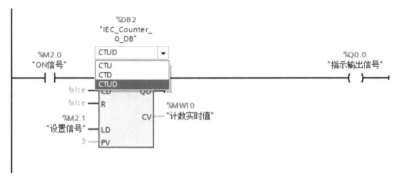

图 3-72   将 CTU 改为 CTUD

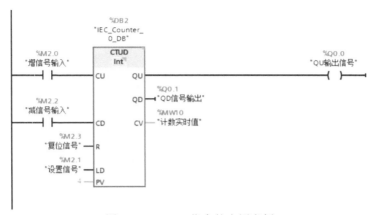

图 3-73　CTUD 指令的应用实例

图 3-73 中，加计数（CU）或减计数（CD）输入的值从 0 跳变为 1 时，CTUD 会使计数值加 1 或减 1。递增和递减输出 CV 的计数实时值。如果输入 CU 的信号状态从"0"变为"1"（信号上升沿），则计数实时值加 1 并存储在输出 CV 中。如果输入 CD 的信号状态从"0"变为"1"（信号上升沿），则输出 CV 的计数实时值减 1。如果在一个程序周期内，输入 CU 和 CD 都出现信号上升沿，则输出 CV 的计数实时值保持不变。

计数实时值可以一直递增，直到输出 CV 指定数据类型的上限。达到上限后，即使出现信号上升沿，计数实时值也不再递增。达到指定数据类型的下限后，计数实时值便不再递减。

输入 LD 的信号状态变为"1"时，将输出 CV 的计数实时值置位为参数 PV 的值。只要输入 LD 的信号状态仍为"1"，输入 CU 和 CD 的信号状态就不会影响 CTUD 指令。

当输入 R 的信号状态变为"1"时，将计数实时值置位为"0"。只要输入 R 的信号状态仍为"1"，输入 CU、CD 和 LD 信号状态的改变就不会影响 CTUD 指令。

可以在输出 QU 中查询加计数器的状态。如果计数实时值大于或等于参数 PV 的值，则将输出 QU 的信号状态置位为"1"。在其他任何情况下，输出 QU 的信号状态均为"0"。

可以在输出 QD 中查询减计数器的状态。如果计数实时值小于或等于"0"，则输出 QD 的信号状态将置位为"1"。在其他任何情况下，输出 QD 的信号状态均为"0"。

CTUD 指令的时序图如图 3-74 所示。

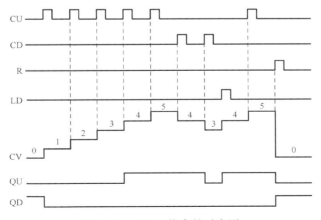

图 3-74　CTUD 指令的时序图

3.7　数据操作指令的应用

3.7.1　比较指令

比较指令见表 3-20。S7-1500 PLC 共有 10 个常见的比较指令，用来比较数据类型相同的两个数 IN1 与 IN2 的大小，其操作数可以是 I/Q/M/L/D 等存储区中的变量或常量。当满足比较关系式给出的条件时，等效触点接通。

表 3-20　比较指令

LAD 指令	说　明
CMP ==	等于
CMP<>	不等于
CMP>=	大于或等于
CMP<=	小于或等于
CMP>	大于
CMP<	小于
IN_Range	值在范围内
OUT_Range	值超出范围
-∣OK∣-	检查有效性
-∣NOT_OK∣-	检查无效性

表 3-21 为等于、不等于、大于等于、小于等于、大于、小于等 6 种比较指令触点的满足条件，且要比较的两个值必须为相同的数据类型。

表 3-21　6 种比较指令触点的满足条件

指　令	关系类型	满足以下条件时比较结果为真
⊣ ==/??? ⊢	=（等于）	IN1 等于 IN2
⊣ <>/??? ⊢	<>（不等于）	IN1 不等于 IN2
⊣ >=/??? ⊢	>=（大于等于）	IN1 大于等于 IN2
⊣ <=/??? ⊢	<=（小于等于）	IN1 小于等于 IN2
⊣ >/??? ⊢	>（大于）	IN1 大于 IN2
⊣ </??? ⊢	<（小于）	IN1 小于 IN2

这里以等于比较指令为例进行说明。图 3-75（a）为等于比较指令，可确定第一个比较值（<操作数 1>）是否等于第二个比较值（<操作数 2>），通过右上角三角中的选项可选择

等于、大于等于等比较器类型，如图 3-75（b）所示，通过右下角三角中的选项可选择数据类型，如整数、实数等，如图 3-75（c）所示。

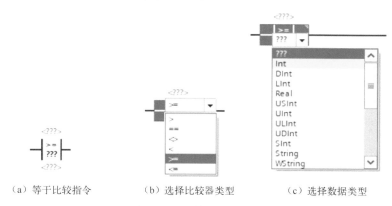

（a）等于比较指令　　　（b）选择比较器类型　　　（c）选择数据类型

图 3-75　比较指令的操作

（1）CMP = =：等于。

使用"等于"指令可以判断第一个比较值（<操作数 1>）是否等于第二个比较值（<操作数 2>）。如果满足比较条件，则该指令返回逻辑运算结果（RLO）"1"。如果不满足比较条件，则该指令返回 RLO "0"。

（2）CMP<>：不等于。

使用"不等于"指令可以判断第一个比较值（<操作数 1>）是否不等于第二个比较值（<操作数 2>）。如果满足比较条件，则该指令返回逻辑运算结果（RLO）"1"。如果不满足比较条件，则该指令返回 RLO "0"。

（3）CMP>=：大于或等于。

使用"大于或等于"指令可以判断第一个比较值（<操作数 1>）是否大于或等于第二个比较值（<操作数 2>）。如果满足比较条件，则该指令返回逻辑运算结果（RLO）"1"。如果不满足比较条件，则该指令返回 RLO "0"。

（4）CMP<=：小于或等于。

使用"小于或等于"指令可以判断第一个比较值（<操作数 1>）是否小于或等于第二个比较值（<操作数 2>）。如果满足比较条件，则该指令返回逻辑运算结果（RLO）"1"。如果不满足比较条件，则该指令返回 RLO "0"。

（5）CMP>：大于。

使用"大于"指令可以确定第一个比较值（<操作数 1>）是否大于第二个比较值（<操作数 2>）。如果满足比较条件，则该指令返回逻辑运算结果（RLO）"1"。如果不满足比较条件，则该指令返回 RLO "0"。

（6）CMP<：小于。

使用"小于"指令可以判断第一个比较值（<操作数 1>）是否小于第二个比较值（<操作数 2>）。如果满足比较条件，则该指令返回逻辑运算结果（RLO）"1"。如果不满足比较条件，则该指令返回 RLO "0"。

除了上述常见的比较指令外，还有 9 个变量比较指令，其类型与说明见表 3-22。

表 3-22　变量比较指令的类型与说明

类型	说　明
▣ EQ_Type	比较数据类型与变量数据类型是否"相等"
▣ NE_Type	比较数据类型与变量数据类型是否"不相等"
▣ EQ_ElemType	比较 ARRAY 元素数据类型与变量数据类型是否"相等"
▣ NE_ElemType	比较 ARRAY 元素数据类型与变量数据类型是否"不相等"
▣ IS_NULL	检查 EQUALS NULL 指针
▣ NOT_NULL	检查 UNEQUALS NULL 指针
▣ IS_ARRAY	检查 ARRAY
▣ EQ_TypeOfDB	比较 EQUAL 中间接寻址 DB 的数据类型与某个数据类型
▣ NE_TypeOfDB	比较 UNEQUAL 中间接寻址 DB 的数据类型与某个数据类型

3.7.2　移动指令

　　移动指令可将数据元素复制到新的存储器地址，并从一种数据类型转换为另一种数据类型，在移动过程中不更改原数据。

1. MOVE（移动值）指令

　　MOVE 指令可将 IN 输入操作数中的内容传送给 OUT1 输出操作数中，并始终沿地址升序方向传送。如果使能输入 EN 的信号状态为"0"或 IN 参数的数据类型与 OUT1 参数的指定数据类型不对应，则使能输出 ENO 的信号状态为"0"，如图 3-76 所示。

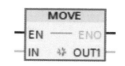

图 3-76　MOVE 指令

　　MOVE 指令的参数见表 3-23。

表 3-23　MOVE 指令的参数

参数	声明	数据类型	存储区	说明
EN	Input	Bool	I、Q、M、D、L	使能输入
ENO	Output	Bool	I、Q、M、D、L	使能输出
IN	Input	位字符串、整数、浮点数、定时器、Date、Time、Tod、Dtl、Char、Struct、Array	I、Q、M、D、L 或常数	源值
OUT1	Output	位字符串、整数、浮点数、定时器、Date、Time、Tod、Dtl、Char、Struct、Array	I、Q、M、D、L	传送源值中的操作数

　　在 MOVE 指令中，若 IN 输入端数据类型的位长度超出 OUT1 输出端数据类型的位长度，则传送源值中多出来的有效位会丢失。若 IN 输入端数据类型的位长度小于 OUT1 输出端数据类型的位长度，则用零填充传送目标值中多出来的有效位。

　　在初始状态，指令框中包含 1 个输出（OUT1），可以用鼠标单击图符 ⁂ 扩展输出数目。

在 MOVE 指令框中,应按升序顺序排列所添加的输出端。在执行 MOVE 指令时,将 IN 输入端操作数中的内容发送到所有可用的输出端。如果传送结构化数据类型(Dtl、Struct、Array)或字符串(String)的字符,则无法扩展指令框,可以输出多个地址,即 OUT1、OUT2、OUT3 等,如图 3-77 所示。

2. MOVE_BLK (块移动) 指令

如图 3-78 所示,MOVE_BLK 指令可将存储区(源区域)中的内容移动到其他存储区(目标区域);使用参数 COUNT 可以指定待复制目标区域中的元素个数;可通过 IN 输入端的元素宽度来指定待复制元素的宽度,并按地址升序顺序执行复制操作。

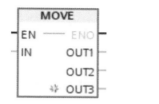
图 3-77　MOVE 指令的多个变量输出

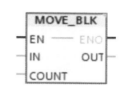
图 3-78　MOVE_BLK 指令

3. UMOVE_BLK (无中断块移动) 指令

UMOVE_BLK 指令如图 3-79 所示,可将存储区(源区域)中的内容连续复制到其他存储区(目标区域);使用参数 COUNT 可以指定待复制到目标区域中的元素个数;可通过 IN 输入端的元素宽度来指定待复制元素的宽度;源区域内容沿地址升序方向复制到目标区域。

4. FILL_BLK (填充块) 指令

FILL_BLK 指令如图 3-80 所示,可用 IN 的输入值填充一个存储区域(目标区域);将以 OUT 输出指定的起始地址填充目标区域;使用参数 COUNT 指定复制操作的重复次数;执行时,将选择 IN 的输入值,并复制目标区域 COUNT 参数中指定的次数。

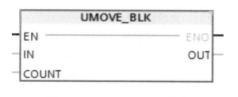
图 3-79　UMOVE_BLK 指令

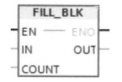
图 3-80　FILL_BLK 指令

5. SWAP (交换) 指令

SWAP 指令可以更改输入 IN 中字节的顺序,并在输出 OUT 中查询结果。表 3-24 为 SWAP 指令的参数。图 3-81 为 SWAP 指令交换数据类型为 DWord 的示意图。

表 3-24　SWAP 指令的参数

参数	声明	数据类型	存储区	说明
EN	Input	Bool	I、Q、M、D、L	使能输入

参数	声明	数据类型	存储区	说明
ENO	Output	Bool	I、Q、M、D、L	使能输出
IN	Input	Word，DWord	I、Q、M、D、L 或常数	要交换字节的操作数
OUT	Output	Word，DWord	I、Q、M、D、L	结果

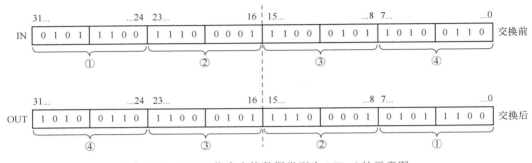

图 3-81　SWAP 指令交换数据类型为 DWord 的示意图

3.7.3　数学运算指令

在数学运算指令中，ADD、SUB、MUL 和 DIV 分别是加、减、乘和除指令。其操作数的数据类型可选 SInt、Int、Dint、USInt、UInt、UDInt 和 Real。在运算过程中，操作数的数据类型应该相同。

1. ADD（加法）指令

ADD 指令可以从博途指令窗口的"基本指令"下的"数学函数"中直接添加，如图 3-82（a）所示。使用 ADD 指令时，可根据如图 3-82（b）所示选择数据类型，将输入 IN1 的值与输入 IN2 的值相加，并在输出 OUT（OUT=IN1+IN2）处查询总和。

在初始状态下，ADD 指令框中至少包含两个输入（IN1 和 IN2），单击图符 ❋ 可扩展输入的数目，如图 3-82（c）所示，在功能框中，按升序对扩展的输入编号，执行 ADD 指令时，将所有输入值相加，并将求得的和存储在输出 OUT 中。

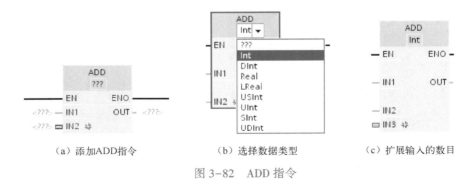

（a）添加ADD指令　　　　　（b）选择数据类型　　　　　（c）扩展输入的数目

图 3-82　ADD 指令

表 3-25 为 ADD 指令的参数。根据参数说明，只有使能输入 EN 的信号状态为"1"时，

才执行 ADD 指令。如果成功执行 ADD 指令，则使能输出 ENO 的信号状态也为 "1"。如果满足下列条件之一，则使能输出 ENO 的信号状态为 "0"：

（1）使能输入 EN 的信号状态为 "0"；

（2）指令结果超出输出 OUT 指定数据类型的允许范围；

（3）浮点数具有无效值。

表 3-25　ADD 指令的参数

参数	声明	数据类型	存储区	说明
EN	Input	Bool	I、Q、M、D、L	使能输入
ENO	Output	Bool	I、Q、M、D、L	使能输出
IN1	Input	整数、浮点数	I、Q、M、D、L 或常数	要相加的第一个数
IN2	Input	整数、浮点数	I、Q、M、D、L 或常数	要相加的第二个数
INn	Input	整数、浮点数	I、Q、M、D、L 或常数	要相加的可选输入值
OUT	Output	整数、浮点数	I、Q、M、D、L	总和

图 3-83 为 ADD 指令的应用。如果操作数%I0.0 的信号状态为 "1"，则执行 ADD 指令，将操作数%IW64 的值与%IW66 的值相加，并将相加的结果存储在操作数%MW0 中。如果 ADD 指令执行成功，则使能输出 ENO 的信号状态为 "1"，同时置位输出%Q0.0。

2. SUB（减法）指令

SUB 指令如图 3-84 所示，执行 SUB 指令时，可从输入 IN1 的值中减去输入 IN2 的值，并在输出 OUT（OUT=IN1-IN2）查询差值。SUB 指令的参数与 ADD 指令的参数相同。

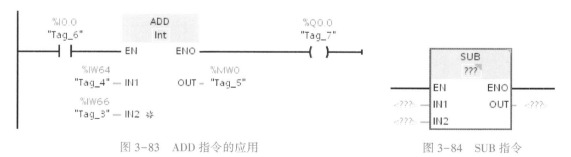

图 3-83　ADD 指令的应用　　　　　图 3-84　SUB 指令

图 3-85 为 SUB 指令的应用。如果操作数%I0.0 的信号状态为 "1"，则执行 SUB 指令，将操作数%IW64 的值减去操作数%IW66 的值，并将结果存储在操作数%MW0 中。如果 SUB 指令执行成功，则使能输出 ENO 的信号状态为 "1"，同时置位输出%Q0.0。

3. MUL（乘法）指令

MUL 指令如图 3-86 所示，执行 MUL 指令时，可将输入 IN1 的值乘以输入 IN2 的值，并在输出 OUT（OUT=IN1*IN2）查询乘积。与 ADD 指令一样，可以在指令功能框中扩展输入的数目，并在功能框中以升序对扩展的输入编号。表 3-26 为 MUL 指令的参数。

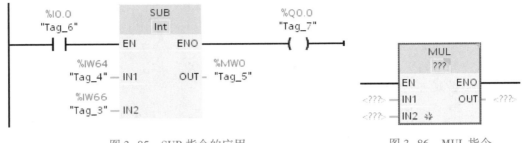

图 3-85　SUB 指令的应用　　　　　　图 3-86　MUL 指令

表 3-26　MUL 指令的参数

参数	声明	数据类型	存储区	说明
EN	输入	Bool	I、Q、M、D、L	使能输入
ENO	输出	Bool	I、Q、M、D、L	使能输出
IN1	输入	整数、浮点数	I、Q、M、D、L 或常数	乘数
IN2	输入	整数、浮点数	I、Q、M、D、L 或常数	被乘数
IN*n*	输入	整数、浮点数	I、Q、M、D、L 或常数	可相乘的可选输入值
OUT	输出	整数、浮点数	I、Q、M、D、L	乘积

　　图 3-87 为 MUL 指令的应用。如果操作数%I0.0 的信号状态为 "1"，则执行 MUL 指令，将操作数%IW64 的值乘以操作数 IN2 常数值 4，相乘的结果存储在操作数%MW20 中。如果成功执行 MUL 指令，则输出 ENO 的信号状态为 "1"，并将置位输出%Q0.0。

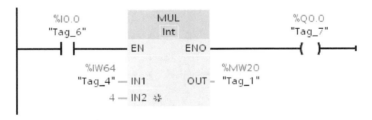

图 3-87　MUL 指令的应用

4. DIV（除法）指令和 MOD（返回除法余数）指令

　　DIV 指令和 MOD 指令如图 3-88 所示。需要注意的是，MOD 指令只有在整数相除时才能应用。

图 3-88　DIV 指令和 MOD 指令

图 3-89 为 DIV 指令和 MOD 指令的应用。如果操作数%I0.0 的信号状态为 "1"，则执行 DIV 指令，将操作数%IW64 的值除以操作数 IN2 常数值 4，其商存储在操作数%MW20 中，余数存储在操作数%MW30 中。

图 3-89　DIV 指令和 MOD 指令的应用

除了上述数学运算指令，还有 MOD、NEG、INC、DEC 和 ABS 等数学运算指令，具体说明如下：

（1）MOD 指令：除法指令只能得到商，余数被丢掉，MOD 指令可以用来求除法的余数。

（2）NEG 指令：将输入 IN 的值取反，保存在 OUT 中。

（3）INC 和 DEC 指令：将参数 IN/OUT 的值分别加 1 和减 1。

（4）绝对值指令 ABS：求输入 IN 有符号整数或实数的绝对值。

浮点数函数运算的梯形图及对应的描述见表 3-27。需要注意的是，三角函数和反三角函数指令中的角度均为以弧度为单位的浮点数。

表 3-27　浮点数函数运算的梯形图及对应的描述

梯形图	描　　述	梯形图	描　　述
SQR	平方	TAN	正切函数
SQRT	平方根	ASIN	反正弦函数
LN	自然对数	ACOS	反余弦函数
EXP	自然指数	ATAN	反正切函数
SIN	正弦函数	FRAC	求浮点数的小数部分
COS	余弦函数	EXPT	求浮点的普通对数

3.7.4　其他数据指令

1. 转换操作指令

如果在一个指令中包含多个操作数，则必须确保这些操作器的数据类型是兼容的。如果操作数不是同一数据类型的，则必须进行转换。转换方式有两种。

（1）隐式转换

如果操作数的数据类型是兼容的，则由系统按照统一的规则自动执行隐式转换，可以根据设定的严格或较宽松的条件来进行兼容性检测，例如块属性中默认的设置为执行 IEC 检测，自动转换的数据类型相对要少。编程语言 LAD、FBD、SCL 和 GRAPH 支持隐式转换。

STL 编程语言不支持隐式转换。

（2）显式转换

如果操作数的数据类型不兼容或由编程人员设定转换规则，则可以进行显式转换（不是所有的数据类型都支持显式转换）。转换操作指令及说明见表 3-28。

表 3-28　转换操作指令及说明

转换操作指令	说　　明
🔲 CONVERT	转换值
🔲 ROUND	取整
🔲 CEIL	浮点数向上取整
🔲 FLOOR	浮点数向下取整
🔲 TRUNC	截尾取整
🔲 SCALE_X	缩放
🔲 NORM_X	标准化

2. 移位和循环指令

移位指令可以将输入参数 IN 的内容向左或向右逐位移动。循环指令可以将输入参数 IN 的内容循环地逐位左移或右移，空出的位用输入 IN 移出位的信号状态填充，可以对 8bit、16bit、32bit 及 64bit 的字或整数进行操作。移位和循环指令及说明见表 3-29。

表 3-29　移位和循环指令及说明

移位和循环指令	说　　明
🔲 SHR	右移
🔲 SHL	左移
🔲 ROR	循环右移
🔲 ROL	循环左移

字移位指令移位的范围为 0~15；双字移位指令移位的范围为 0~31；长字移位指令移位的范围为 0~63。对于字、双字和长字移位指令，移出的位信号丢失，移空的位使用 0 补足。例如，将一个字左移 6 位，移位前后位排列次序如图 3-90 所示。

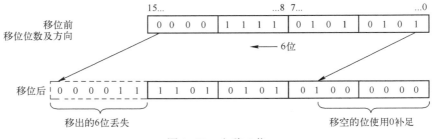

图 3-90　左移 6 位

带有符号位的整数指令的移位范围为 0~15；双整数指令的移位范围为 0~31；长整数移位指令的移位范围为 0~63。移位方向只能向右移，移出的位信号丢失，移空的位使用符号位补足。如整数为负值，则符号位为 1；整数为正值，符号位为 0。例如，将一个整数右移4 位，移位前后位排列次序如图 3-91 所示。

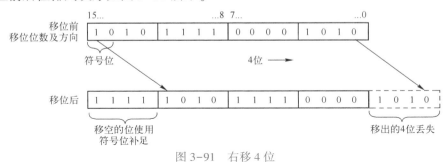

图 3-91　右移 4 位

3. 字逻辑运算指令

字逻辑运算指令可以对 Byte（字节）、Word（字）、DWord（双字）、LWord（长字）逐位进行"与""或""异或"逻辑运算操作。"与"操作可以判断两个变量在相同的位数上有多少位为 1，通常用于变量的过滤，例如一个字变量与常数 W#16#00FF 相"与"，则可以将字变量中的高字节过滤为 0；"或"操作可以判断两个变量中为 1 位的个数；"异或"操作可以判断两个变量有多少位不相同。字逻辑运算指令还包含编码、解码等操作。字逻辑运算指令及说明见表 3-30。

表 3-30　字逻辑运算指令及说明

字逻辑运算指令	说　　明
AND	"与"运算
OR	"或"运算
XOR	"异或"运算
INVERT	求反码
DECO	解码
ENCO	编码
SEL	选择
MUX	多路复用
DEMUX	多路分用

3.7.5　数据指令的应用实例

 实例【3-13】对红、绿灯的控制

对红、绿灯的控制时序图如图 3-92 所示，在按下启动按钮 SB1 后，红灯先亮

7s，然后绿灯亮 8s，最后黄灯闪烁 5s；反复循环，直至按下停止按钮 SB2，I/O 分配表见表 3-31。

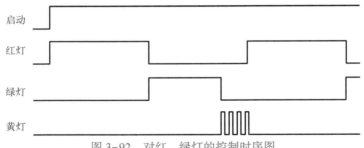

图 3-92　对红、绿灯的控制时序图

表 3-31　对红、绿灯控制的 I/O 分配表

输入	说明	输出	说明
I0.0	启动按钮 SB1	Q0.0	红灯
I0.1	停止按钮 SB2	Q0.1	绿灯
		Q0.2	黄灯

步骤与分析

图 3-93 为对红、绿灯控制的 MD30 时序图，主要采用定时器数值的区间数据比较指令，即 0~7s 为红灯，7~15s 为绿灯，15s 之后是黄灯；依次循环。选用 TONR 是因为有复位参数，而其他计数器均没有。

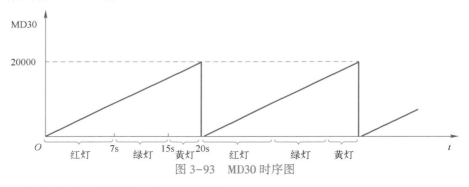

图 3-93　MD30 时序图

对红、绿灯控制的梯形图如图 3-94 所示。

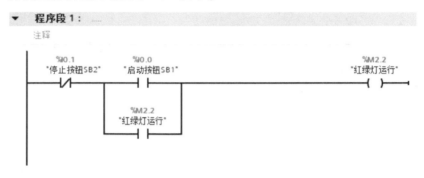

图 3-94　对红、绿灯控制的梯形图

▼ 程序段 2：
主释

```
                        %DB1
                   "IEC_Timer_0_DB"
  %M2.2                 TONR                              %M3.0
 "红绿灯运行"             Time                             "一个周期"
 ─┤ ├─────────────┤ IN          Q ├──────────────────────( )──
         %M3.0
        "一个周期" ─┤ R         ET ├─ …
                T#20s ─┤ PT
```

▼ 程序段 3：
主释

```
                     CONV
                  Dint to Dint
  ──────────────┤ EN        ENO ├──────────────────────────────
  "IEC_Timer_0_                          %MD30
   DB".ET ─┤ IN            OUT ├─ "延时计时"
```

▼ 程序段 4：
主释

```
  %M2.2          %MD30                                         %Q0.0
 "红绿灯运行"     "延时计时"                                    "红灯"
 ─┤ ├──────┬──────┤ < ├────────────────────────────────────────( )──
           │       Dint
           │       7000
           │
           │      %MD30          %MD30                          %Q0.1
           │     "延时计时"      "延时计时"                     "绿灯"
           ├──────┤ >= ├──────────┤ < ├──────────────────────────( )──
           │       Dint            Dint
           │       7000            15000
           │
           │      %MD30           %M0.7                         %Q0.2
           │     "延时计时"     "Clock_0.5Hz"                   "黄灯"
           └──────┤ >= ├──────────┤ ├────────────────────────────( )──
                   Dint
                   15000
```

图 3-94　对红、绿灯控制的梯形图（续）

实例【3-14】对灯的不同控制模式

　　共有 4 个灯，按钮 SB1 为启动按钮，SB2 为停止按钮。控制模式共有 5 种，分别为模式 1，灯 1 和灯 3 亮；模式 2，灯 2 和灯 4 亮；模式 3，灯 3 和灯 4 亮；模式 4，灯 1 和灯 2 亮；模式 5，全亮。反复循环，直至 SB2 被按下。启动时，控制模式从 1~5 按 4s 间隔依次切换。其 I/O 分配表见表 3-32。

表 3-32 I/O 分配表

输入	说明	输出	说明
M2.0	启动按钮 SB1	Q0.0	灯1
M2.1	停止按钮 SB2	Q0.1	灯2
		Q0.2	灯3
		Q0.3	灯4

步骤与分析

根据要求列出表 3-33 的输出模式与 QB0 值，灯地址是由 0.01~0.03 组成的 QB0。

表 3-33 输出模式与 QB0 值

灯4	灯3	灯2	灯1	模式（字节 MB10）	QB0 输出值
Q0.3	Q0.2	Q0.1	Q0.0		
0	1	0	1	1	5
1	0	1	0	2	10
1	1	0	0	3	12
0	0	1	1	4	3
1	1	1	1	5	15

图 3-95 为对灯的不同控制模式梯形图，主要采用定时器数值的区间数据比较指令进行控制。

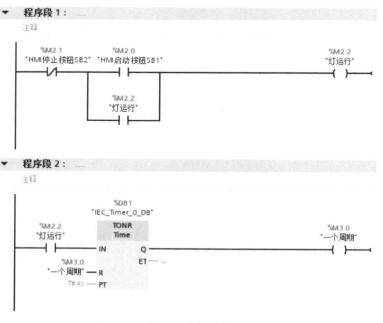

图 3-95 对灯的不同控制模式梯形图

▼ **程序段 3：**

主释

```
%M2.2
"灯运行"                            MOVE
├─┤P├─┬─────────────────      EN ── ENO ─────────────────────
%M2.3  │                  0 ── IN
"灯运行上升沿"                          %QB0
       │                      ⇩ OUT1 ── "输出灯"
       │
       │                           MOVE
       └─────────────────      EN ── ENO ─────
                          1 ── IN
                                      %MB10
                              ⇩ OUT1 ── "模式字节"
```

▼ **程序段 4：**

主释

```
%M3.0                          INC
"一个周期"                       SInt
├─┤P├─────────────────────  EN ── ENO ───────────────────────
%M3.2          %MB10
"Tag_4"       "模式字节" ── IN/OUT
```

▼ **程序段 5：**

主释

```
%M2.2      %MB10
"灯运行"    "模式字节"                          MOVE
├─┤ ├─┬──┤ == ├─────────────────────    EN ── ENO ─────────
     │     SInt                     5 ── IN
     │      1                                   %QB0
     │                                  ⇩ OUT1 ── "输出灯"
     │     %MB10
     │    "模式字节"                          MOVE
     ├──┤ == ├─────────────────────    EN ── ENO ─────
     │     SInt                    10 ── IN
     │      2                                  %QB0
     │                                  ⇩ OUT1 ── "输出灯"
     │     %MB10
     │    "模式字节"                          MOVE
     ├──┤ == ├─────────────────────    EN ── ENO ─────
     │     SInt                    12 ── IN
     │      3                                  %QB0
     │                                  ⇩ OUT1 ── "输出灯"
     │     %MB10
     │    "模式字节"                          MOVE
     ├──┤ == ├─────────────────────    EN ── ENO ─────
     │     SInt                     3 ── IN
     │      4                                  %QB0
     │                                  ⇩ OUT1 ── "输出灯"
     │     %MB10
     │    "模式字节"                          MOVE
     ├──┤ == ├─────────────────────    EN ── ENO ─────
     │     SInt                    15 ── IN
     │      5                                  %QB0
     │                                  ⇩ OUT1 ── "输出灯"
     │     %MB10
     │    "模式字节"                          MOVE
     └──┤ == ├─────────────────────    EN ── ENO ─────
           SInt                     1 ── IN
            6                                  %MB10
                                        ⇩ OUT1 ── "模式字节"
```

图 3-95　对灯的不同控制模式梯形图（续）

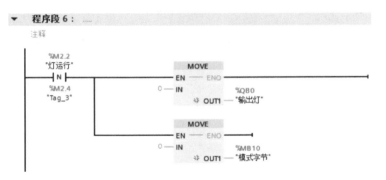

图 3-95　对灯的不同控制模式梯形图（续）

3.8　仿真软件 PLCSIM

3.8.1　启动 S7-1500 PLC 仿真器

博途项目可以用 S7-1500 PLC 的仿真软件 PLCSIM 进行模拟，有两种仿真器，即 S7-1500 仿真器和触摸屏仿真器。为了便于操作，在仿真软件中只有一个启动按钮，选择仿真对象后，启动仿真器可以自动匹配。例如，在项目树中通过鼠标先单击 S7-1500 站点，再单击菜单栏中的启动按钮，即可启动 S7-1500 仿真器并自动弹出下载窗口。

　实例【3-15】电动机控制程序的仿真

共有两台电动机，两个按钮，SB1 为启动按钮，SB2 为停止按钮；当按下启动按钮 SB1 后，电动机 1 立即启动，电动机 2 延时 5s 后启动；当按下停止按钮 SB2 后，两台电动机均停止，同时将两台电动机的状态字节传送到中间字节 MB8 中。

　步骤与分析

（1）根据要求列出表 3-34 的 I/O 分配表，同时编写主程序 OB1，如图 3-96 所示。

表 3-34　I/O 分配表

输入	说明	输出	说明
I0.0	启动按钮 SB1	Q0.0	电动机 1 接触器
I0.1	停止按钮 SB2	Q0.1	电动机 2 接触器
		QB0	两台电动机的状态字节

（2）对主程序 OB1 完成编译后，单击鼠标右键，即可弹出如图 3-97 所示的菜单，选择"开始仿真"。也可以在选择 PLC 后，直接在菜单栏中单击启动按钮。

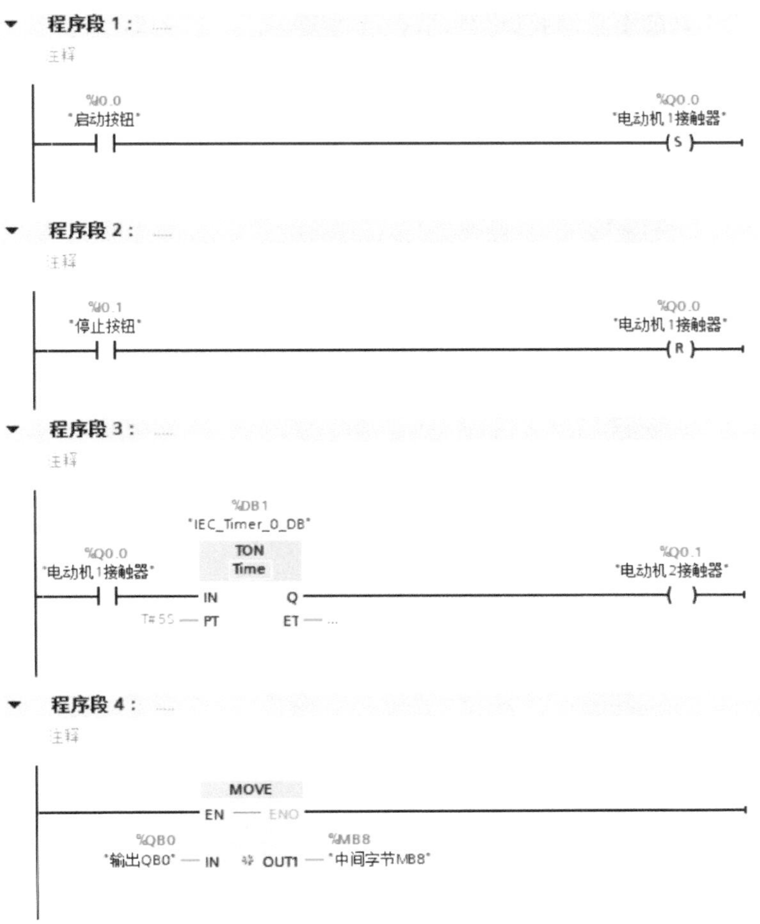

▼ 程序段 1：
　　注释

```
      %I0.0                                              %Q0.0
    "启动按钮"                                        "电动机1接触器"
      ┤ ├─────────────────────────────────────────────( S )
```

▼ 程序段 2：
　　注释

```
      %I0.1                                              %Q0.0
    "停止按钮"                                        "电动机1接触器"
      ┤ ├─────────────────────────────────────────────( R )
```

▼ 程序段 3：
　　注释

```
                          %DB1
                      "IEC_Timer_0_DB"
                      ┌──────────┐
       %Q0.0          │   TON    │                        %Q0.1
    "电动机1接触器"    │   Time   │                     "电动机2接触器"
      ┤ ├────────────┤IN       Q├───────────────────────( )
                T#5S ─┤PT      ET├─ ...
                      └──────────┘
```

▼ 程序段 4：
　　注释

```
                ┌──────────┐
                │   MOVE   │
                ┤EN    ENO├
       %QB0     │          │       %MB8
     "输出QB0" ─┤IN  ✣ OUT1├─ "中间字节MB8"
                └──────────┘
```

图 3-96　主程序 OB1

图 3-97　"开始仿真"选项

图 3-98 为 "扩展的下载到设备" 选项, 选择 PN/IE_1、确认目标设备（CPUcommon）。需要注意的是, 仿真器无法做到 LED 闪烁。

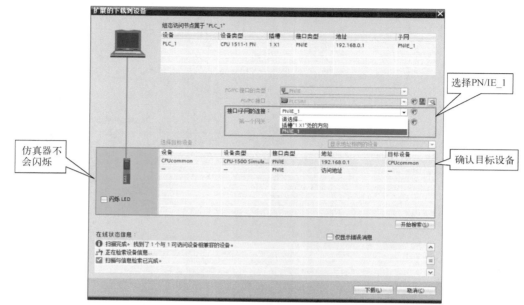

图 3-98 "扩展的下载到设备" 选项

图 3-99 为仿真器精简视图, 包括项目 PLC 名称、运行灯、按钮和 IP 地址。正常运行的仿真器精简视图如图 3-100 所示。

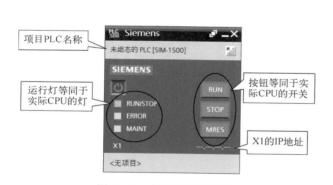

图 3-99 仿真器精简视图

图 3-100 正常运行的仿真器精简视图

通过图 3-100 中的按钮可以切换仿真器的精简视图和项目视图, 如图 3-101 所示, 单击 "项目" → "新建", 可创建新项目, 如图 3-102 所示。如图 3-103 所示, 仿真项目的后缀名为 ".sim15"。

（3）仿真时, 可以读出 "设备组态", 如图 3-104 所示。

在设备组态中, 单击相应的 I/O 模块, 可以操作 PLC 程序中所需要的输入信号或显示实际程序运行的输出信号。图 3-105 为 DI 模块的输入信号。需要注意的是, 仿真器的输入信号表达方式为硬件直接访问模块, 不是使用过程映像区进行访问, 在 I/O 地址或符号名称后附加后缀 ":P"。

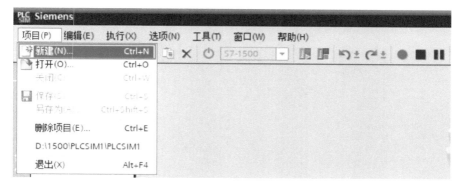

图 3-101　项目视图

图 3-102　创建新项目

图 3-103　仿真项目的后缀名为 ".sim15"

DQ 模块的输出信号如图 3-106 所示。

为了演示方便，将博途窗口和 PLCSIM 窗口合理排布，如图 3-107 所示，单击程序编辑窗口中的 就可以实时看到数据的变化情况，当按下 "启动按钮" 后，定时器 TON 计时的数据截图就可以非常清晰地被看到。

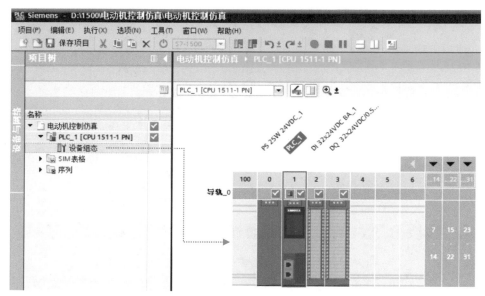

图 3-104 仿真器的设备组态

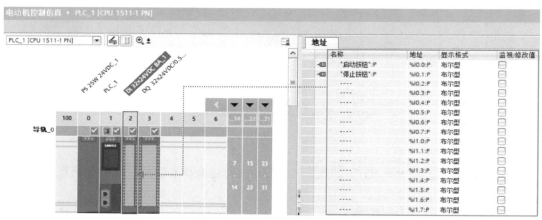

图 3-105 DI 模块的输入信号

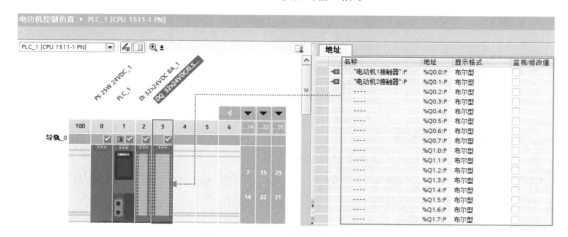

图 3-106 DQ 模块的输出信号

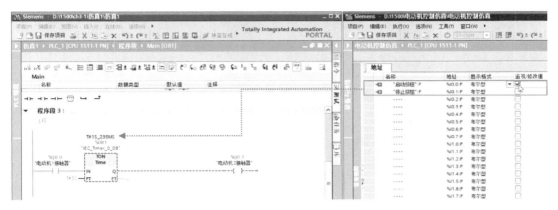

图 3-107　合理排布窗口

3.8.2　创建 SIM 表格

PLCSIM 中的 SIM 表格可用于修改仿真输入并能设置仿真输出，与 PLC 站点中的监视表功能类似。一个仿真项目可包含一个或多个 SIM 表格。

双击打开 SIM 表格，在表格中输入需要监控的变量，在"名称"下可以查询变量的名称，除优化的数据块之外，也可以在"地址"栏直接输入变量的绝对地址，如图 3-108 所示。

图 3-108　SIM 表格

图 3-109 为在"监视/修改值"栏中显示的变量当前过程值，可以直接键入修改值，按回车键确认修改。如果监控的是字节类型变量，则可以展开以位信号格式进行显示，单击对应位信号的方格进行置位、复位操作。在"一致修改"栏中可以为多个变量输入需要修改的值，单击后面的方格使能。单击 SIM 表格工具栏中的"修改所有选定值"按钮，可以批量修改变量，这样可以更好地对过程进行仿真。

SIM 表格可以通过工具栏的按钮➡导出并以 Excel 格式保存，反之也可以通过按钮➡从 Excel 文件导入。需要注意的是，必须使能工具栏中的"启用/禁用非输入修改"按钮才能对其他数据区变量进行操作。

	名称	地址	显示格式	监视/修改值	位	一致修改	
	"启动按钮":P	%I0.0:P	布尔型	TRUE	☑	FALSE	☐
	"停止按钮":P	%I0.1:P	布尔型	FALSE	☐	FALSE	☐
	"电动机1接触器"	%Q0.0	布尔型	TRUE	☑	FALSE	☐
	"电动机2接触器"	%Q0.1	布尔型	TRUE	☑	FALSE	☐
	"IEC_Timer_0_DB...		时间	T#5S		T#0MS	☐

图 3-109   对 SIM 表格的修改

3.8.3   创建序列

对于顺序控制，例如电梯的运行，经过每一层楼时都会触发输入信号并传递到下一级，过程仿真时就需要按照一定的时间去使能一个或多个信号，通过 SIM 表格进行仿真就比较困难。此时，仿真器的序列功能可以很好地解决问题。

如图 3-110 所示，双击打开一个新创建的序列，按控制要求添加修改的变量并定义设置变量的时间，具体为：

00：00：00.00，"启动按钮"：P，%I0.0：P，布尔型，设为值 FALSE；

00：00：10.05，"停止按钮"：P，%I0.1：P，布尔型，设为值 FALSE。

图 3-110   设定控制序列

在"时间"栏中设置修改变量的时间，时间将以时：分：秒．小数秒（00：00：00.00）格式进行显示；在"名称"栏中可以查询变量的名称，除优化的数据块之外，也可以在"地址"栏中直接输入变量的绝对地址，只能选择输入（%I：P）、输出（%Q 或%Q：P）、存储器（%M）和数据块（%DB）变量；在"操作参数"栏中填写变量的修改值，如果是输入位（%I：P）信号，还可以设置为频率信号。

序列的结尾方式有三种。

（1）停止序列。

运行完成后停止序列，执行时间停止计时。

（2）连续序列。

运行完成后停止序列，执行时间继续计时，与停止序列相比，频率操作连续执行，通过序列工具栏中的停止按钮停止序列。

（3）重复序列。

运行完成后重新开始，通过序列工具栏中的停止按钮停止序列。

通过序列工具栏中的三个按钮"启动序列" ▦、"停止序列" ▪ 和"暂停序列" ▦ 对序列进行操作；"默认间隔"表示增加新步骤时，两个步骤默认的间隔时间；"执行时间"表示序列正在运行的时间。

通过 SIM 表格的操作记录可以自动创建一个序列。首先单击仿真器工具栏中的按钮 ● 开始记录；然后修改变量，也可以按批次修改变量。单击 ▮▮ 暂停记录，再单击一下 ▮▮ 可在暂停记录后，继续执行记录功能，记录完成后，单击 ▪ 结束记录。仿真器自动创建一个新的序列，序列中记录了对变量赋值的过程和时间，也可以修改序列时间或增加频率输出以满足精确仿真。

第 4 章

S7-1500 PLC 与触摸屏的综合编程

📑 导读

　　作为 S7-1500 PLC 控制系统的一个主要关联部件，触摸屏主要用于操作或监控设备或运行过程。用户可以精确地在触摸屏上看到实际设备或运行过程。S7-1500 PLC 与触摸屏之间的变量值交换可以实现信息交换。由基本数据类型组合而成的复合数据类型包括 String、Array、Struct、Date_And_Time 等，通过 FC、FB 及其接口可以解决复杂工艺流程的编程问题。在建立 FB、FC 等程序块时，可以直接选择 SCL 语言来实现数组、复杂函数等功能。通过 PLCSIM 仿真，可以将 S7-1500 PLC 与触摸屏的综合编程结果一一呈现。这也是本章的亮点之一。

▶ 4.1　触摸屏

4.1.1　触摸屏系统的组成

　　触摸屏是一种可接收手指触控等输入信号的感应式液晶显示装置，当触控触摸屏上的图形或文字按钮时，触摸屏的触觉反馈系统可以根据预先编制的程序驱动各种连接装置，可取代机械式的按钮面板，并借由液晶显示画面制造出生动的多媒体效果。触摸屏作为一种输入设备，是目前最简单、方便、自然的一种人机交互设备，是显示和控制 PLC 等外围设备的理想解决方案。

　　触摸屏系统的组成如图 4-1 所示。它包括编程计算机（含编程软件）、触摸屏、现场连接设备（如 PLC、条码阅读器、温控器、打印机等）。

　　触摸屏从一出现就受到了广泛的关注，显示直观，操作简单，具有强大的功能和优异的稳定性，非常适合应用于工业环境，如自动化控制设备、自动洗车机、天车升降控制、生产线监控等。在日常生活中，各个领域也已经应用了触摸屏，甚至智能大厦管理、会议室声光

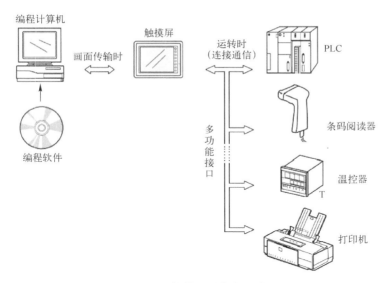

图 4-1　触摸屏系统的组成

控制、温室温度调整等也都在应用触摸屏。

触摸屏在操作人员和设备之间架起双向沟通的桥梁。操作人员可以自由地在触摸屏上组合文字、按钮、指示灯、仪表、图形、表格、测量数字等来监控设备的运行状态。

在工业控制中，应用触摸屏前，电气控制设备的操作需要由操作人员根据控制设备上的一个个指示灯信号和数字显示屏上一串串的由字母、数字所代表的设备运行状态，去操作一个个按钮来控制设备的运行，不但显示不直观、故障率高，而且很难提高工作效率，易误操作。使用了触摸屏后，触摸屏能明确指示并告知操作人员设备目前的运行状况，使操作变得简单直观，可以避免操作上的失误，即使是新手，也可以根据触摸屏的显示轻松地操作设备。使用触摸屏还可以使整个设备的配线标准化、简单化，可减少与其相连的 PLC 等设备的 I/O 接口数量，不但降低了生产成本、大大降低了故障率，而且还由于整个设备控制面板的小型化及高性能，相对提高了整套设备的附加价值。

4.1.2　触摸屏的软件编程

触摸屏的软件编程是操作人员根据工业应用对象及控制任务要求，配置（包括对象的定义、制作和编辑，以及对象状态特征属性参数的设定等）用户应用软件的过程。

不同品牌的触摸屏或操作面板所开发的软件不同，但都会具有一些通用功能，如画面、标签、配方、上传、下载、仿真等。

1. 软件编程基本功能

触摸屏软件编程的目的在于操作与监控设备或其运行过程。因此，用户应尽可能精确地在触摸屏上映射设备或其运行过程。触摸屏与设备之间通过 PLC 等外围设备利用变量进行通信，变量写入 PLC 的存储区域，由触摸屏从该区域读取，基本结构如图 4-2 所示。

2. 画面编辑制作

画面是触摸屏软件编程的重要组成部分。用户可以将设备或其运行过程可视化，为操作设备或其运行过程创建先决条件。用户可以创建一系列带有显示单元或控件的画面，画面之间可进行切换，如图 4-3 所示。

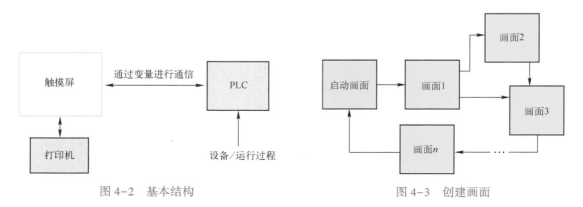

图 4-2　基本结构　　　　　　　　　　图 4-3　创建画面

创建画面一定要从工程项目的全局考虑，并在软件编程之前就进行基本设置和拆分。图 4-4 为创建画面的基本模板，包括固定窗口、事件消息窗口、基本区域、消息指示器、功能键分配。

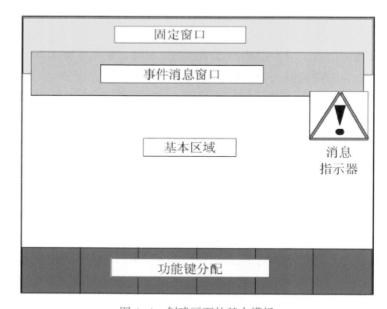

图 4-4　创建画面的基本模板

画面是过程的映像，可以在画面上显示过程并指定过程值。图 4-5 为搅拌器画面实例。配料从不同容器注入搅拌器，并进行搅拌，通过画面可显示出容器与搅拌器液位。通过触摸屏可以打开与关闭进口阀门、搅拌电动机等。

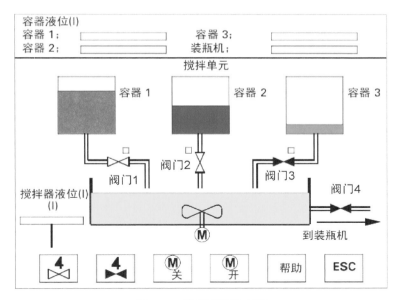

图 4-5　搅拌器画面实例

3. 仿真

仿真可以分为离线仿真和在线仿真。离线仿真不会从 PLC 等外部设备中获取数据，只从触摸屏的本地地址读取数据，因此所有数据都是静态的。离线仿真可方便用户直观地预览效果，不必每次都下载程序到触摸屏或操作面板，可以极大地提高编程效率。

在线仿真（又称模拟运行）可以直接在编程计算机上模拟触摸屏的操控效果，与下载到触摸屏再进行相应的操作是一样的。在线仿真通过触摸屏从 PLC 等外围设备中获取数据，并模拟触摸屏的操作。在调试时使用在线仿真，可以节省大量的由于重复下载所花费的工程时间。

4. 下载

下载之前，必须通过画面编制"工程文件"，再通过编程计算机和触摸屏的串行通信接口、USB 或以太网接口，把编制好的"工程文件"下载到触摸屏的处理器中。

4.2　西门子精智系列触摸屏

4.2.1　触摸屏与 S7-1500 PLC 的通信

博途可同时包含 S7-1500 PLC 和触摸屏的程序，两者之间的变量可以共享，之间的通信也非常简单。图 4-6 为触摸屏与组态计算机、S7-1500 PLC 之间的 PROFINET 连接示意图。

在博途中选用西门子触摸屏时，可以在硬件目录中看到 SIMATIC 精简系列面板、SIMATIC 精智面板和 SIMATIC 移动式面板等，如图 4-7 所示。

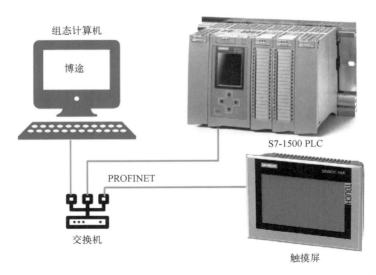

组态计算机

博途

S7-1500 PLC

PROFINET

交换机

触摸屏

图 4-6　触摸屏与组态计算机、S7-1500 PLC 之间的 PROFINET 连接示意图

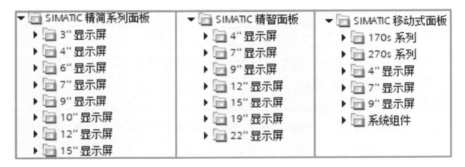

图 4-7　西门子触摸屏的硬件目录

4.2.2　触摸屏与 S7-1500 PLC 的应用

 实例【4-1】TP700 Comfort 触摸屏与 S7-1500 PLC 在电动机两地启动中的应用

　　在博途"电动机两地启动"项目中，表 4-1 为变量定义表，图 4-8 为梯形图，通过 TP700 Comfort 触摸屏与 CPU1511-1 PN 进行通信，实现对电动机的控制。

表 4-1　变量定义表

名称	正转启动按钮	反转启动按钮	停止按钮	正转接触器	反转接触器	HMI_正转启动	HMI_反转启动	HMI_停止
数据类型	Bool	Bool	Bool	Bool	Bool	Bool	Bool	Bool
地址	I0.0	I0.1	I0.2	Q0.0	Q0.1	M2.0	M2.1	M2.2

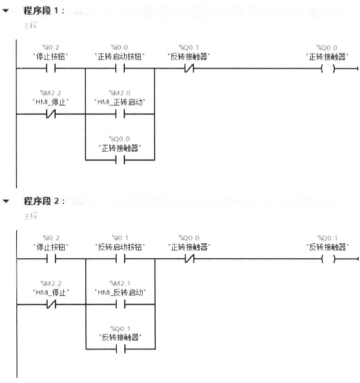

图 4-8　电动机两地启动梯形图

步骤与分析

（1）在博途中新建或打开项目，配置好 S7-1500 PLC 的硬件（CPU1511-1 PN 和 DI/DQ 模块），并将变量定义表和梯形图输入。

（2）在如图 4-9 所示的"设备和网络"选项中，添加硬件目录中的"HMI"→"SI-MATIC 精智面板"→"7″显示屏"→"TP700 Comfort"→"6AV2124-0GC01-0AX0"。该触摸屏的特点为：7 英寸宽屏 TFT 显示屏，1600 万色，PROFINET 接口，MPI/PROFIBUS DP 接口，12MB 的配置存储器，内置 Windows CE 6.0 系统。

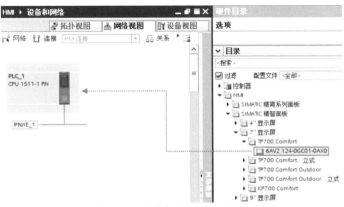

图 4-9　"设备和网络"选项

连接 PROFINET 网络，建立 PN/IE_1 连接，如图 4-10 所示。

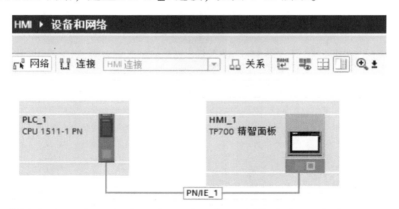

图 4-10   建立 PN/IE 连接

（3）在项目树中依次进行设备组态、连接 HMI 变量、添加画面等操作，如图 4-11 所示。

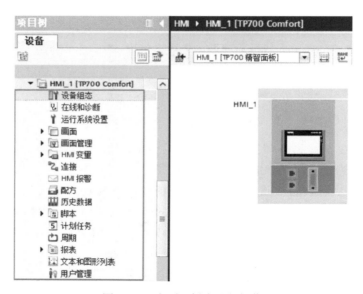

图 4-11   在项目树中进行操作

在设备组态中，以太网地址与接口连接的子网有关，如 PN/IE_1，因此，需要保证 S7-1500 PLC 的 CPU 以太网 IP 地址与触摸屏的以太网 IP 地址在一个频段内，IP 地址为 192.168.0.2，子网掩码为 255.255.255.0，如图 4-12 所示。

在如图 4-13 所示的"PROFINET"选项中，选择"自动生成 PROFINET 设备名称"，这里的设备名称为 hmi_1。

图 4-14 为"操作模式"选项，可以选择"IO 设备"，也可以选择"PN 接口的参数由上位 IO 控制器进行分配"，这里选择后者。

图 4-15 为"端口选项"选项，选择"启用该端口以使用"。

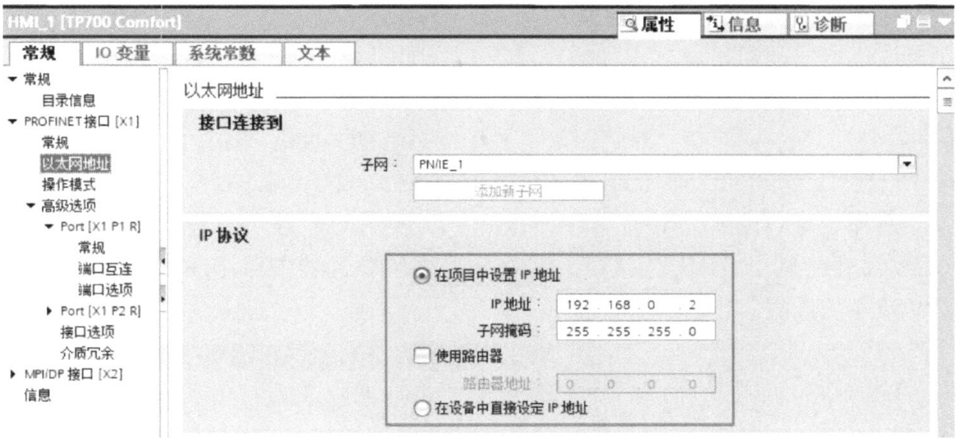

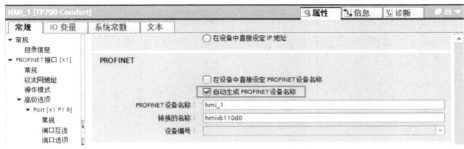

图 4-12　"以太网地址"选项

图 4-13　"PROFINET"选项

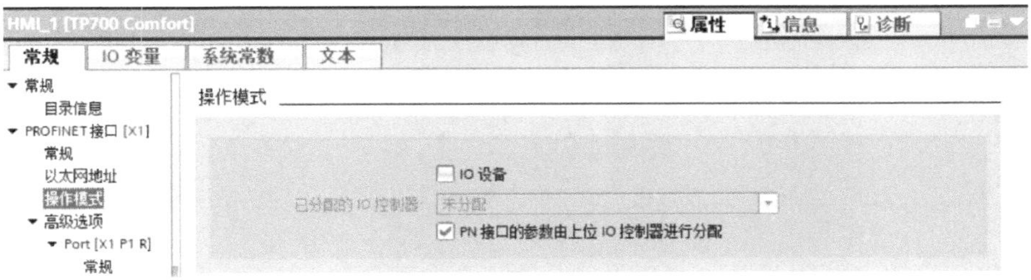

图 4-14　"操作模式"选项

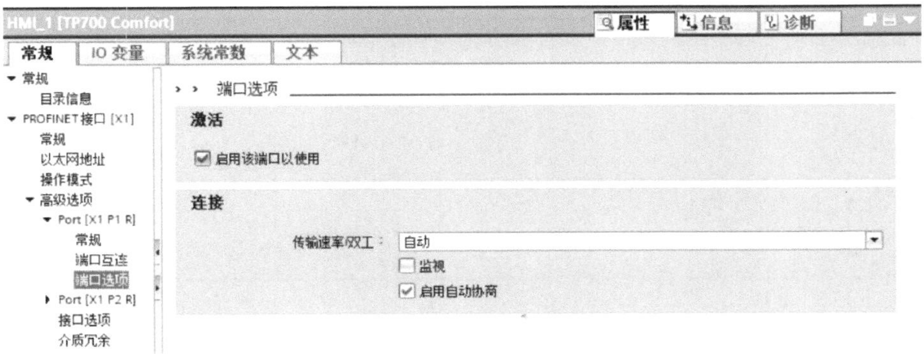

图 4-15　"端口选项"选项

　　除了在硬件上用一根网线将触摸屏与 S7-1500 PLC 连接，或者触摸屏通过交换机与 S7-1500 PLC 连接，还需要建立软件的连接通道，如图 4-16 所示。新建连接 Connection_1，通信驱动程序包括 Mitsubishi FX、Mitsubishi MC TCP/IP、Modicon Modbus RTU、Modicon Modbus TCP/IP、Omron Host Link、OPC UA、SIMATIC HMI HTTP、SIMATIC S7 1200、SIMATIC S7 1500、SIMATIC S7 200 和 SIMATIC S7 300/400，涵盖主流品牌的大部分协议。在本例中，选择 SIMATIC S7 1500，并在如图 4-17 所示的连接参数中，将接口修改为"以太网"。需要注意的是，"HMI_连接_1"是在触摸屏组态过程中因调用了 S7-1500 PLC 相关变量而自动建立的连接。

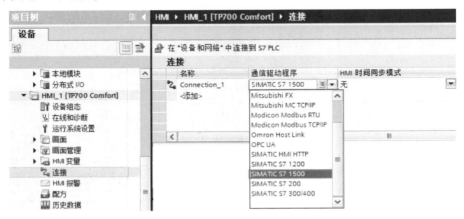

图 4-16　建立软件连接

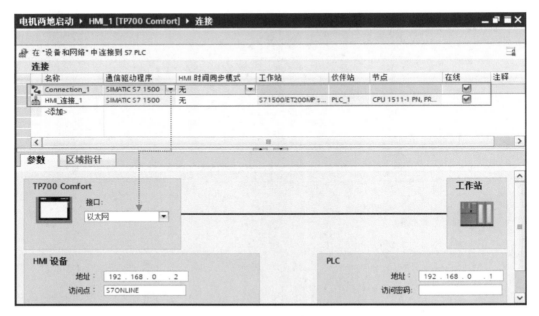

图 4-17　连接参数

　　（4）触摸屏画面组态。触摸屏的组态主要是画面设计，就是将需要表示运行过程的对象插入画面，并对该对象进行组态，使其符合运行过程要求。画面可以包含静态元素和动态元素。静态元素（例如文本或图形对象）在运行过程中不改变。动态元素根据运行过程改变状态，在一般情况下，可以通过下列方式显示当前运行过程值：显示从 S7-1500 PLC 的存储器中输出；以字母、数字、趋势图和棒图的形式显示触摸屏设备存储器中输出的运行过程值；触摸屏设备的输入域也作为动态元素，通过变量可以在 S7-1500 PLC 和触摸屏之间交换运行过程值和操作员的输入值。

图 4-18 为添加新画面。

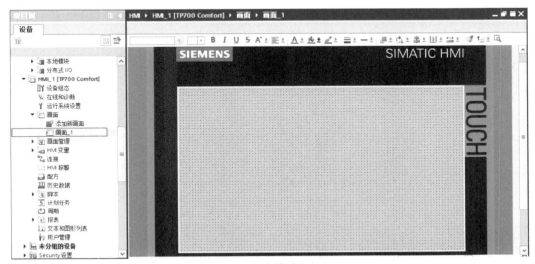

图 4-18　添加新画面

图 4-19 为触摸屏常见的基本对象、元素和控件等的工具箱。

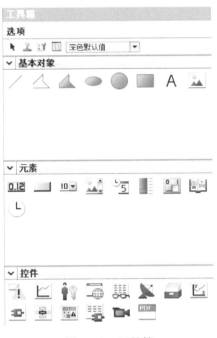

图 4-19　工具箱

　　选择按钮用于触摸屏控制电动机的启动与停止，即在元素工具箱中将按钮拖至画面，如图 4–20 所示，将按钮拖至触摸屏画面中的某一个位置后，可以设置该按钮的相关属性，如图 4–21 所示，比如文本，输入"电动机正转启动"，表示该按钮可以启动电动机正转。

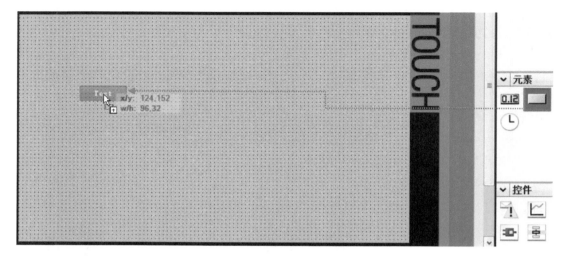

图 4–20　将按钮拖至画面

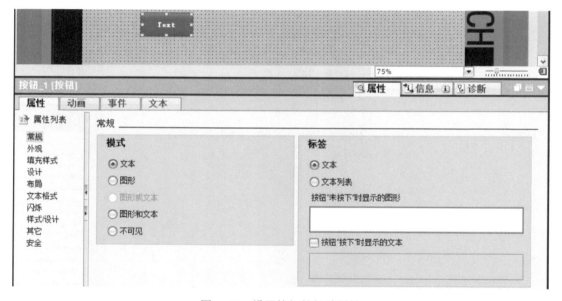

图 4–21　设置按钮的相关属性

　　触摸屏上的按钮对应于 S7–1500 PLC 的 CPU 内部 Mx.x 数字量的"位"，按下按钮时，Mx.x 置位（为"1"）；释放按钮时，Mx.x 复位（为"0"）。只有建立了这种对应关系（见图 4–22），操作人员才可以通过触摸屏与 S7–1500 PLC 的内部用户程序建立交互关系。

　　图 4–23 为按钮被按下时的事件，包括"单击""按下""释放""激活""取消激活""更改"。显然，"按下"和"释放"与本实例的动作相关。比如，在此定义按钮的属性为：当按下按钮时，将 S7–1500 PLC 的相关变量置位（处于 ON 状态）；当释放按钮时，将

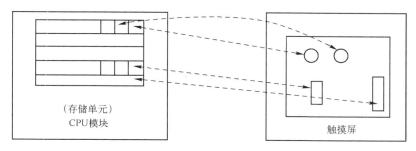

图 4-22　触摸屏与 CPU 模块之间的对应关系

S7-1500 PLC 的相关变量复位（处于 OFF 状态）。选择"编辑位"→"置位位"后，从如图 4-24 所示的"PLC_1"→"PLC 变量"中找到按钮被按下时的事件变量"HMI_正转启动"。同理，对按钮被释放事件选择"编辑位"→"复位位"，触发变量不变，仍为"HMI_正转启动"，如图 4-25 所示。按照同样的方法，增加另外两个按钮，即"电动机反转启动"和"电动机停止"。

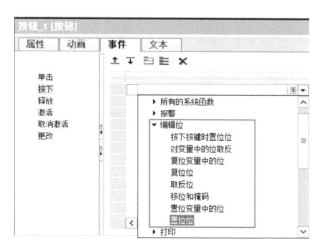

图 4-23　按钮被按下时的事件

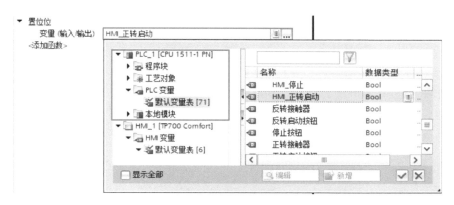

图 4-24　按钮被按下时的事件变量

众所周知，触摸屏上的指示一般采用颜色变化来显示，比如信号接通为红色，信号不接

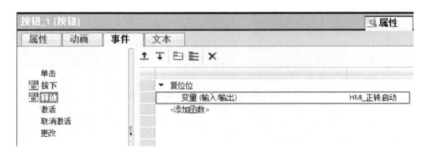

图 4-25   按钮被释放时的事件变量

通为灰色等。图 4-26 为新建指示灯的动画，与"正转接触器"变量关联。在范围"0"处选择背景色、边框颜色和闪烁等属性，这里选择颜色为灰色。同样，单击"添加"即出现范围"1"，选择此时的颜色为红色。同理，新建"反转接触器"指示灯。

图 4-26   新建指示灯的动画

完成画面组态后的 HMI 变量如图 4-27 所示。

名称 ▲	变量表	数据类型	连接	PLC 名称
HMI_正转启动	默认变量表	Bool	HMI_连接_1	PLC_1
HMI_反转启动	默认变量表	Bool	HMI_连接_1	PLC_1
HMI_停止	默认变量表	Bool	HMI_连接_1	PLC_1
正转接触器	默认变量表	Bool	HMI_连接_1	PLC_1
反转接触器	默认变量表	Bool	HMI_连接_1	PLC_1
<添加>				

图 4-27   HMI 变量

（5）采用 S7-1500 PLC 仿真加上触摸屏仿真的方式进行联合仿真。

单击 PLC 仿真软件中的"开始仿真"，如图 4-28 所示，在"接口/子网的连接"正常后，单击"开始搜索"按钮，找到 CPUcommon 设备，类型为 CPU-1500 Simulation（仿真器），单击"下载"按钮后，即出现如图 4-29 所示的 PLC RUN 状态。

图 4-28 PLC 仿真启动并下载程序

图 4-29 PLC RUN 状态

单击触摸屏仿真的"开始仿真"按钮，出现如图 4-30 所示的仿真初始画面，可以对三个按钮的动作进行仿真（见图 4-31）：一方面可以看到指示灯的变化；另一方面可以监控 S7-1500 PLC 的实际情况，如图 4-32 所示。

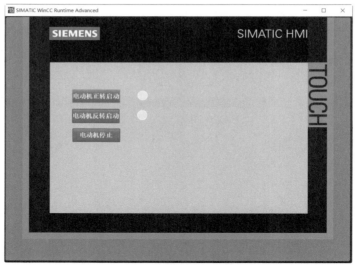

图 4-30 仿真初始画面

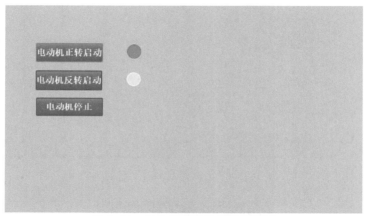

图 4-31 三个按钮的动作仿真画面

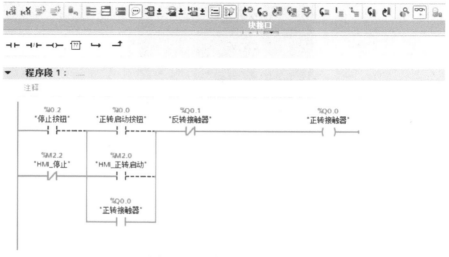

图 4-32 监控 S7-1500 PLC

▼ 4.3　复合数据类型

4.3.1　概述

复合数据类型的数据由基本数据类型的数据组合而成，长度可能超过 64bit。S7-1500 PLC 的复合数据类型包含 String、Array、Struct、Date_And_Time、DTL 等。

1. String（字符串）

String 的最大长度为 256 个字节。前两个字节存储字符串的长度信息，最多包含 254 个字符，常数表达形式是由两个单引号括的字符串，例如 'SIMATIC S7'。

String 的第一个字节表示字符串中定义的最大字符长度，第二个字节表示当前字符串中有效字符的个数，从第三个字节开始为字符串中第一个有效字符（数据类型为 Char）。例如，定义为最大 4 个字符的字符串 String[4] 中只包含两个字符 'AB'，实际占用 6 个字节，字节排列如图 4-33 所示。

字节0	字节1	字节2	字节3	字节4	字节5
4	2	'A'	'B'		

图 4-33　String 的字节排列

2. WString（宽字符串）

WString 如果不指定长度，则在默认情况下，最大长度为 256 个字节，可声明最多 16382 个字符（WString[16382]），前两个字节存储字符串的长度信息，常数表达形式是由两个单引号括的字符串，例如：WSTRING# '你好，中国'。WString 的第一个字节表示字符串中定义的最大字符长度，第二个字节表示当前字符串中有效字符的个数，从第三个字节开始为宽字符串中第一个有效字符（数据类型为 WChar）。例如，定义两个字符的字符串 WString[2] 中只包含两个字符 'AB'，实际占用 8 个字节，字节排列如图 4-34 所示。

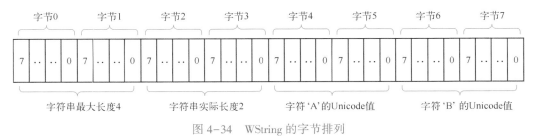

图 4-34　WString 的字节排列

3. Array（数组）

Array 是一个由固定数目的同一种数据类型的元素组成的。数组的维数最大为 6。数组中的元素可以是基本数据类型或复合数据类型（Array 除外，数组不可以嵌套）。例如，Array[1…3,1…5,1…6] of INT 定义了一个元素为整数、大小为 3×5×6 的三维数组。可以使用索引访问数组中的数据，数组中每一维的索引取值范围为−32768~32767（16bit 上下限范围），索引的下限必须小于上限。

索引值按偶数占用 CPU 存储区空间，例如一个数据类型为字节的数组 Array[1…21]，数组中只有 21 个字节，实际占用 CPU 存储区空间 22 个字节。定义一个数组时，需要声明数组的元素类型、维数和每一维的索引范围，可以用符号加上索引来引用数组中的某一个元素，例如 a[1,2,3]。

Array 的索引可以是常数，也可以是变量。在 S7-1500 PLC 中，所有语言均支持 Array 间接寻址。

4. Struct（结构体）

结构体是由不同数据类型组成的，通常用来定义一组相关的数据。

5. Date_And_Time（时钟）

Date_And_Time 用来表示时钟信号，长度为 8 个字节（64bit），分别以 BCD 码的格式表示相应的时间值，如时钟信号为 1993 年 12 月 25 日 8 点 12 分 34 秒 567 毫秒，存储在 8 个字节中。Date_And_Time 中每个字节的含义见表 4-2。

表 4-2   Date_And_Time 中每个字节的含义

字节	含义及取值范围	示例（BCD 码）
0	年（1990~2089）	BCD#93
1	月（1~12）	BCD#12
2	日（1~31）	BCD#25
3	时（00~23）	BCD#8
4	分（00~59）	BCD#12
5	秒（00~59）	BCD#34
6	毫秒中前两个有效数字（0~99）	BCD#56
7（高 4 位）	毫秒中第 3 个有效数字（0~9）	BCD#7
7（低 4 位）	星期：（1~7） 1=星期日 2=星期一 3=星期二 4=星期三 5=星期四 6=星期五 7=星期六	BCD#5

通过函数可以将 Date_And_Time 数据与基本数据类型的数据相转换：

（1）通过调用函数 T_COMBINE，将 Date 的值和 TOD/LTOD 类型（在函数中指定输入参数类型）的值相结合，得到 DT/DTL/LDT 类型（在函数中指定输出参数类型）的值；

（2）通过调用函数 T_CONV，可实现 Word、Int、Time、DT 等类型的值之间的互相转换。

6. DTL

DTL 的操作数长度为 12 个字节，以预定义结构存储日期和时间信息。DTL 中每个字节的含义见表4-3。例如，2020 年 10 月 16 日 20 点 34 分 20 秒 250 纳秒，表示为 DTL#2020-10-16-20：34：20.250。

表 4-3 DTL 中每个字节的含义

字节	含义及取值范围	数 据 类 型
0	年（1970—2262）	Uint
1		
2	月（1~12）	USint
3	日（1~31）	USint
4	星期：1（星期日）~7（星期六）	USint
5	小时（0~23）	USint
6	分钟（0~59）	USint
7	秒（0~59）	USint
8	纳秒（0~999999999）	Uint
9		
10		
11		

4.3.2　数组的应用

数组就是元素序列，如果将有限个类型相同变量的集合命名，那么这个名称就为数组名称。组成数组的各个变量称为数组的分量，也称为数组的元素，有时也称为下标变量。用于区分数组各个元素的数字编号称为下标。数组可以方便用户建立一个数据库，在数组里事先存放预定义的数值，比如同一时刻启动哪几台电动机，即可根据程序需要读取。

 实例【4-2】控制电动机的启/停

某变频器驱动的电动机共有 6 个运行频率，分别是 15.5Hz、20.3Hz、25.8Hz、34.2Hz、38.9Hz、45.6Hz。现在要求通过 TP700 Comfort 触摸屏控制电动机的启动与停止，通过"频率+"和"频率-"按钮实现频率的选择，在触摸屏上进行数字显示和棒图动画显示。

步骤与分析

（1）在博途项目树下新建一个数据块，如图 4-35 所示。

图 4-36 为新建数据块的类型。本实例选择"数组 DB"。数组 DB 是一种特殊类型的全局数据块，包含一个任意数据类型的数组，可以选择的数据类型包括 Bool、Byte、Char、Date_And_Time、Dint、DWord、LDT、LInt、LReal、LTime、LTime_Of_Day、S5Time、String、Time、Time_Of_Day、UDInt、UInt、ULInt、

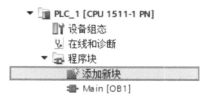

图 4-35 新建一个数据块

USInt、WChar、Word、W5tring、DTL、IEC_Counter、IEC_Dcounter、IEC_LCounter、IEC_LTimer、IEC_SCounter、IEC_TImer、IEC_UCounter、IEC_UDCounter、IEC_ULCounter、IEC_USCounter 等共计 33 种之多，如图 4-37 所示。数组 DB 也可以是 PLC 数据类型（UDT）的数组，但这种数据类型不能包含除数组之外的其他元素。创建数组 DB 时，需要输入数组的数据类型和数组的上限。创建完成数组 DB 后，可以在其属性中随时更改数组的上限，但是无法更改数据类型。数组 DB 始终启用 "优化块访问" 属性，不能进行标准访问，并且为非保持性属性，不能修改为保持性属性。

图 4-36　新建数据块的类型

图 4-38 为数组限值，表示方式为 0..MAX，数组限值为 MAX+1。本实例选择 0..6，其中 0 代表频率 0.0Hz，其余分别代表 6 个运行频率。

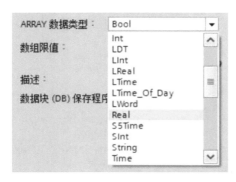

图 4-37　数组 DB 的数据类型

图 4-38　数组限值

（2）定义数组中的变量起始值。如图 4-39 所示，新建数据块完成后，打开数据块，将起始值直接输入。图 4-40 为起始值列表。对数据块进行编译，编译完成后，才能调用。

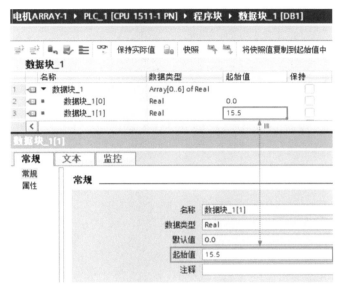

图 4-39   输入起始值

数据块_1

	名称	数据类型	起始值
1	▼ 数据块_1	Array[0..6] of Real	
2	■ 数据块_1[0]	Real	0.0
3	■ 数据块_1[1]	Real	15.5
4	■ 数据块_1[2]	Real	20.3
5	■ 数据块_1[3]	Real	25.8
6	■ 数据块_1[4]	Real	34.2
7	■ 数据块_1[5]	Real	38.9
8	■ 数据块_1[6]	Real	45.6

图 4-40   起始值列表

（3）新建变量表，添加需要用到的变量，见表 4-4。

表 4-4   变量表

名　　称	数据类型	地址	说明
电动机运行	Bool	Q0.0	
HMI_启动	Bool	M2.0	触摸屏按钮
HMI_频率+	Bool	M2.1	触摸屏按钮
HMI_停止	Bool	M2.2	触摸屏按钮
HMI_频率-	Bool	M2.3	触摸屏按钮
电动机运行上升沿	Bool	M2.4	
频率+变量	Bool	M2.5	

名称	数据类型	地址	说明
频率-变量	Bool	M2.6	
电动机运行下降沿	Bool	M2.7	
频率序号	Int	MW10	
频率 * 10	Int	MW12	触摸屏文本显示
频率取整	Int	MW14	触摸屏棒图显示
频率数据	DWord	MD20	

（4）编制梯形图。控制电动机启/停的梯形图如图 4-41 所示。

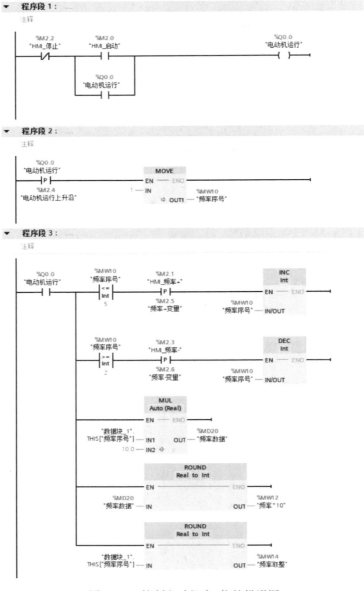

图 4-41　控制电动机启/停的梯形图

图 4-41　控制电动机启/停的梯形图（续）

程序段 1：实现触摸屏通过启动和停止按钮（M2.0 和 M2.2）控制电动机运行 Q0.0。

程序段 2：电动机运行上升沿脉冲将电动机运行频率序号 MW10 设定为 1。

程序段 3：通过触摸屏的按钮"HMI_频率+"和"HMI_频率-"用 INC 和 DEC 指令实现"频率序号"在 1~6 之间变化。其中，"数据块_1". THIS["频率序号"]就是所对应的数据块的值，即"数据块_1". THIS["1"]对应 15.5，"数据块_1". THIS["2"]对应 20.3，依次类推。这里需要采用"THIS"这个前缀才能读取数据。频率 * 10 和频率取整是为了触摸屏显示数字和棒图，可以根据实际情况合理选用。

程序段 4：在电动机运行下降沿（电动机停止），置位频率序号和相关频率显示值。

（5）触摸屏组态。除了按钮和指示灯之外，本实例增加了数字显示和棒图动画显示。图 4-42 是频率序号变量 I/O 域的属性，包括常规、外观、特性、布局、文本格式、闪烁、限制、样式/设计、其它、安全。图中，"PLC 变量"选择"频率序号"，"类型"选择"输入/输出"（也可以选择"输出"），"显示格式"选择"十进制"，"移动小数点"选择"0"，"格式样式"选择"9"。

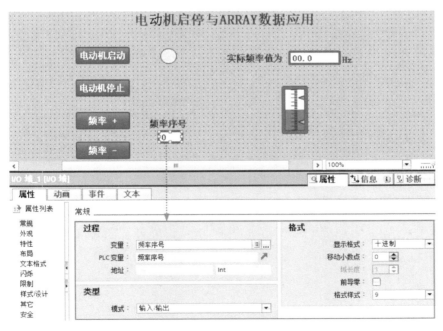

图 4-42　频率序号变量 I/O 域的属性

图 4-43 是频率 * 10 变量 I/O 域的属性。图中, "PLC 变量"选择"频率 * 10", "类型"选择"输出", "显示格式"选择"十进制", "移动小数点"选择"1", "格式样式"选择"9999"。也就是将第一个频率值 15.5, 经 PLC 乘以 10 后, 变量"频率 * 10"为 155, 显示在触摸屏上还是 15.5。

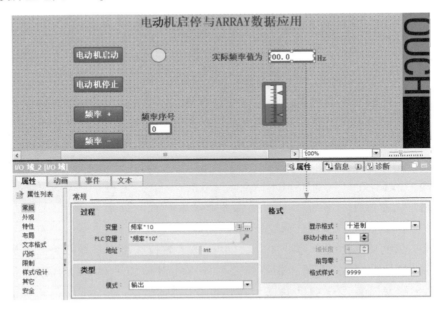

图 4-43　频率 * 10 变量 I/O 域的属性

图 4-44 是棒图属性。其"最大刻度值"选择"100", "最小刻度值"选择"0", "过程变量"选择"频率取整"。

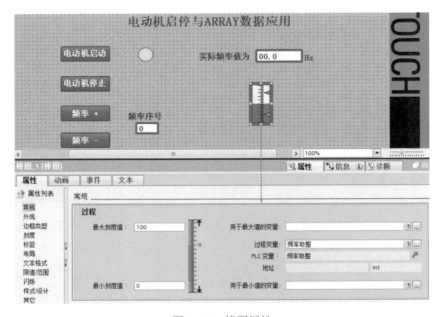

图 4-44　棒图属性

采用联合仿真的方式,电动机启动后,"频率序号"增加到"4","实际频率值"为"34.2Hz",棒图显示相应的数据,如图4-54所示。

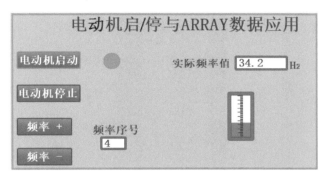

图 4-45 棒图显示

4.4 FC/FB 接口

4.4.1 FC 接口区的定义

FC 是不带"存储器"的程序块,由于没有可以存储块参数值的存储数据区,因此调用 FC 时,必须给所有形参分配实参。

FC 一般有两个作用。

(1)作为子程序使用

相互独立的控制设备可分成不同的 FC,统一由 OB 调用,这样就实现了整个程序的结构化划分,便于调试和修改程序,使整个程序的条理性和易读性增强。

(2)可以在程序的不同位置多次调用同一个函数

FC 通常带有形参,通过多次调用,对形参赋值不同的实参,可实现对功能类似设备的统一编程和控制。S7-1500 PLC 可创建的 FC 编号范围为 1~65535,添加 FC 及其编号,如图4-46所示。

图 4-47 为 FC 形参接口区。其参数类型分为输入参数、输出参数、输入/输出参数和返回值。本地数据包括临时数据及本地常量。每种形参类型和本地数据均可以定义多个变量。其中每个块的临时变量最多占用 16KB。

Input:输入参数,调用时,将用户程序数据传递到 FC 中,实参可以为常数。

Output:输出参数,调用时,将 FC 执行结果传递到用户程序中,实参不能为常数。

InOut:输入/输出参数,调用时,由 FC 读取后进行运算,并将结果返回,实参不能为常数。

Temp:用于存储临时中间结果的变量,为本地数据区 L,只能用于 FC 作为中间变量使用。临时变量在调用 FC 时生效,执行 FC 后,临时变量被释放,所以临时变量不能存储中间数据。临时变量在调用 FC 时由系统自动分配,退出 FC 时系统自动回收,所以数据不能保持。因此

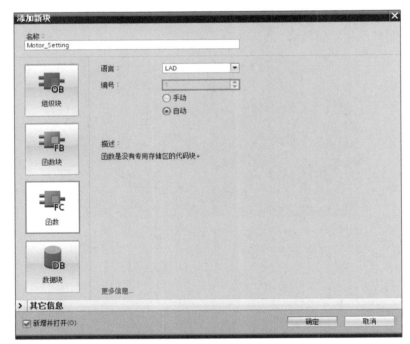

图 4-46 添加 FC 及其编号

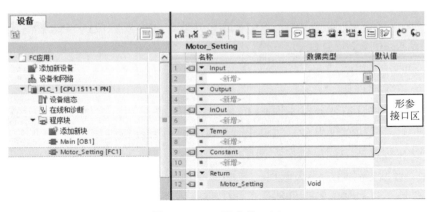

图 4-47 FC 形参接口区

采用上升沿/下降沿信号时，如果使用临时变量存储上一个周期的位状态，将会导致错误。如果是非优化 FC，则临时变量的初始值为随机数；如果是优化存储 FC，则临时变量中基本数据类型的变量会初始化为 0。比如 Bool 变量初始化为 False，Int 变量初始化为 0。

　　Constant：声明常量符号后，在程序中可以使用常量符号代替常量，使程序具有可读性，易于维护。常量符号由名称、数据类型和常量值组成。

4.4.2　无形参 FC 和有形参 FC

1. 无形参 FC（子程序功能）

　　FC 接口数据区可以不定义形参变量，即调用程序与 FC 之间没有数据交换，只是运行

FC，FC 被作为子程序调用。使用子程序可将整个控制程序进行结构化划分，清晰明了，便于设备的调试及维护。例如控制 3 个相互独立的设备，可分别编写 3 个子程序，主程序可分别调用子程序，实现对设备的控制。程序结构如图 4-48 所示。

2. 有形参 FC

在应用中常常遇到对许多相似功能的设备编制控制程序。例如控制 3 组电动机，每组电动机的运行参数都相同，如果分别对每组电动机编制控制程序，则除输入/输出地址不同外，每组电动机的控制程序均基本相同，重复编制控制程序的工作量比较大。使用 FC 可以将 1 组电动机的控制程序作为模板，在程序中多次调用 FC，并赋值不同的参数，即可实现对 3 组电动机的控制。

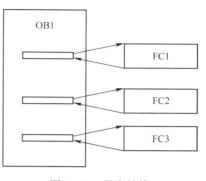

图 4-48　程序结构

4.4.3　FB 的接口区和背景数据块

1. FB 的接口区

与 FC 相同，FB 也有形参接口区。参数类型除输入参数、输出参数、输入/输出参数、临时变量、本地常量，还有存储中间变量的静态变量。FB 形参接口区如图 4-49 所示。

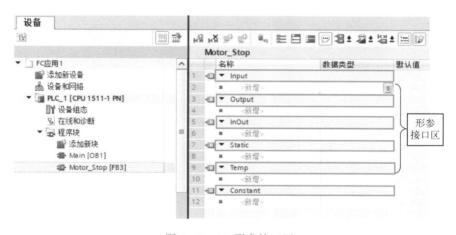

图 4-49　FB 形参接口区

Input：输入参数，调用时，将用户程序数据传递到 FB，实参可以为常数。

Output：输出参数，调用时，将 FB 的执行结果传递到用户程序中，实参不能为常数。

InOut：输入/输出参数，调用时，由 FB 读取后进行运算，并将结果返回，实参不能为常数。

Static：静态变量，不参与参数传递，用于存储中间过程值。

Temp：用于 FB 内部临时存储中间结果的临时变量，不占用背景数据块空间。临时变量在调用 FB 时生效，执行 FB 后，临时变量区被释放。

Constant：声明常量符号后，在程序中可以使用常量符号代替常量，使得程序的可读性增强，易于维护。常量符号由名称、数据类型和常量值组成。

2. FB 的背景数据块

与 FC 相比，调用 FB 时必须为其分配背景数据块。FB 的输入参数、输出参数、输入/输出参数及静态变量存储在背景数据块中，在执行 FB 后，这些参数依然有效。背景数据块既可以作为一个 FB 的背景数据块，也可以作为多个 FB 的背景数据块（多重背景数据块）。FB 可以使用临时变量。临时变量并不存储在背景数据块中。

背景数据块包含 FB 所声明的形参和静态变量。例如调用 SIMATIC S7-1500 PLC 指令中提供的 PID 函数块时，博途为每个控制回路都分配一个背景数据块，在背景数据块中存储控制回路的所有参数。

图 4-50 为在 OB 中调用 Motor_RUN［FB1］时的数据块调用选项，程序会自动建立以 FB 命名的单个实例 DB，也就是背景数据块 Motor_RUN_DB，可以手动或自动编号。

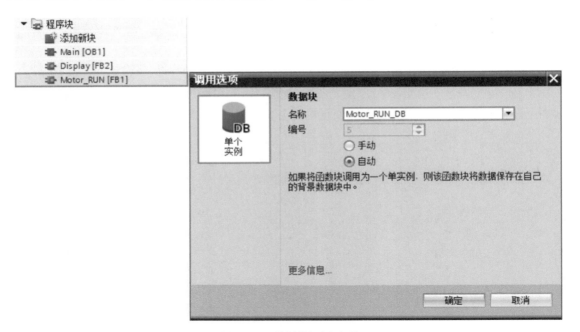

图 4-50　数据块调用选项

与 FC 的输入/输出没有实际地址对应不同，FB 的输入/输出对应背景数据块 DB 地址，且 FB 传递的是数据。FB 的处理方式是围绕背景数据块处理数据，输入/输出参数及静态数据都是背景数据块中的数据。这些数据不会因为 FB 的消失而消失，会一直保持在背景数据块中。在实际编程中，需要避免出现 OB、FC 和 FB 直接访问某一个 FB 单个实例 DB 的方式，应通过 FB 的接口参数来访问，如图 4-51 所示。

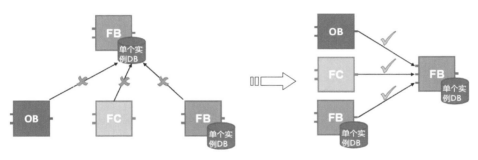

图 4-51　访问 FB 背景数据块的正确方式

4.4.4　FC /FB 实参与形参的结构体传递

FC/FB 的接口区有很多不同类型的参数，而且又被调用了很多次，在这种情况下，如果按照传统的方法去定义每个变量，就显得程序杂乱无章，当程序量大的时候，不管编写还是排查，都很吃力。UDT 是一个固定的数据类型集合，一旦定义就不能更改，把 UDT 当作数组中的一个元素，再分别传给每个 FC/FB，则整个程序就会层次分明。

（1）在 UDT 中定义数据类型，如图 4-52 所示。数据类型一定要与 FC/FB 接口区一致，否则实参值没办法传入形参。

（2）定义两个结构体数据，如图 4-53 所示。

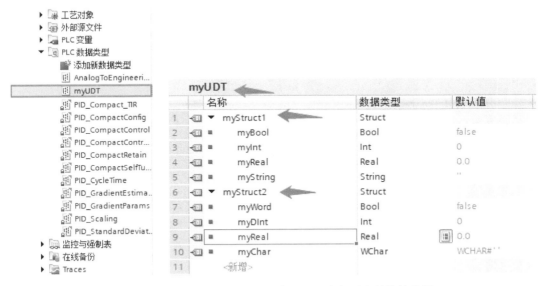

图 4-52　在 UDT 中定义数据类型　　　　　图 4-53　定义两个结构体数据

（3）数据类型定义好后，在数据库或 FB 背景数据库中定义结构体数组，如图 4-54 所示。

（4）FC/FB 的数据结构要一致，即如图 4-55 所示的 myFC 数据结构要与如图 4-54 所示相同。

		名称	数据类型	默认值
54		▼ myArray	Array[0..1] of "myUDT"	
55		▼ myArray[0]	"myUDT"	
56		▼ myStruct1	Struct	
57		myBool	Bool	false
58		myInt	Int	0
59		myReal	Real	0.0
60		myString	String	" "
61		▼ myStruct2	Struct	
62		myWord	Bool	false
63		myDInt	Int	0
64		myReal	Real	0.0
65		myChar	WChar	WCHAR#' '
66		▼ myArray[1]	"myUDT"	
67		▶ myStruct1	Struct	
68		▶ myStruct2	Struct	

图 4-54　定义结构体数组

		名称	数据类型	默认值
myFC				
1		▼ Input		
2		▼ myStruct1	Struct	
3		myBool	Bool	
4		myInt	Int	
5		myReal	Real	
6		myString	String	
7		▼ myStruct2	Struct	
8		myWord	Bool	
9		myDInt	Int	
10		myReal	Real	
11		myChar	WChar	
12		<新增>		

图 4-55　myFC 的数据结构

（5）在程序中调用 FC/FB，如图 4-56 所示。这样就与高级语言一样，即数据只调用集合不调用成员，使程序结构非常简洁。

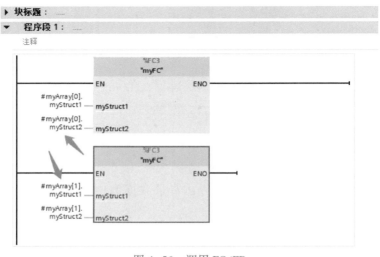

图 4-56　调用 FC/FB

4.4.5　Struct 的应用

实例【4-3】 多电动机的启/停控制

现有 6 台电动机，每台电动机都可以单独运行和停止、单独设置运行频率，相关运行状态均存储在 S7-1500 PLC 的数据块中。要求在触摸屏 TP700 Comfort 的界面中实现如下功能：

（1）显示电动机 1~6 的运行状态和运行频率。

（2）能用"序号+""序号-"按钮来切换电动机 1~6，并设置选中电动机的运行状态、运行频率。其中，运行频率用"频率+""频率-"分别来增和减，幅度为 0.1Hz。

（3）选中电动机的运行状态和运行频率，经"确认"按钮确认后就能执行动作，并记录到 S7-1500 PLC 数据块中。

（4）切换电动机时，能调出并显示该台电动机的实时运行状态。

步骤与分析

（1）确定电动机运行数据是 Struct 类型，包括 Runs 信息（布尔类型）、Hz（实数类型）和 Info（字符串类型）。图 4-57 和图 4-58 分别为添加 MyStr 数据类型和添加后的数据类型 Struct。

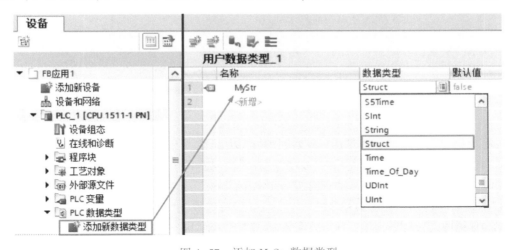

图 4-57　添加 MyStr 数据类型

名称		数据类型	默认值
▼ MyStr		Struct	
■	Runs	Bool	false
■	Hz	Real	0.0
■	Info	String	""

图 4-58　添加后的数据类型 Struct

（2）建立一个全局数据块用于存放 6 台电动机的数据。该数据块包含用户程序使用的变量数据。

一个程序中可以自由创建多个数据块。全局数据块必须事先定义才可以在程序中使用。创建一个新的全局数据块，可在博途中单击"程序块"→"添加新块"，选择"数据块"并选择数据块"类型"为"全局 DB"（默认），如图 4-59 所示。

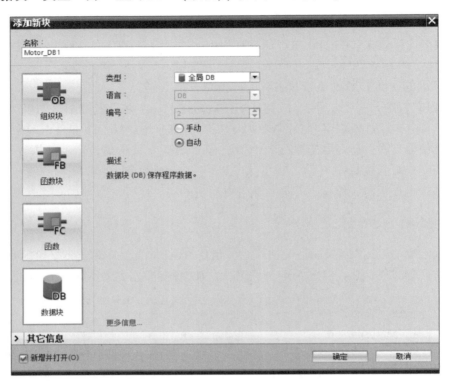

图 4-59　添加"全局 DB"

创建全局 DB 后，在全局 DB 的属性中可以切换存储方式，非优化的存储方式与 S7-300/400 PLC 兼容，可以使用绝对地址的方式访问全局 DB；优化的存储方式只能以符号的方式访问全局 DB。如果选择"仅存储在装载内存中"选项，则全局 DB 下载后，只存储在 CPU 的装载存储区（SIMATIC MC 卡）。如果程序需要访问全局 DB 的数据，则需要调用指令 READ_DBL 将装载存储区中的数据复制到工作存储区，或者调用指令 WRIT_DBL 将数据写入装载存储器。如果在全局 DB 的"属性"中勾选"在设备中写保护数据块"，则可以将全局 DB 以只读属性存储。打开全局 DB 后，就可以定义新的变量，并编辑变量的数据类型、启动值及保持性等属性。图 4-60 为全局 DB 的变量。图 4-61 为 6 台电动机的变量定义，即 Array[1..6] of "Mystr"。

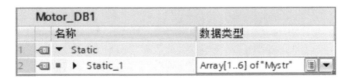

图 4-60　全局 DB 的变量

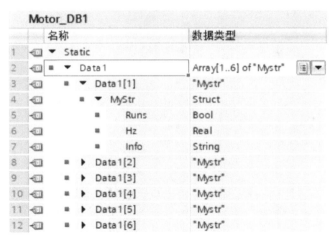

图 4-61　6 台电动机的变量定义

（3）本实例需要建立两个 FB，分别是 Motor_RUN 和 Display。

在如图 4-62 所示界面中添加 FB（Motor_RUN），并定义如图 4-63 所示的输入/输出参数，其功能就是将外部信号转换之后送到全局数据块 Motor_DB1 中。由于数据类型不一样，所以需要转换。

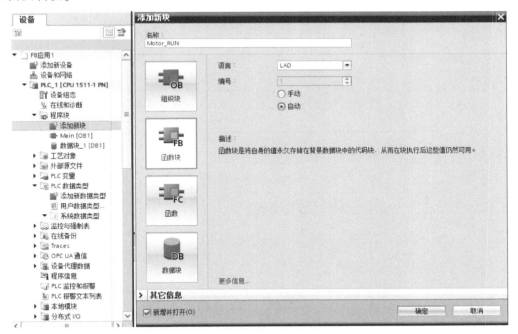

图 4-62　添加 FB（Motor_RUN）

图 4-64 是 Motor_RUN 函数块的程序。程序段 1 表示当电动机停止时，将运行频率 0.0 送入#Paras. MyStr. Hz，同时复位#Paras. MyStr. Runs；程序段 2 表示当电动机运行时，先将运行频率从 Int 转为 Real，再除以 10 后送入#Paras. MyStr. Hz，同时置位#Paras. MyStr. Runs。需要说明的是，在触摸屏上显示的运行频率是运行频率的 10 倍，同时有一位小数点。

名称	数据类型	默认值
▼ Input		
■　Runs	Bool	false
■　HzInt	Int	0
■　No	Int	0
▼ Output		
■　＜新增＞		
▼ InOut		
■　▶ Paras	"Mystr"	
▼ Static		
■　＜新增＞		
▼ Temp		
■　Temp1	Real	

图 4-63　定义输入/输出参数

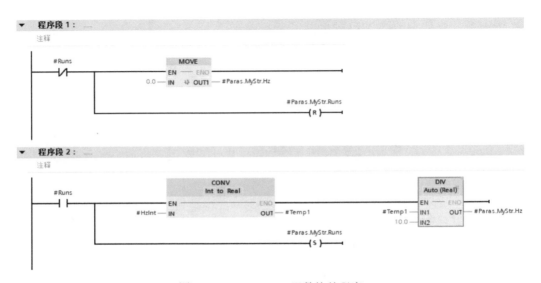

图 4-64　Motor_RUN 函数块的程序

图 4-65 为 Display 函数块的输入/输出参数。

名称	数据类型	默认值
▶ Input		
▶ Output		
▼ InOut		
■　NO	Int	0
■　HzDisplay	Int	0
■　Runs	Bool	false
▶ Static		
▼ Temp		
■　temp1	Real	

图 4-65　Display 函数块的输入/输出参数

图 4-66 是 Display 函数块的程序。程序段 1 和程序段 2 表示电动机的序号 NO 限制在

1~6 之间。程序段 3 和程序段 4 表示"Motor_DB1". Data1 [#NO]. MyStr. Runs 的值就是 #Runs的值，由于位不能直接赋值，所以用了两个程序段。程序段 5 表示"Motor_DB1". Data1 [#NO]. MyStr. Hz 的值乘以 10 之后送入#HzDisplay，可以在触摸屏上进行显示。

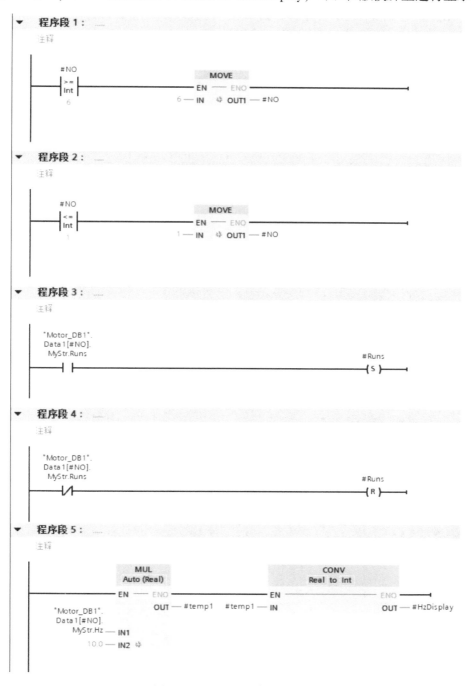

图 4-66　Display 函数块的程序

（4）建立 S7-1500 PLC 变量并编写 OB1 主程序。图 4-67 为本实例用到的所有变量。图 4-68 为 OB1 主程序。程序段 1，初次上电后将电动机序号设定为 1。程序段 2 和程序段 3，在触摸屏上可以对电动机的运行状态进行复位和置位。程序段 4，当运行频率为 49.9Hz 时，可以加 0.1Hz 到 50.0Hz，之后不能再加 0.1Hz；当运行频率为 0.1Hz 时，可以减 0.1Hz 到 0.0Hz，之后不能再减 0.1Hz，确保运行频率为 0.0~50.0Hz。注意，这里的运行频率都乘以 10。程序段 5，当触摸屏上"确认"按钮被按下之后，调用 Motor_RUN 函数块，将指定的电动机序号写入 "Motor_DB1". Data1["电动机序号"]。程序段 6 和程序段 7，当触摸屏上电动机"序号+"或"序号-"按钮动作时，调用 Display 函数块，读取相应的 "Motor_DB1". Data1[%MW10]. MyStr. Hz（运行频率）、"Motor_DB1". Data1[%MW10]. MyStr. Runs（运行状态）并显示在触摸屏上。

名称	变量表	数据类型	地址 ▲
HMI_启动	默认变量表	Bool	%M2.0
HMI_频率+	默认变量表	Bool	%M2.1
HMI_停止	默认变量表	Bool	%M2.2
HMI_频率-	默认变量表	Bool	%M2.3
电动机运行上升沿	默认变量表	Bool	%M2.4
频率+变量	默认变量表	Bool	%M2.5
频率-变量	默认变量表	Bool	%M2.6
电动机运行下降沿	默认变量表	Bool	%M2.7
电动机启动	默认变量表	Bool	%M3.0
HMI_传送	默认变量表	Bool	%M3.1
传送上升沿	默认变量表	Bool	%M3.2
电动机序号输入完成	默认变量表	Bool	%M3.3
电动机序号输入	默认变量表	Bool	%M3.4
序号+	默认变量表	Bool	%M3.6
序号-	默认变量表	Bool	%M3.7
序号+变量	默认变量表	Bool	%M4.0
序号-变量	默认变量表	Bool	%M4.1
电动机序号	默认变量表	Int	%MW10
频率*10	默认变量表	Int	%MW12
频率取整	默认变量表	Int	%MW14
频率数据	默认变量表	DWord	%MD20
频率*10变量	默认变量表	Real	%MD30

图 4-67　本实例用到的所有变量

图 4-68　OB1 主程序

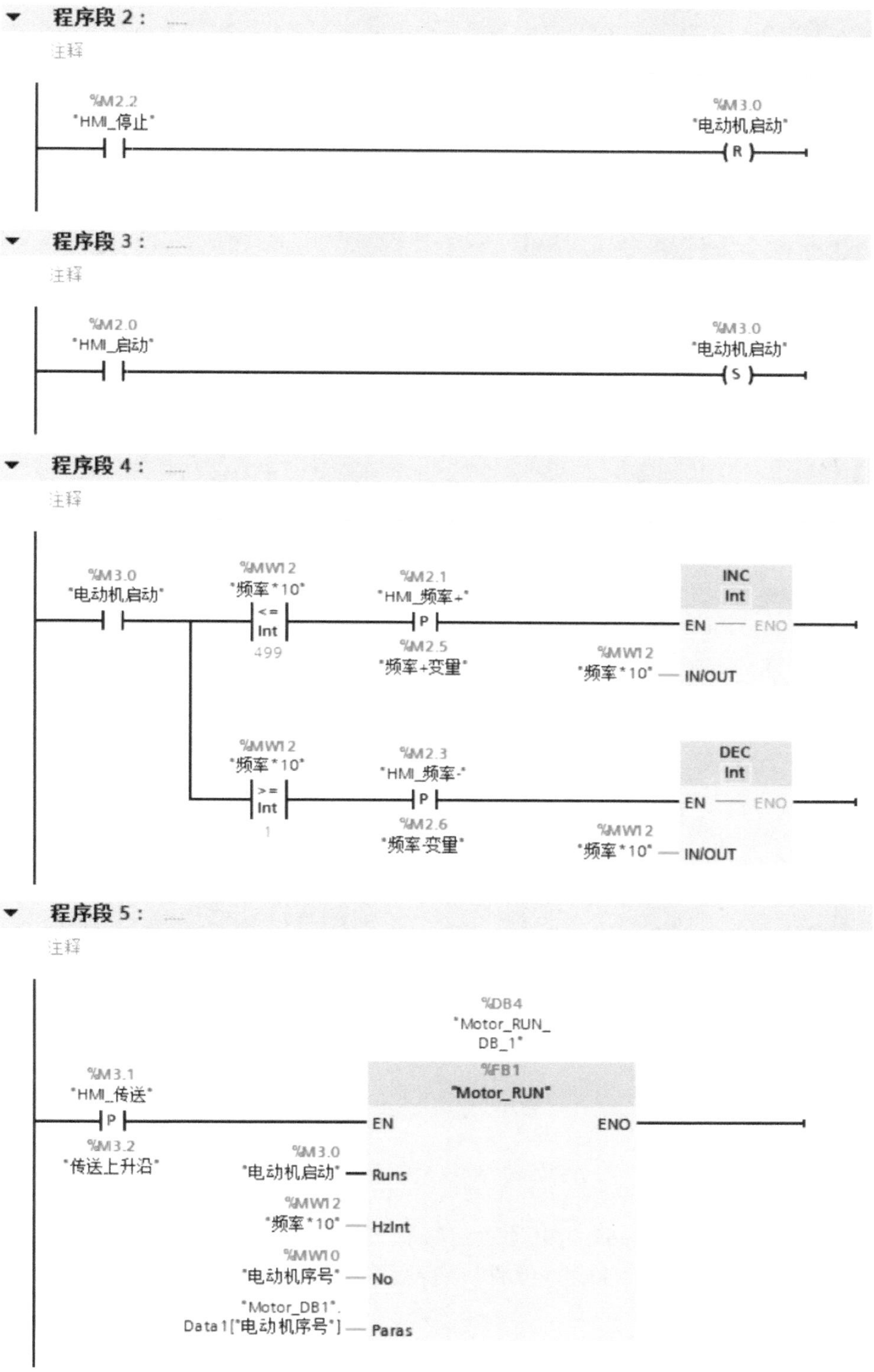

▼　**程序段 2：**　....

注释

```
    %M2.2                                              %M3.0
  "HMI_停止"                                          "电动机启动"
  ────┤├────                                          ──(R)──
```

▼　**程序段 3：**　....

注释

```
    %M2.0                                              %M3.0
  "HMI_启动"                                          "电动机启动"
  ────┤├────                                          ──(S)──
```

▼　**程序段 4：**　....

注释

```
    %M3.0         %MW12          %M2.1              INC
 "电动机启动"    "频率*10"       "HMI_频率+"          Int
  ────┤├────    ──┤<=├──        ──┤P├──         EN ──── ENO
                   Int             %M2.5
                   499          "频率+变量"         %MW12
                                                 "频率*10" ── IN/OUT

                %MW12          %M2.3              DEC
                "频率*10"      "HMI_频率-"          Int
                ──┤>=├──       ──┤P├──         EN ──── ENO
                   Int             %M2.6
                   1            "频率-变量"         %MW12
                                                 "频率*10" ── IN/OUT
```

▼　**程序段 5：**　....

注释

```
                                          %DB4
                                      "Motor_RUN_
                                         DB_1"
    %M3.1                               %FB1
  "HMI_传送"                         "Motor_RUN"
  ────┤P├────                  EN              ENO
    %M3.2
 "传送上升沿"       %M3.0
                "电动机启动" ── Runs

                   %MW12
                 "频率*10" ── HzInt

                   %MW10
               "电动机序号" ── No

               "Motor_DB1".
              Data1["电动机序号"] ── Paras
```

图 4-68　OB1 主程序（续一）

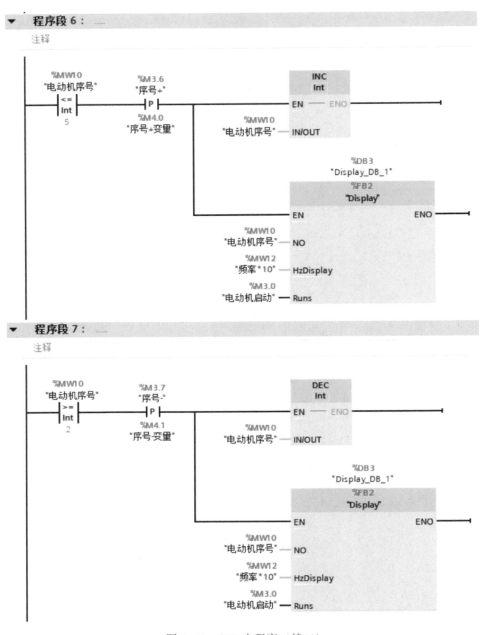

图 4-68　OB1 主程序（续二）

（5）触摸屏组态。图 4-69 为电动机运行状态的外观动画，连接变量为 Motor_DB1_Data1{1}_MyStr_Runs。图 4-70 为电动机运行频率的过程值动画，过程值为 Motor_DB1_Data1{1}_MyStr_Hz。

（6）触摸屏和 S7-1500 PLC 联合仿真如图 4-71 所示。图中显示的是电动机 6 相应的状态，参数可以修改。

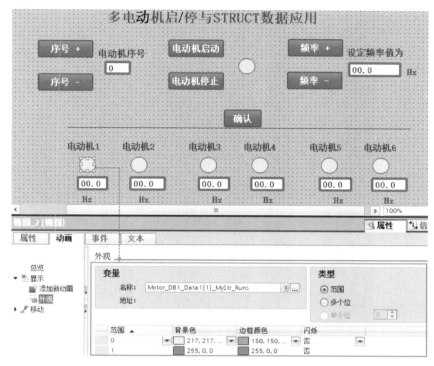

图 4-69　电动机运行状态的外观动画

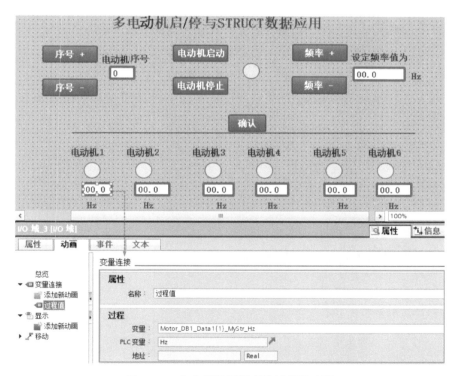

图 4-70　电动机运行频率的过程值动画

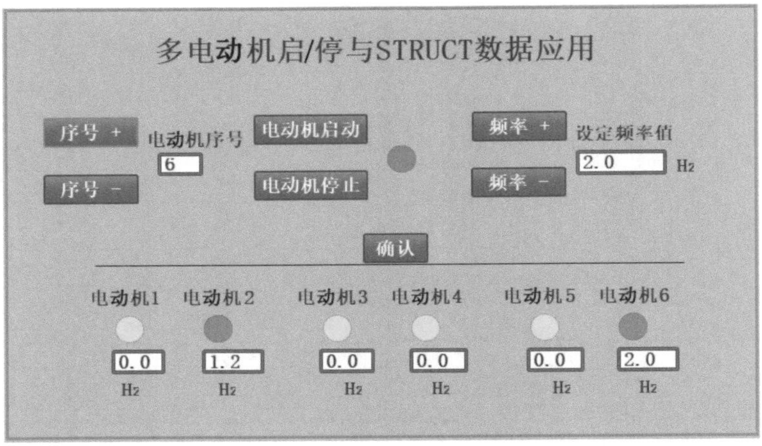

图 4-71　触摸屏和 S7-1500 PLC 联合仿真

4.5　SCL 及其应用

4.5.1　指令

SCL 是 Structured Contorl Language 的缩写，即结构化控制语言。博途默认支持 SCL，在建立 FB、FC 等程序块时，可以直接选择 SCL。SCL 类似计算机高级语言，如果有 C、Java、C++、Python 等高级语言的学习经历，学习 SCL 就会容易很多。

1. SCL 的输入/输出变量

SCL 共有 Input、Output、InOut、Static、Temp 和 Constant 等输入/输出变量需要定义。其数据类型主要有：

（1）布尔型：Bool，1 位；

（2）字节：Byte，1 个字节；

（3）整数：Int，2 个字节；

（4）长整数：Dint，4 个字节；

（5）字：Word，2 个字节；

（6）长字：DWord，4 个字节；

（7）浮点数：Real，4 个字节；

（8）字符：Char，1 个字节；

（9）字符串：String[XX]，XX+2 个字节；

（10）数组定义：Array[X..X] of 类型。

2. SCL 指令的规范

（1）一行代码结束后要添加英文分号，表示改行代码结束。

（2）所有代码都为英文字符，在英文输入法下输入字符。

（3）可以添加中文注释，注释前先添加双斜杠，即"//"。这种注释方法只能添加行注释，段注释要插入一个注释段。

（4）变量需要在双引号内，定义好变量后能辅助添加。

3. SCL 赋值指令

赋值是比较常见的指令，SCL 赋值指令的格式：一个冒号加等号，即"：＝"。

梯形图与 SCL 指令的对比见表 4-5。

表 4-5　梯形图与 SCL 指令的对比

梯形图	SCL 指令
M400.0　　　　　　　M400.1 ――┤├――――――――（ ）――	M400.1：＝M400.0
M100.0　　　　　　　M100.1 ――┤／├――――――――（ ）――	M100.1：＝NOT M100.0
M100.0　　　　　　　M100.1 ――┤├――――――――（S）――	IF（M100.0）THEN 　　　M100.1：＝TRUE； END_IF
M100.0　　　　　　　M100.1 ――┤├――――――――（R）――	IF（M100.0）THEN 　　　M100.1：＝FALSE； END_IF

4. SCL 位逻辑运算指令

SCL 的常用位逻辑运算指令有：

（1）取反指令：NOT，与梯形图中的 NOT 指令用法相同。

（2）与运算指令：AND，相当于梯形图中的串联关系。

（3）或运算指令：OR，相当于梯形图中的并联关系。

（4）异或运算指令：XOR，梯形图的字逻辑运算中有异或运算指令，没有 Bool 的异或指令。

5. SCL 数学运算指令

SCL 数学运算指令与梯形图中的用法基本相同，但助记符不同，常用的数学运算指令有：

（1）加法：用符号"＋"运算；

（2）减法：用符号"－"运算；

（3）乘法：用符号"＊"运算；

（4）除法：用符号"／"运算；

（5）取余数：用符号"MOD"运算；

（6）幂：用符号"＊＊"运算。

其他数学运算指令包括 SIN、COS、TAN、LN、LOG、ASIN、ACOS、ATAN 等。

6. SCL 条件控制指令

SCL 常见的条件控制指令有 IF...THEN、CASE...OF... 等。以 IF...THEN 为例，其

格式说明如下：

```
IF a = b THEN
// Statement Section_IF
;
ELSIF a = c THEN
// Statement Section_ELSIF
;
ELSE
// Statement Section_ELSE
;
END_IF;
```

SCL 条件控制指令常会用到变量比较，如>、>=、<、<=、=等，也会用到逻辑符号，如 AND、OR、NOT 等。

7. SCL 循环控制指令

SCL 循环控制指令分别为 FOR、WHILE...DO、REPEAT...UNTIL。

（1）FOR 指令

```
FOR Control Variable := Start TO End BY Increment DO
// Statement Section
;
END_FOR;
```

（2）WHILE...DO 指令

```
WHILE a = b DO
// Statement Section
;
END_WHILE;
```

（3）REPEAT...UNTIL 指令

```
REPEAT
// Statement Section
;
UNTIL a = b
END_REPEAT;
```

SCL 循环控制指令会经常与条件控制指令配合使用。

4.5.2　用 SCL 指令进行数学运算

 实例【4-4】每月天数计算

用 SCL 编程来对每月天数进行计算和显示，S7-1500 PLC 的 CPU 为 CPU1511-1 PN，触摸屏为 TP700 Comfort。

步骤与分析

（1）图 4-72 为添加新块时选择编程语言为 SCL，而不是之前默认的 LAD。

图 4-72　添加新块时选择编程语言为 SCL

（2）图 4-73 为定义变量，包括 Input 输入的 Year（年）和 Month（月）、Output 输出的 Days（天数）均为 Int 变量。

	每月天数			
	名称	数据类型	默认值	注释
1	▼ Input			
2	■ Year	Int		年
3	■ Month	Int		月
4	▼ Output			
5	■ Days	Int		天数

图 4-73　定义变量

（3）编写程序。每月天数的计算一般采用 CASE 指令，分三种情况：

第一种情况，每个月 31 天的月份，分别是 1、3、5、7、8、10、12 月。

第二种情况，每个月 30 天的月份，分别是 4、6、9、11 月。

第三种情况，2 月，分闰年和平年，平年是 28 天，闰年是 29 天。闰年的计算方法：公元纪年的年数可以被 4 整除为闰年；能被 100 整除而不能被 400 整除为平年；能被 100 整除也可被 400 整除为世纪闰年。如 2000 年是闰年，1900 年是平年。

从博途的 SCL 编辑环境中直接选取 CASE … OF …，编程如下：

```
CASE #Month OF
    1,3,5,7,8,10,12:  // 第一种情况
        #Days:=31   ;
    4,6,9,11:  // 第二种情况
        #Days:=30;
    2:    // 第三种情况
        IF (#Year MOD 4 = 0) AND (#Year MOD 100 <> 0) OR (#Year MOD 400 = 0) THEN
            #Days := 29;
        ELSE
            #Days := 28;
        END_IF;
END_CASE;
```

（4）OB1 程序调用如图 4-74 所示。

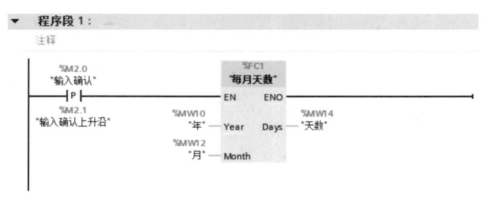

图 4-74　OB1 程序调用

（5）图 4-75 为本实例的触摸屏画面，输入年份 2020，输入月份 2，该月的天数为 29 天。

图 4-75　本实例的触摸屏画面

 实例【4-5】SIN(x) 的计算

使用泰勒公式实现 SIN(x) 的计算。其中 x 为弧度，S7-1500 PLC 的 CPU 为

CPU1511-1 PN，触摸屏为 TP700 Comfort。

 步骤与分析

（1）SIN(x) 采用泰勒公式的计算公式为

$$SIN(x) = x - \frac{x^3}{3!} + \frac{x^5}{5!} - \frac{x^7}{7!} \cdots$$

为确保精度，需要计算到最后一项绝对值小于 10^{-7}，此时的计算值就是 SIN(x)。

（2）添加 FB1 如图 4-76 所示，并定义输入/输出变量，包括输入 x、输出 result 变量，Static 静态变量 term、n，Constant 常数 eps（10^{-7}）。

图 4-76　添加 FB1

FB1 使用 SCL 编程如下：

```
#n ：= 1;
#term ：= #x;
#result：=#x;
REPEAT
    #n ：= #n + 2;
    #term ：= #term * (- #x * #x) / (#n - 1) / #n;
    #result ：= #result + #term;
UNTIL ABS(#term) < #eps END_REPEAT;
```

该程序主要应用 REPEAT...UNTIL 重复指令，当计算的增加量低于常数 eps 时，就忽略了以后各项的值，即可得出泰勒公式的终值。

（3）调用 FB1 时，需要增加数据库，OB1 主程序如图 4-77 所示。

（4）触摸屏组态。运行画面如图 4-78 所示。

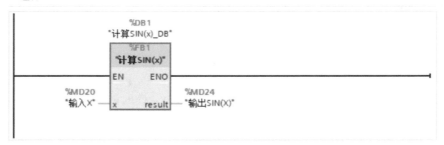

图 4-77　OB1 主程序

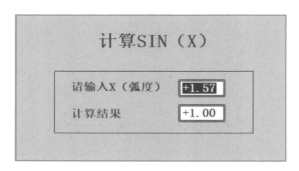

图 4-78　运行画面

4.5.3　SCL 的逻辑控制

实例【4-6】一键启/停

设计一个具有一键启/停功能的系统，S7-1500 PLC 的 CPU 为 CPU1511-1 PN，触摸屏为 TP700 Comfort，要求如下：

（1）一键启/停，模拟一个按钮，按一下启动，再按一下停止；

（2）同时具有一个按钮启动的功能，按一下启动，再按一下不会停止；

（3）具有定时停止的功能，按照设定好的时间自动停止。

（4）具有复位功能。

步骤与分析

（1）添加 FB（OneKeyStart），确定 FB 的输入/输出参数，如图 4-79 所示。

FB 的 SCL 编程需要注意定时器的写法。IEC 定时器的类型必须指定为 TON、TP 或 TOF，即

```
#OffTime. TON( IN : = #StQ,
                PT : = #Time);
```

OneKeyStart			
	名称	数据类型	默认值
1	▼ Input		
2	ToggleMode	Bool	false
3	Time	Time	T#0ms
4	Set	Bool	false
5	Toggle	Bool	false
6	Reset	Bool	false
7	<新增>		
8	▼ Output		
9	Q	Bool	false
10	<新增>		
11	▼ InOut		
12	<新增>		
13	▼ Static		
14	▶ OffTime	IEC_TIMER	
15	Edge	Bool	false
16	StQ	Bool	false

图 4-79　添加 FB 并确定其输入/输出参数

SCL 主程序如下:

```
//如果设定定时时间关闭,则到达定时时间后关闭输出。
IF #OffTime. Q THEN
    #StQ: = FALSE;
END_IF;
IF #Reset THEN
    //复位输出
    #StQ : = FALSE;
ELSIF #Set THEN
    //置位输出
    #StQ: = TRUE;
ELSIF #Toggle AND NOT #Edge THEN
    //一键开关输出
    IF #ToggleMode THEN
        #StQ : = NOT #StQ;
    ELSE
        #StQ : = TRUE;
    END_IF;
END_IF;
#Edge : = #Toggle;
//定时器动作
IF #Time > t#0s THEN
    #OffTime. TON( IN : = #StQ,
                PT : = #Time);
END_IF;
//输出
#Q : = #StQ;
```

（2）编写 OB1 主程序，调用 FB 功能块 OneKeyStart，如图 4-80 所示。

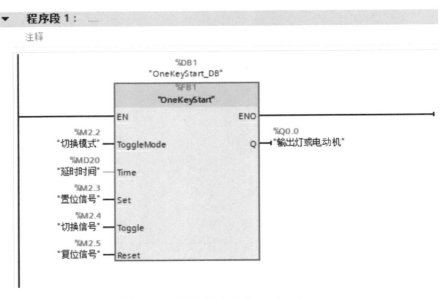

图 4-80　调用 FB 功能块 OneKeyStart

图 4-80 的程序解释如下：

① 保持 Set 为 True（M2.3），不可定时复位，否则可定时复位；

② Toggle 模式（M2.2=True），可以利用切换按钮（M2.4）实现一键启/停；

③ 非 Toggle 模式（M2.2=False），利用 Toggle 上升沿置位，可定时复位；

④ 可以通过 Reset（M2.5）进行复位。

（3）联合仿真。图 4-81 为触摸屏画面。图 4-82 为非 Toggle 模式时，利用 Toggle 上升沿置位，定时 5s 后，复位的 FB 调用数据块的监视值。

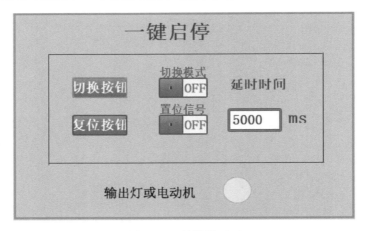

图 4-81　触摸屏画面

OneKeyStart_DB

	名称	数据类型	起始值	监视值
▼	Input			
■	ToggleMode	Bool	false	FALSE
■	Time	Time	T#0ms	T#5S
■	Set	Bool	false	FALSE
■	Toggle	Bool	false	FALSE
■	Reset	Bool	false	FALSE
▼	Output			
■	Q	Bool	false	TRUE
	InOut			
▼	Static			
▼	OffTime	IEC_TIMER		
■	PT	Time	T#0ms	T#5S
■	ET	Time	T#0ms	T#3S_895MS
■	IN	Bool	false	TRUE
■	Q	Bool	false	FALSE
■	Edge	Bool	false	FALSE
■	StQ	Bool	false	TRUE

图 4-82　复位的 FB 调用数据块的监视值

4.5.4　SCL 数组操作

 实例【4-7】数据的排序

利用 SCL 指令，将任意输入触摸屏的 10 个数据合成一个数组 1，并进行排序，从大到小，在数组 2 中输出并显示。

 **步骤与分析**

（1）FC1 选择排序，采用 SCL 编程，定义输入/输出变量如图 4-83 所示。

名称	数据类型
▼ Input	
■ ▶ arr_in	Array[0..9] of Int
▼ Output	
■ ▶ arr_out	Array[0..9] of Int
▼ InOut	
■ ＜新增＞	
▼ Temp	
■ n	Int
■ max	Int
■ temp	Int
■ i	Int

图 4-83　定义输入/输出变量

选择排序法是对定位比较交换法（冒泡排序法）的一种改进。选择排序法的基本思想是，每一趟在 $n-i+1$（$i=1,2,\cdots,n-1$）个记录中都选取关键字最小的记录作为有序序列中

的第 i 个记录。基于此思想的算法主要有简单选择排序、树型选择排序和堆排序。

简单选择排序的基本思想：第 1 趟，在待排序记录 r[1]~r[n] 中选出最小的记录，将它与 r[1] 交换；第 2 趟，在待排序记录 r[2]~r[n] 中选出最小的记录，将它与 r[2] 交换；依次类推，第 i 趟在待排序记录 r[i]~r[n] 中选出最小的记录，将它与 r[i] 交换，使有序序列不断增加，直到全部排序完毕。

以下为简单选择排序的存储状态，大括号内为无序区，大括号外为有序序列：

初始序列，|49 27 65 97 76 12 38|；

第 1 趟，12 与 49 交换，12|27 65 97 76 49 38|；

第 2 趟，27 不动，12 27|65 97 76 49 38|；

第 3 趟，65 与 38 交换，12 27 38|97 76 49 65|；

第 4 趟，97 与 49 交换，12 27 38 49|76 97 65|；

第 5 趟，76 与 65 交换，12 27 38 49 65|97 76|；

第 6 趟，97 与 76 交换，12 27 38 49 65 76 97。

SCL 编程如下：

```
#arr_out := #arr_in;
FOR #n := 0 TO 8 DO
    #max := #n;
    FOR #i := #n+1 TO 9 DO
        IF #arr_out[#i]>#arr_out[#max] THEN
            #max:=#i;
        END_IF;
    END_FOR;
    #temp := #arr_out[#n];
    #arr_out[#n] := #arr_out[#max];
    #arr_out[#max] := #temp;
END_FOR;
```

（2）新建数组 DB1 和 DB2 为数组 DB，均为 Array[0..9] of Int，分别如图 4-84、图 4-85所示。

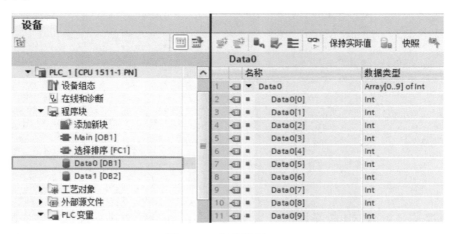

图 4-84　新建数组 DB1

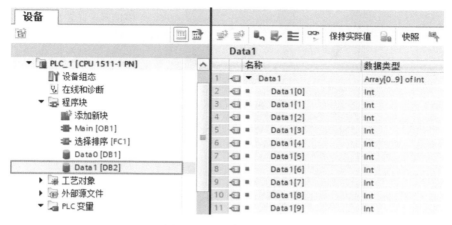

图 4-85　新建数组 DB2

（3）OB1 编程，调用 FC1，如图 4-86 所示。

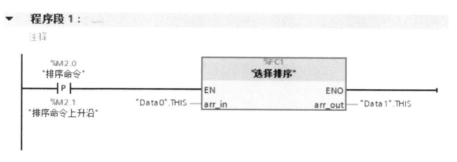

图 4-86　调用 FC1

（4）触摸屏组态与联合仿真。画面组态：分别对两组 10 个输入数据与 DB1 和 DB2 动画连接。图 4-87 为排序前的输入数据，任意输入 23、29、12、666、74、56、888、412、74、15 等 10 个数据，经过排序后，变成 888、666、412、74、74、56、29、23、15、12，如图 4-88所示。图 4-89 是排序后的 Data1 监视值。

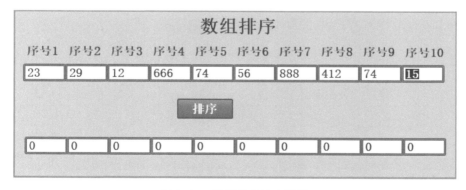

图 4-87　排序前的输入数据

图 4-88　排序后的数据显示

名称	数据类型	起始值	监视值
▼ Data1	Array[0..9] of Int		
■　　Data1[0]	Int	0	888
■　　Data1[1]	Int	0	666
■　　Data1[2]	Int	0	412
■　　Data1[3]	Int	0	74
■　　Data1[4]	Int	0	74
■　　Data1[5]	Int	0	56
■　　Data1[6]	Int	0	29
■　　Data1[7]	Int	0	23
■　　Data1[8]	Int	0	15
■　　Data1[9]	Int	0	12

图 4-89　排序后的 Data1 监视值

4.5.5　时钟与报警的 SCL 编程

1. 时间指令

S7-1500 PLC 的 CPU 实时时钟（Time-of-Day Clock）在 CPU 断电时由超级电容提供的能量保证运行。CPU 上电至少 24h 后，超级电容所充的能量可供时钟运行 10 天。实时时钟的数据结构 DTL（日期时间）共占据 12 个字节，见表 4-6。

表 4-6　DTL 数据结构

数据	字节数	取值范围	数据	字节数	取值范围
年	2	1970~2554	h	1	0~23
月	1	1~12	min	1	0~59
日	1	1~31	s	1	0~59
星期	1	1~7（周一~周日）	ns	4	0~999999999

（1）时间加/减指令

T_ADD（时间相加）和 T_SUB（时间相减）的输入参数 IN1 和输出参数 OUT 的数据类型可选择 DTL 或 Time。它们的数据类型应相同。IN2 的数据类型为 Time。

T_DIFF（时间差）输入 IN1 的 DTL 值减去 IN2 的 DTL 值，参数 OUT 提供数据类型为 Time 的差值，即 DTL-DTL=Time。

（2）读/写时间指令

WR_SYS_T（写系统时间）：将输入 IN 的 DTL 值写入 S7-1500 PLC 的实时时钟。输出 RET_VAL 是返回指令执行的状态信息。

RD_SYS_T（读系统时间）：将读取的 S7-1500 PLC 当前系统时间保存在输出 OUT 中，数据类型为 DTL。输出 RET_VAL 是返回指令执行的状态信息。

RD_LOC_T（读本地时间）的输出 OUT 提供数据类型为 DTL 的 S7-1500 PLC 中的本地时间。为了保证读取正确的时间，在设置 CPU 的属性时，应设置实时时间的时区为北京，不设夏时制。在读取实时时间时，应调用 RD_LOC_T 指令。

WR_LOC_T（写本地时间）：将本地时间写入 S7-1500 PLC。

实例【4-8】报警信号时间记录表

将 S7-1500 CPU1511-1 PN 的 M2.2 作为某生产线的报警信号来源，该信号出现高电平时触发一次，将触发时间记录在 S7-1500 PLC 中，共有 100 个时间记录，采用先进先出的堆栈原理，始终保持最新的 100 个时间记录，同时具有时间初始化功能。

步骤与分析

（1）采用 FB 比较合适，因为 FB 可以自带 DB，可将 100 个时间记录存放在 DB 中。所以，先定义 FB"记录报警时间"（FB1）参数，如图 4-90 所示。输入 Rec_yes 表示开始记录时间，Clear 表示清除所有的记录为默认值。静态参数包括 dtl_temp，读取时间的返回值，数据类型为 Int；dlt_arr，数组 Array[0..99] of DTL，所有 100 个时间记录；i 为循环控制变量。

名称	数据类型	默认值
▼ Input		
Rec_yes	Bool	false
Clear	Bool	false
▼ Output		
<新增>		
▼ InOut		
<新增>		
▼ Static		
dtl_temp	Int	0
▶ dlt_arr	Array[0..99] of DTL	
i	Int	0

图 4-90　定义 FB1 参数

FB1 的 SCL 编程如下：

```
IF #Rec_yes THEN
    FOR #i := 1 TO 99 DO
        #dlt_arr[100 - #i] := #dlt_arr[99 - #i];
    END_FOR;
#dtl_temp := RD_LOC_T(#dlt_arr[0]);
```

```
END_IF;
IF #Clear THEN
    FOR #i := 0 TO 99 DO
        #dlt_arr[#i] := DTL#2000-01-01-00:00:00;
    END_FOR;
END_IF;
```

在程序中，读取时钟的指令 "#dtl_temp := RD_LOC_T(#dlt_arr[0]);" 非常简洁；先进先出采用 FOR 指令执行。

（2）定义 S7-1500 PLC 的变量如图 4-91 所示。

名称	变量表	数据类型	地址
初始化时间	默认变量表	Bool	%M2.0
初始化时间变量	默认变量表	Bool	%M2.1
报警信号	默认变量表	Bool	%M2.2
报警信号变量	默认变量表	Bool	%M2.3
清除信号	默认变量表	Bool	%M2.4
清除信号变量	默认变量表	Bool	%M2.5
初始化返回值	默认变量表	Int	%MW10

图 4-91　定义 S7-1500 PLC 的变量

图 4-92 为 OB1 主程序。程序段 1 为初始化时间。程序段 2 为调用 FB1 的记录报警时间。

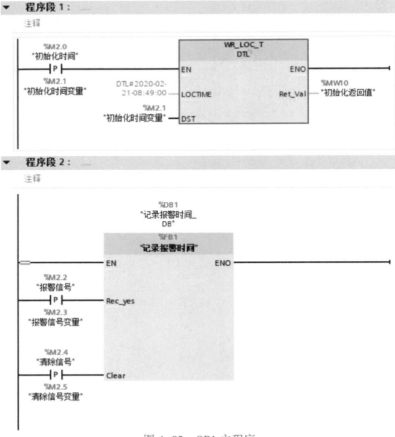

图 4-92　OB1 主程序

（3）触摸屏画面如图 4-93 所示。

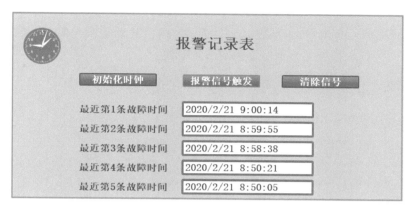

图 4-93　触摸屏画面

初始化时间如图 4-94 所示。

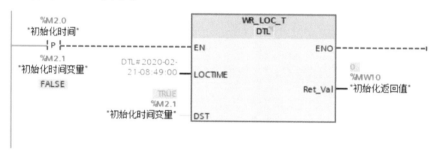

图 4-94　初始化时间

当报警信号 M2.2 动作时，依次记录相关的触发时间，监控 FB1 所对应的 DB1 中的数据变化情况，如图 4-95 所示。

名称	数据类型	起始值	监视值
▼ Input			
■　　Rec_yes	Bool	false	FALSE
■　　Clear	Bool	false	FALSE
Output			
InOut			
▼ Static			
■　　dtl_temp	Int	0	0
■ ▼　dlt_arr	Array[0..99] of DTL		
■ ▶　　dlt_arr[0]	DTL	DTL#1970-01-01-00:00:00	DTL#2020-02-21-09:00:14.101537001
■ ▶　　dlt_arr[1]	DTL	DTL#1970-01-01-00:00:00	DTL#2020-02-21-08:59:55.104436407
■ ▶　　dlt_arr[2]	DTL	DTL#1970-01-01-00:00:00	DTL#2020-02-21-08:58:38.077235213
■ ▶　　dlt_arr[3]	DTL	DTL#1970-01-01-00:00:00	DTL#2020-02-21-08:50:20.618986152
■ ▶　　dlt_arr[4]	DTL	DTL#1970-01-01-00:00:00	DTL#2020-02-21-08:50:04.673838196
■ ▶　　dlt_arr[5]	DTL	DTL#1970-01-01-00:00:00	DTL#2000-01-01-00:00:00
■ ▶　　dlt_arr[6]	DTL	DTL#1970-01-01-00:00:00	DTL#2000-01-01-00:00:00
■ ▶　　dlt_arr[7]	DTL	DTL#1970-01-01-00:00:00	DTL#2000-01-01-00:00:00
■ ▶　　dlt_arr[8]	DTL	DTL#1970-01-01-00:00:00	DTL#2000-01-01-00:00:00
■ ▶　　dlt_arr[9]	DTL	DTL#1970-01-01-00:00:00	DTL#2000-01-01-00:00:00
■ ▶　　dlt_arr[10]	DTL	DTL#1970-01-01-00:00:00	DTL#2000-01-01-00:00:00
■ ▶　　dlt_arr[11]	DTL	DTL#1970-01-01-00:00:00	DTL#2000-01-01-00:00:00
■ ▶　　dlt_arr[12]	DTL	DTL#1970-01-01-00:00:00	DTL#2000-01-01-00:00:00

图 4-95　记录相关的触发时间

实例【4-9】 记录电动机故障停机时间

某电动机故障信号为 M2.2, 当故障信号为 ON 时, 开始记录故障时间, 故障信号为 OFF 时, 在触摸屏上显示电动机的故障时间。

步骤与分析

（1）定义 FB 的"电动机故障时间"参数, 如图 4-96 所示。

名称		数据类型
▼ Input		
▪	Fault_ON	Bool
▪	Fault_OFF	Bool
▼ Output		
▪	Fault_time	Time
▼ InOut		
▪	<新增>	
▼ Static		
▪	dtl_temp	Int
▪ ▶	dlt_arr	Array[0..1] of DTL

图 4-96　定义 FB 的参数

SCL 编程如下：

```
IF #Fault_ON THEN
    #dtl_temp := RD_LOC_T(#dlt_arr[0]);
    #dlt_arr[1] := #dlt_arr[0];
END_IF;
IF #Fault_OFF THEN
    #dtl_temp := RD_LOC_T(#dlt_arr[1]);
    #Fault_time := T_DIFF(IN1 := #dlt_arr[1], IN2 := #dlt_arr[0]);
END_IF;
```

在程序中, 故障时间统计采用 T_DIFF（时间差）指令, 即"故障结束时间"的 DTL 值减去"故障开始时间"的 DTL 值, 差值就是 Time 数据类型的"故障时间"。

（2）主程序变量定义如图 4-97 所示。

名称	变量表	数据类型	地址
电动机故障信号上升沿	默认变量表	Bool	%M2.3
写入时间上升沿	默认变量表	Bool	%M2.1
初始化时间返回值	默认变量表	Int	%MW22
电动机故障信号下降沿	默认变量表	Bool	%M2.4
电动机故障信号	默认变量表	Bool	%M2.2
写入PLC实时时间信号	默认变量表	Bool	%M2.0
电动机故障时间值	默认变量表	Time	%MD24

图 4-97　主程序变量定义

主程序 OB1 如图 4-98 所示。程序段 1 是调用系统函数进行初始化时间。程序段 2 是调用 FB1，将电动机故障时间记录在数据块中。

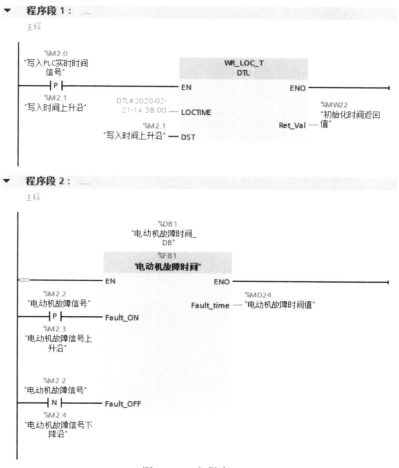

图 4-98　主程序 OB1

（3）图 4-99 为触摸屏画面。通过联合仿真，可以初始化时钟，并通过"故障信号"按钮模拟故障，获取故障开始时间和故障结束时间。图 4-100 是数据块的实时时间监控。

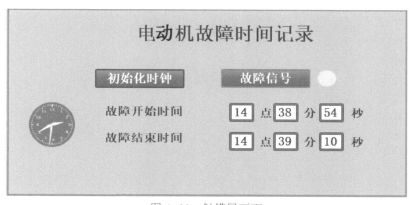

图 4-99　触摸屏画面

		名称	数据类型	起始值	监视值
		电动机故障时间_DB			
1	▼	Input			
2	■	Fault_ON	Bool	false	FALSE
3	■	Fault_OFF	Bool	false	FALSE
4	▼	Output			
5	■	Fault_time	Time	T#0ms	T#16S_487MS
6		InOut			
7	▼	Static			
8	■	dtl_temp	Int	0	0
9	■ ▼	dlt_arr	Array[0..1] of DTL		
10	■ ▼	dlt_arr[0]	DTL	DTL#1970-01-01-00	DTL#2020-02-21-1...
11	■	YEAR	UInt	1970	2020
12	■	MONTH	USInt	1	2
13	■	DAY	USInt	1	21
14	■	WEEKDAY	USInt	5	6
15	■	HOUR	USInt	0	14
16	■	MINUTE	USInt	0	38
17	■	SECOND	USInt	0	54
18	■	NANOSECOND	UDInt	0	80512640
19	■ ▼	dlt_arr[1]	DTL	DTL#1970-01-01-00	DTL#2020-02-21-1...
20	■	YEAR	UInt	1970	2020
21	■	MONTH	USInt	1	2
22	■	DAY	USInt	1	21
23	■	WEEKDAY	USInt	5	6
24	■	HOUR	USInt	0	14
25	■	MINUTE	USInt	0	39
26	■	SECOND	USInt	0	10
27	■	NANOSECOND	UDInt	0	568_300_477

图 4-100　数据块的实时时间监控

S7-1500 PLC 的 PROFINET 通信功能

📑 **导读**

  PLC 通信可以更有效地发挥每一个独立 PLC 站点、触摸屏系统、计算机等的优势，扩大整个控制系统的处理能力。PROFINET 是由 PROFIBUS 国际组织推出的新一代工业以太网自动化总线标准。S7-1500 PLC 借助该总线可以将工厂自动化和企业信息管理层 IT 技术有机地融为一体，借助 PROFINETIO 控制器、PROFINETIO 设备可以组成多类型的控制系统。本章介绍 S7-1500 PLC 之间的 I-Device 功能；使用 CPU 作为智能 I/O 设备，既可以接收控制器的数据，还可以运行 CPU 的逻辑程序；S7-1500 PLC 与变频器和第三方设备之间的 PROFINET 通信功能。

▼ 5.1　S7-1500 PLC 通信基础

5.1.1　通信与网络结构

  工业现场的通信主要发生在 PLC 与 PLC 之间、PLC 与计算机之间，如图 5-1 所示。由于中大型自动化系统通常由若干个相对独立的 PLC 组成，PLC 之间往往需要传递一些连锁信号，同时 HMI 也需要通过网络控制 PLC 的运行并采集过程信号归档。这些都需要通过 PLC 的通信功能实现。在 PLC 与计算机构成的系统中，计算机主要完成数据处理、修改参数、图像显示、打印报表、文字处理、系统管理、编制 PLC 程序、工作状态监视、远程诊断等任务。

  PLC 通信可以更有效地发挥每一个独立 PLC 站点、触摸屏系统、计算机等的优势，互补应用中的不足，提高整个控制系统的处理能力。没有 PLC 通信，就不可能完成诸如控制设备和整个生产线、监视最新运输系统或管理配电等复杂任务。没有强大的通信解决方案，企业的数字化转型也是不可能的。

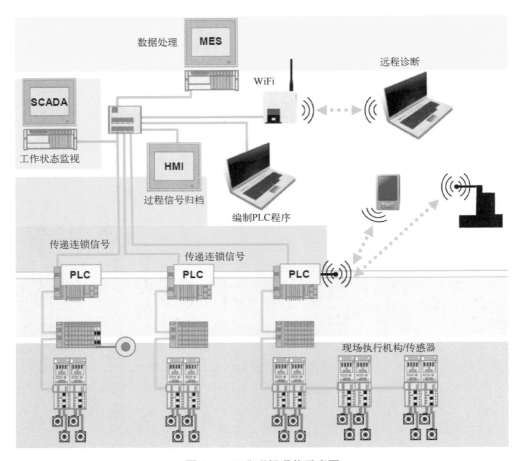

图 5-1　工业现场通信示意图

西门子工业通信网络统称 SIMATIC NET。它提供了各种开放的、应用于不同通信要求及安装环境的通信系统。图 5-2 为 4 种不同的网络结构。图中，从上到下分别为 Industrial Ethernet（工业以太网）、PROFIBUS（Process Field Bus，现场总线技术）、InstabusEIB（电气安装总线）和 AS-Interface（执行器-传感器接口），对应的通信数据量由大到小，实时性由弱到强。

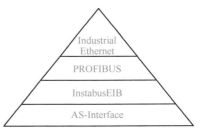

图 5-2　4 种不同的网络结构

（1）工业以太网（Industrial Ethernet）

Industrial Ethernet 是依据 IEEE 802.3 标准建立的单元级和管理级的控制网络，传输数据量大，数据终端的传输速率为 100Mb/s，通过西门子 SCALANCE X 系列交换机，主干网络的传输速率可达 1000Mb/s。

（2）现场总线技术（PROFIBUS）

PROFIBUS 作为国际现场总线标准 IEC61158 的组成部分（TYPEⅢ）和国家机械制造业标准 JB/T10308.3-2001，具有标准化的设计和开放的结构，以令牌方式进行主←→主或主←→从通信。PROFIBUS 可传输中等数据量，在通信协议中只有 PROFIBUS-DP（主←→从通信）具有实时性。

（3）电气安装总线（InstabusEIB）

InstabusEIB 应用于楼宇自动化，可以采集亮度进行百叶窗控制、温度测量及门控等操作，通过 DP/EIB 网关，可以将数据传送到 PLC 或触摸屏。

（4）执行器-传感器接口（AS-Interface）

AS-Interface AS-I（Actuator-Sensor Interface）总线电缆连接底层的执行器和传感器，并将信号传输至控制器，传输数据量小，适合位信号的传输，每个从站通常最多带有 8 个位信号，主站轮询 31 个从站的时间固定为 5ms，适合实时性的通信控制。

5.1.2　从 PROFIBUS 到 PROFINET 的转变

PROFIBUS 基于 RS-485 网络，现场安装方便，通信速率可以根据电缆长度灵活调整，通信方式简单，经过几十年的发展，支持 PROFIBUS 的设备种类较多，深受广大工程师和现场维护人员的青睐。随着工业控制的快速发展，控制工艺对工业通信的实时性和数据量有了更高的要求，同时也需要将日常的办公通信协议应用到工业现场，这是推出 PROFINET 的初衷。PROFINET 可以完全满足现场实时性的要求。

每一个 S7-1500 CPU 都集成了 PROFINET 接口，可以实现通信网络的一网到底，即从上到下都可以使用同一种网络，便于网络的安装、调试和维护（还是强烈建议控制网络与监控网络使用不同的子网）。表 5-1 为 PROFINET 与 PROFIBUS 的技术指标对比。

表 5-1　PROFINET 与 PROFIBUS 的技术指标对比

技术指标	PROFIBUS	PROFINET
通信方式	RS-485	Ethernet（以太网）
传输速率	12Mb/s	1Gb/s~100Mb/s
用户数据	244Bytes	1440Bytes
地址空间	126	不受限制
传输模式	主/从	生产者/消费者
无线网络	可能实现	IEEE 802.11，15.1
运动轴数	32	>150

为了继承 PROFIBUS 的使用方式，PROFINET 在博途中的配置基本与 PROFIBUS 相同。PROFINET 设备的 GSD 文件命名由以下部分构成：

（1）GSDML；

（2）GSDML Schema 的版本 ID：Vx. Y；

（3）制造商名称；

（4）设备族名称；

（5）GSD 发布日期，格式 yyyymmdd；

（6）GSD 发布时间（可选），个数 hhmmss，hh 为 00-24；

（7）后缀 ". xml"。

例如，GSDML-V2. 31-Vendor-Device. 20200315. xml。

GSD 文件一旦发布，如不更改名称，则不允许改变，若发布新版本 GSD 文件，则发布日期必须改变。

5.1.3 S7-1500 PLC 支持的以太网通信服务

S7-1500 PLC 的各系列 CPU 具有集成的以太网接口（X1、X2、X3，最多三个接口），通信模块 CM1542-1 和通信处理器 CP1543-1 均可作为以太网通信的硬件接口，将以太网接口支持的通信服务可按实时通信和非实时通信进行划分，不同以太网接口支持的通信服务见表 5-2。其中 CPU1515、CPU1516、CPU 1517 带有两个以太网接口，CPU1518 带有三个以太网接口，第二、第三个以太网接口主要为了安全的目的进行网络的划分，避免管理层网络故障影响控制层网络。

表 5-2　不同以太网接口支持的通信服务

以太网接口	实时通信		非实时通信		
	PROFINET IO 控制器	I-Device	OUC	S7 通信	Web 服务器
CPU 集成的接口 X1	√	√	√	√	√
CPU 集成的接口 X2	×	×	√	√	√
CPU 集成的接口 X3	×	×	√	√	√
CM1542-1	√	×	√	√	√
CP1543-1	×	×	√	√	√

S7-1500 PLC 之间的非实时通信有两种：OUC（Open User Communication，开放式用户通信）和 S7 通信；实时通信只有 PROFINET IO。表 5-2 中，I-Device 是将 CPU 作为一个智能设备来进行实时通信的。不同的通信服务适用不同的现场应用。

1. OUC

OUC（开放式用户通信）适用于 S7-1500/300/400 PLC 之间、S7 系列 PLC 与 S5 系列 PLC 之间及 PLC 与 PC 或第三方设备之间进行通信。

OUC 有下列通信连接。

（1）ISO Transport：支持第四层开放的数据通信，主要用于 SIMATIC S7-1500/300/400 PLC 与 SIMATIC S5 系列 PLC 的工业以太网通信，使用 MAC 地址，不支持网络路由，基于面向消息的数据传输，发送的长度可以是动态的，接收区必须大于发送区，最大通信字节数为 64KB。

（2）ISO-on-TCP：应用 RFC1006 通信协议将 ISO 映射到 TCP 协议上实现网络路由，最大通信字节数为 64KB。

（3）TCP/IP：支持 TCP/IP 协议开放的数据通信，用于连接 SIMATIC S7 系列 PLC、计算机及非西门子设备，最大通信字节数为 64KB。

（4）UDP：支持简单的数据传输，数据无须确认，最大通信字节数为 1472B。

不同以太网接口支持 OUC 的连接类型见表 5-3。

表 5-3　不同以太网接口支持 OUC 的连接类型

以太网接口	连 接 类 型			
	ISO	ISO-on-TCP	TCP/IP	UDP
CPU 集成的接口 X1	×	√	√	√
CPU 集成的接口 X2	×	√	√	√
CPU 集成的接口 X3	×	√	√	√
CM1542-1	×	√	√	√
CP1543-1	√	√	√	√

2. S7 通信

S7 通信特别适用于 S7-1500/1200/300/400PLC 之间及其与触摸屏、计算机和编程器之间的通信。早先 S7 通信主要用于 S7-400 PLC 之间的通信，由于通信连接资源的限制，推荐使用 S5 兼容通信，也就是 OUC。随着通信资源的大幅增加和 PN 接口的支持，S7 通信在 S7-1500/1200/300/400PLC 之间的应用越来越广泛。S7-1500 PLC 的所有以太网接口都支持 S7 通信。S7 通信使用 ISO/OSI 网络模型的第七层通信协议，可以直接在用户程序中发送和接收状态信息。

S7-1500 PLC 的 S7 通信有三组通信函数，分别是 PUT/GET、USEND/URCV 和 BSEND/BRCV。这些通信函数适用于不同的应用中。

（1）PUT/GET：可以用于单方编程，一个 PLC 作为服务器，另一个 PLC 作为客户端，客户端可以对服务器进行读/写操作，在服务器侧不需要编写通信程序。

（2）USEND/URCV：用于双方编程的通信方式，一方发送数据，另一方接收数据，通信方式为异步方式。

（3）BSEND/BRCV：用于双方编程的通信方式，一方发送数据，另一方接收数据，通信方式为同步方式，发送方将数据发送到接收方的接收缓冲区，接收方调用接收函数，将数据复制到已经组态的接收区才认为发送成功，简单地说，相当于发送邮件，接收方读邮件是发送成功的条件。BSEND/BRCV 可以进行大数据量通信，最大可以达到 64KB。

3. PROFINET IO

PROFINET IO 主要用于模块化、分布式的控制，通过以太网直接连接现场设备（IO Devices）。PROFINET IO 通信采用全双工点到点方式，一个 IO 控制器（IO Controller）最多可以与 512 个 IO 设备进行点到点通信，按设定的更新时间，双方对等发送数据。一个 IO 设备的被控对象只能被一个 IO 控制器控制。在共享 IO 设备模式下，一个 IO 站点上不同的 I/O 模块，甚至同一个 I/O 模块的通道都可以最多被 4 个 IO 控制器共享，但是输出模块只能被一个 IO 控制器控制，其他 IO 控制器可以共享信号状态信息。由于访问机制为点到点方式，因此 S7-1500 PLC 集成的以太网接口既可以作为 IO 控制器连接现场 IO 设备，又可同时作为 IO 设备被上一级 IO 控制器控制（对于一个 IO 控制器而言只是多连接了一个站点），此功能被称为智能设备（I-Device）功能。

PROFINET 与 PROFIBUS 的通信方式相似，见表 5-4。

表 5-4　PROFINET 与 PROFIBUS 通信方式

PROFINET	PROFIBUS	解　释
IO system	DP master system	网络系统
IO 控制器	DP 主站	控制器与 DP 主站
IO supervisor	PG/PC 2 类主站	调试与诊断
工业以太网	PROFIBUS	网络结构
HMI	HMI	监控与操作
IO 设备	DP 从站	分布的现场部件被分配到 IO 控制器

PROFINET IO 具有下列特点：

（1）现场设备（IO-Devices）通过 GSD 文件的方式集成到博途中，GSD 文件以 XML 格式存在。

（2）为了保护原有投资，PROFINET IO 控制器可以通过 IE/PB LINK 连接 PROFIBUS-DP 从站。

PROFINET IO 提供三种执行水平：

（1）非实时数据传输（NRT）：用于项目的监控和非实时要求的数据传输，例如项目的诊断，典型通信时间大约为 100ms。

（2）实时通信（RT）：用于要求实时通信的过程数据，通过提高实时数据的优先级和优化数据堆栈（ISO/OSI 模型的第一层和第二层），使用标准网络元件可以执行高性能的数据传输，典型通信时间为 1~10ms。

（3）等时实时（IRT）：等时实时可确保数据在相等的时间间隔内传输，例如多轴同步操作。普通交换机不支持等时实时通信。等时实时的典型通信时间为 0.25~1ms，每次传输的时间偏差小于 1μs。

支持 IRT 的交换机数据通道分为标准通道和 IRT 通道。标准通道用于 NRT 和 RT 的数据通信。IRT 通道专用于 IRT 的数据通信。网络上的其他通信不会影响 IRT 过程数据的通信。PROFINET IO 实时通信的 OSI/ISO 模型如图 5-3 所示。

图 5-3　PROFINET IO 实时通信的 OSI/ISO 模型

5.1.4　S7-1500 PLC PROFINET 设备名称

IO 控制器对 IO 设备进行寻址前，IO 设备必须具有一个设备名称。对于 PROFINET 设备，其名称比复杂的 IP 地址更加容易管理。

IO 控制器和 IO 设备都具有设备名称，如图 5-4 所示，激活"自动生成 PROFINET 设备名称"选项时，将自动从设备（CPU、CP 或 IM）组态的名称中获取设备名称。

图 5-4　激活"自动生成 PROFINET 设备名称"选项

PROFINET 设备名称包含设备名称（例如 CPU）、接口名称（仅带有多个 PROFINET 接口时）及 IO 系统的名称。

可以通过在模块的常规属性中修改相应的 CPU、CP 或 IM 名称，间接修改 PROFINET 设备名称。例如，PROFINET 设备名称显示在可访问设备的列表中，如果要单独设置 PROFINET 设备名称而不使用模块名称，则需禁用"自动生成 PROFINET 设备名称"选项。

在 PROFINET 设备名称中会产生一个"转换名称"，该名称是实际装载到设备上的设备名称。

只有当 PROFINET 设备名称不符合 IEC 61158-6-10 规则时才会进行转换，不能直接修改。

▶ 5.2　I-Device 智能设备

5.2.1　在相同项目中配置 I-Device

I-Device 就是带有 CPU 的 IO 设备。S7-1500 PLC、S7-1200 PLC 的所有 CPU 都可以作为 I-Device 和 IO 控制器。

实例【5-1】 通过 I-Device 功能实现电动机的控制

S7-1500 PLC 的 CPU1511-1 PN 与 S7-1200 PLC 的 CPU1214C AC/DC/RLY 通过 PROFINET 通信，如图 5-5 所示。图中，CPU1214C 作为 I-Device 智能设备与 CPU1511-1 PN 进行通信。

（1）S7-1500 PLC：共有两台电动机，两个按钮，其中 SB1 为启动按钮，SB2 为停止按钮，均为常开触点接线。当按下启动按钮后，电动机 1 立即启动，电动机 2 延时 5s 后启动。当按下停止按钮后，两台电动机均停止。将两台电动机的状态字节传送到 S7-1200 PLC 中，同时输出由 S7-1200 PLC 传送过来的选择开关位状态值。

（2）S7-1200 PLC：把 S7-1500 PLC 传送过来的一个字节在 Q0.0~Q0.7 上显示，将选

择开关 I0.0 的位状态值送入 S7-1500 PLC 进行显示。

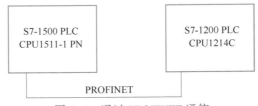

图 5-5　通过 PROFINET 通信

步骤与分析

（1）创建一个新项目，插入 CPU1511-1 PN 作为 IO 控制器，CPU1214C 作为 I-Device 智能设备，如图 5-6 所示。

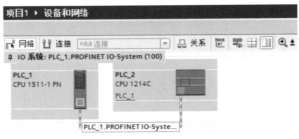

图 5-6　创建一个新项目

确保两个 CPU 的以太网接口在同一个频段，单击 PLC_2 的属性，在"操作模式"选项中使能"IO 设备"，并将其分配给 IO 控制器，如图 5-7 所示，在"传输区域"选项中可以更改地址和传输区方向箭头。

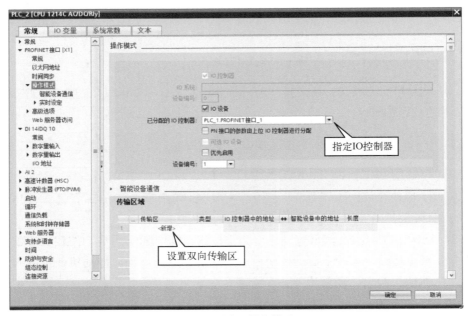

图 5-7　设置操作模式

指定 IO 控制器后，在"操作模式"选项中出现"智能设备通信"栏，单击可配置通信传输区，双击"新增"，可增加一个传输区，并在其中定义通信双方的通信地址区：使用 Q 区作为数据发送区；使用 I 区作为数据接收区，单击箭头可以更改数据传输的方向。图 5-8 为创建的两个传输区，通信长度都是 1 字节。

图 5-8　创建的两个传输区

（2）图 5-9 为 IO 控制器的地址总览。将配置数据分别下载到两个 CPU 中，它们之间的 PROFINET IO 通信将自动建立。其中，IO 控制器（CPU1511-1 PN）使用 QB8 发送数据到 I-Device（CPU1214C）的 IB2；I-Device 使用 QB2 发送数据到 IO 控制器的 IB32。本实例中，CPU1214C 既作为上一级 IO 控制器的 IO 设备，同时又作为下一级 IO 设备的 IO 控制器，使用非常灵活和方便。

图 5-9　IO 控制器的地址总览

（3）对两个 PLC 分别编程，通信部分不用编程，这也是 I-Device 的优点。

图 5-10 是 CPU1511-1 PN 的主程序。程序段 1 和程序段 2 是电动机 1 的启动和停止。程序段 3 是电动机 1 开启后，延时定时器 TON 5s 后动作。程序段 4 是输出 QB0 字节值到 I-Device。程序段 5 是从 I-Device 接收位信号。

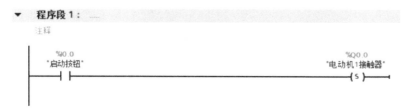

图 5-10　CPU1511-1 PN 的主程序

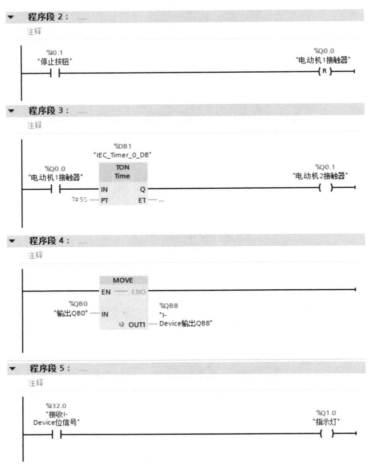

图 5-10   CPU1511-1 PN 的主程序（续）

图 5-11 是 CPU1214C 的主程序。程序段 1 接收 IO 控制器的字节信号并输出到 QB0。程序段 2 将选择开关 I0.0 送到 IO 控制器的 Q2.0 中。

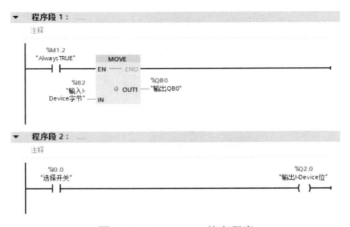

图 5-11   CPU1214C 的主程序

5.2.2　在不同项目中配置 I-Device

 实例【5-2】通过 I-Device 功能实现电动机的控制（PLC 文件不在一个项目中）

在实例【5-1】的基础上增加一个要求，即两个 PLC 的文件必须配置在不同项目中。

 步骤与分析

（1）创建一个新项目，插入 CPU1214C 作为 I-Device，单击以太网接口，在属性界面中的"操作模式"选项中使能"IO 设备"，在"已分配的 IO 控制器"选项中选择"未分配"，在传输区中定义通信双方的通信地址区，如图 5-12 所示。

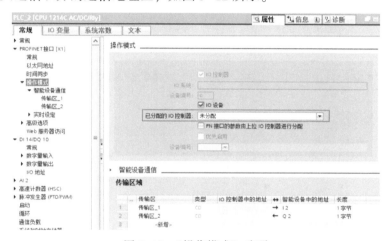

图 5-12　"操作模式"选项

与实例【5-1】一样，创建两个传输区后，在"智能设备通信"选项的最后部分可以查看"导出常规站描述文件（GSD）"栏，如图 5-13 所示，单击"导出"按钮，生成一个 GSD 文件，文件中包含用于 IO 通信的配置信息，如图 5-14 所示。

图 5-13　"导出常规站描述文件（GSD）"栏

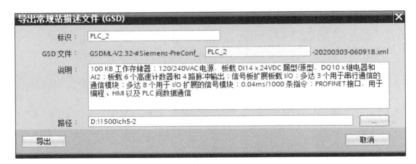

图 5-14　GSD 文件描述

将"GSDML-V2.32-#Siemens-PreConf_PLC_2-20200303-060918.xml"GSD 文件复制到配置 IO 控制器的计算机中，并导入项目。

（2）另外新建一个项目用于 IO 控制器，即插入 CPU1511-1 PN，设置以太网接口的 IP 地址，使其与 IO 设备处在相同的网段，导入 GSD 文件，安装 GSD 文件的相关内容，如图 5-15 所示。

图 5-15　导入并安装 GSD 文件

打开如图 5-16 所示的硬件目录，选择"其它现场设备"→"PROFINET IO"，将安装的 I-Device 站点 PLC_2 拖放到网络视图中，如图 5-17 所示。该站点是 GSD device_1，不是真实的 PLC 名称了。

图 5-16　硬件目录　　　　　图 5-17　将 PLC_2 拖放到网络视图中

当 IO 控制器与 IO 设备的端口相连后，在设备视图中可以看到 I-Device 的数据传输区，如图 5-18 所示。由于 I-Device 的设备名称不能自动分配，所以配置的 IO 设备名称必须与（1）中创建项目时定义的设备名称相同。

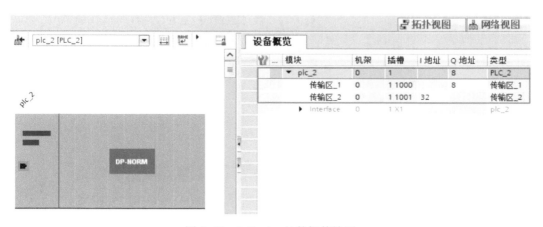

图 5-18　I-Device 的数据传输区

（3）调试。将配置数据分别下载到对应的 CPU，它们之间的 PROFINET IO 通信将自动建立。一旦有一个设备出现问题，则故障红色标注就会出现，如图 5-19 所示，并在"诊断缓冲区"出现"硬件组件的用户数据错误"，如图 5-20 所示。

图 5-19　故障红色标注

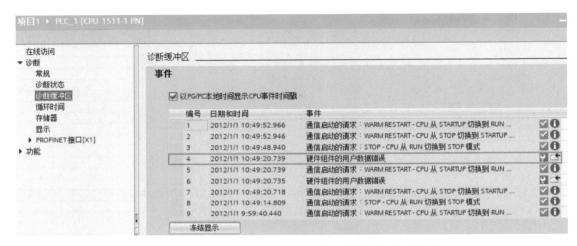

图 5-20　"诊断缓冲区"出现"硬件组件的用户数据错误"

5.3　S7-1500 PLC 与驱动器的 PROFINET 通信

5.3.1　G120 变频器的速度控制

 实例【5-3】通过 PROFINET 控制 G120 变频器实现速度控制

S7-1500 PLC 的 CPU1511-1 PN 通过 PROFINET 控制 G120 变频器实现速度控制。

 步骤与分析

（1）在西门子公司网站中找到 G120 变频器的 GSD 文件，并导入博途，如图 5-21 所示。在网络视图中添加 G120 变频器（本实例选用 SINAMICS G120 CU2505-2 PN Vector V4.7），如图 5-22 所示。连接网络如图 5-23 所示。设置 G120 变频器的常规如图 5-24 所示。设置 G120 变频器的 IP 地址及 PROFINET 设备名称如图 5-25 所示。

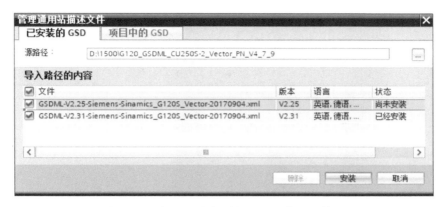

图 5-21　将 G120 变频器的 GSD 文件导入博途

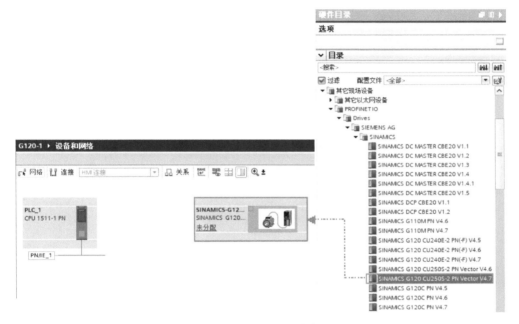

图 5-22　添加 G120 变频器

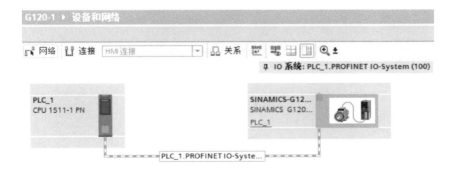

图 5-23　连接网络

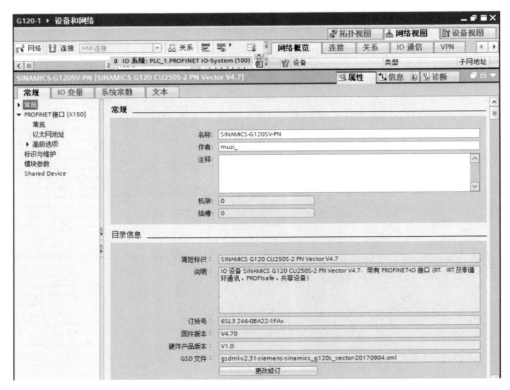

图 5-24　设置 G120 变频器的常规

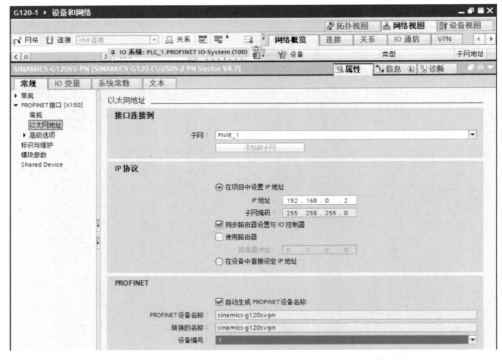

图 5-25　设置 G120 变频器的 IP 地址及 PROFINET 设备名称

G120 变频器概览如图 5-26 所示。在众多的报文协议中选择"标准报文 1，PZD2/2"，如图 5-27 所示。

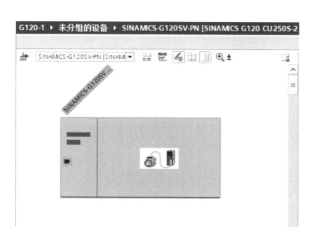

图 5-26　G120 变频器概览　　　　　　　　图 5-27　选择标准报文 1

图 5-28 为完成后的带标准报文 1 的 G120 变频器。

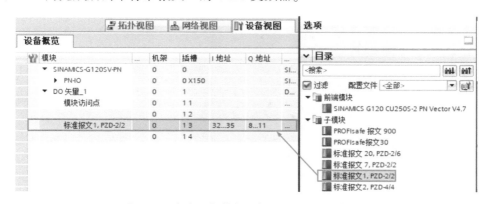

图 5-28　完成后的带标准报文 1 的 G120 变频器

G120 变频器组态完成以后，其 I/O 地址就是 IB32～IB35 和 QB8～QB11，根据如图 5-29 所示的 G120 标准报文，控制字 1 对应的地址为 QW8，状态字 1 对应的地址为 IW32，转速设定值（16 位）对应的地址为 QW34，转速实际值（16 位）对应的地址为 IW10。

（2）选择"库"如图 5-30 所示，在主程序 OB1 中将 DriveLib_S71500_V13 中的 SINA_SPEED（FB285）功能块拖到编程网络中，因为是 FB，所以需要调用 DB，如图 5-31 所示。

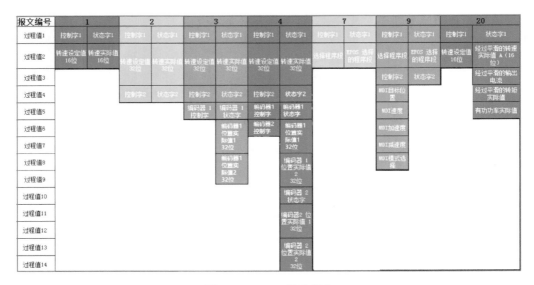

图 5-29　G120 标准报文

图 5-30　选择"库"

图 5-32 为 SINA_SPEED(FB285)功能块。

SINA_SPEED(FB285)功能块的主要参数说明如下。

EnableAxis：Bool 型，电动机使能，为 1 时运行。

AckError：Bool 型，错误复位。

SpeedSp：Real 型变频器的速度。

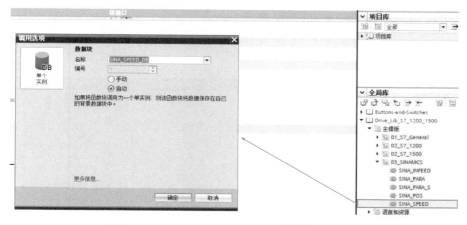

图 5-31　SINA_SPEED(FB285)功能块调用选项

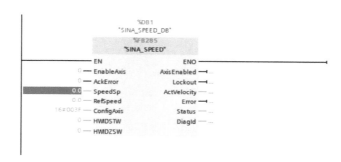

图 5-32　SINA_SPEED(FB285)功能块

RefSpeed：Real 型变频器的参考速度，是一个基准值，也就是设置了一个最快的速度参考值。如果 RefSpeed 设置为 1500，SpeedSp 设置为 1500，就是 50Hz 的频率，RefSpeed 设置为 1000，SpeedSp 设置为 1000，也是 50Hz 的频率。

ConfigAxis：Word 型，是一个配置参数，有一些参数主要用来控制正/反转，一般 16#003F 为正转，16#0C7F 为反转。ConfigAxis 每一位的控制说明见表 5-5。

表 5-5　ConfigAxis 每一位的控制说明

位 序 号	默 认 值	含 义
位 0	1	OFF2 停机方式
位 1	1	OFF3 停机方式
位 2	1	驱动器使能
位 3	1	使能/禁止斜坡函数发生器使能
位 4	1	继续/冻结斜坡函数发生器使能
位 5	1	转速设定值使能
位 6	0	打开抱闸
位 7	0	速度设定值反向
位 8	0	电动电位计升速
位 9	0	电动电位计降速
位 10~15	—	—

HWIDSTW 与 HWIDZSW：硬件标识符，用来确定与哪个变频器通信，需要在 PLC 变量中查找：首先在系统常量中找到对应变频器后缀为"标准报文 1_PZD-2_2"，然后将其直接拖到程序中，如图 5-33 所示。

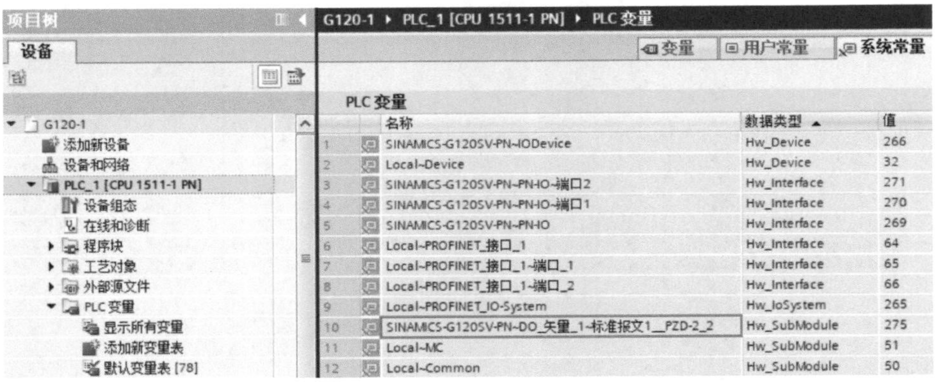

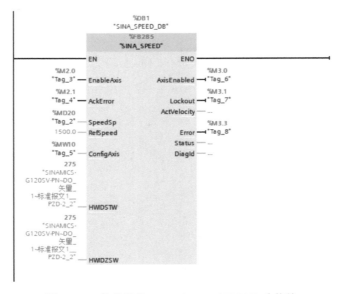

图 5-33　系统常量中的标准报文 PLC 变量

AxisEnabled：Bool 型，驱动已使能，正常使能开启，电动机开始运行后，值变为 1。

Lockout：Bool 型，驱动处于禁止接通状态。

ActVelocity：Real 型，实际速度［rpm］。

Error：Bool 型，1＝存在错误，说明有异常。

Status：Int 型，16#7002，没错误，功能块正在执行；16#8401，驱动错误；16#8402，驱动禁止启动；16#8600，DPRD_DAT 错误；16#8601，DPWR_DAT 错误。

Diagid：Word 型，通信错误，在执行 SFB 调用时发生错误。

图 5-34 为完成后的 SINA_SPEED（FB285）功能块。

图 5-34　完成后的 SINA_SPEED（FB285）功能块

（3）G120 变频器还需要修改相应的报文参数，即 P0922 PROFIdrive PZD 报文选择"标准报文 1，PZD-2/2"。

5.3.2　V90 伺服驱动器的速度控制

实例【5-4】通过 PROFINET 控制 V90 伺服驱动器实现速度控制

S7-1500 PLC 的 CPU1511-1 PN 通过 PROFINET 控制 V90 伺服驱动器实现速度控制。

步骤与分析

（1）在西门子公司网站中找到 V90 伺服驱动器的 GSD 文件，并导入博途，在如图 5-35 所示的网络视图中添加 V90 设备（本实例选用 SINAMICS V90 PN V1.0）。

图 5-35　添加 V90 设备

如图 5-36 所示，建立 V90 与 S7-1500 PLC 的网络连接，并分别设置 S7-1500 PLC 和 V90 的 IP 地址，确保两者 IP 地址在同一个频段内。

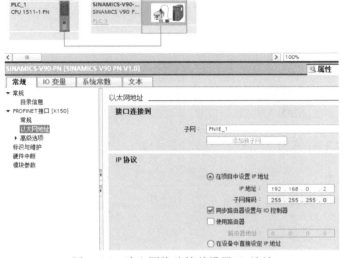

图 5-36　建立网络连接并设置 IP 地址

在"设备概览"中设置控制报文为"标准报文 1，PZD-2/2"，如图 5-37 所示。

图 5-37   设置"标准报文 1，PZD-2/2"

（2）在 OB1 中将 DriveLib_S7_1200_1500 中的 SINA_SPEED（FB285）功能块（此功能块只能与标准报文 1 配合使用）拖到编程网络中进行速度控制，如图 5-38 所示，具体含义参考实例【5-3】，唯一不同的是 HWIDSTW 值与 HWIDZSW 值不同，需要修改为"SINAMICS-V90-PN-驱动_1-标准报文 1__PZD-2_2"，即 276。

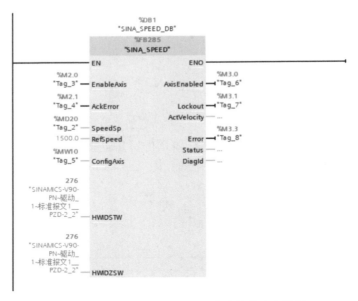

图 5-38   SINA_SPEED（FB285）功能块的速度控制

（3）表 5-6 为 V90 伺服驱动器 p0922 参数说明。

表 5-6   V90 伺服驱动器 p0922 参数说明

报 文	最大 PZD 数		描述
	接收字	发送字	
标准报文 1	2	2	p0922 = 1
标准报文 2	4	4	p0922 = 2

续表

报　　文	最大 PZD 数		描述
	接收字	发送字	
标准报文 3	5	9	p0922 = 3
标准报文 5	9	9	p0922 = 5
西门子报文 102	6	10	p0922 = 102
西门子报文 105	10	10	p0922 = 105

5.4　S7-1500 PLC 与第三方设备的 PROFINET 通信

5.4.1　S7-1500 PLC 与南京华太 SMARTLINK 设备的 PROFINET 通信

西门子公司主导推行的 PROFINET 总线是 PROFIBUS 国际组织推出的新一代基于工业以太网技术的自动化工业总线技术标准，完全兼容工业以太网和 PROFIBUS 现场总线，可为自动化设备之间的通信提供多拓扑的连接结构，使得网络的搭建变得轻巧快速，具备高度的可用性和灵活性，便于为工业自动化通信领域提供高效、稳定、可靠的网络解决方案。S7-1500 PLC 支持 PROFINET 工业以太网总线，在国内已被越来越多的工业自动化工程师选用，在配套硬件时，为考虑成本或便于配套其他更合适的设备，经常采用第三方设备。

南京华太推出了 SMARTLINK 设备。该设备包含 PROFINET 工业以太网适配器通信模块 FR8210 及各种可应用于 PROFINET 的智能远程 IO 设备。智能远程 IO 设备挂到适配器下，每个适配器下的智能远程 IO 设备少于等于 32 个，站点与站点之间的距离 ≤200m，单局域网络理论站点数可达 256 个，通信速率为 100Mb/s，可以满足各类中大型项目的硬件配置需求。

实例【5-5】FR8210、FR1118 和 FR2118 与 S7-1500 PLC 的通信

以 FR8210（PROFINET 适配器）、FR1118（数字量输入模块）和 FR2118（数字量输出模块）作为第三方设备通过 PROFINET 实现与 S7-1500 PLC 的通信。

步骤与分析

（1）图 5-39 和图 5-40 分别为 FR8210 的外观结构和电气接线图。

在 http://www.smartlinkio.com 中下载 FR8210 的 GSD 文件，文件名为"GSDML-V2.3-HDC-FR8210_v1.1.0-20191016.xml"，如图 5-41 所示，导入项目，在硬件目录更新后会出现如图 5-42 所示的 FR8210 硬件选项。

（2）在新建项目中，选择"其他现场设备"→"PROFINET IO"→"I/O"→"HDC"→"SMARTLINKIO"→"FR8210"，双击 FR8210，添加设备，单击 FR8210 上的未分配，选择"PLC-1.PROFINET 接口_1"，如图 5-43 所示。图 5-44 是完成后的 PROFINET 设备和网络。

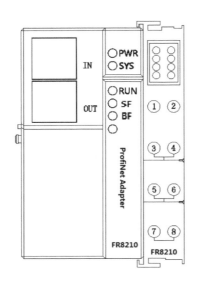

图 5-39　FR8210 的外观结构

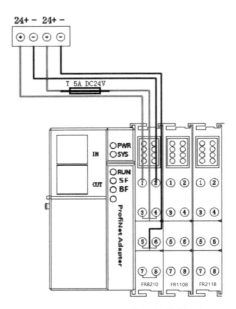

图 5-40　FR8210 的电气接线图

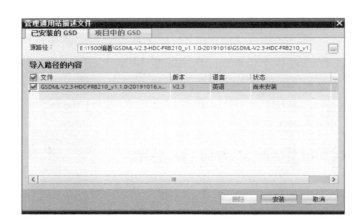

图 5-41　下载 GSD 文件并导入项目

图 5-42　FR8210 硬件选项

图 5-43　选择 "PLC_1. PROFINET 接口_1"

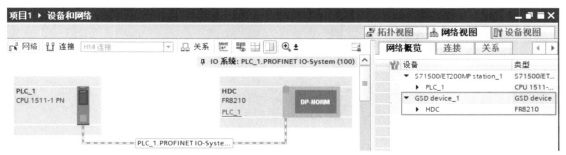

图 5-44　完成后的 PROFINET 设备和网络

（3）设备组态如图 5-45 所示，单击"设备组态"→"硬件目录"，找到模块 FR1118、FR2118 后双击，即可在设备概览中看到添加的模块，如图 5-46 所示。

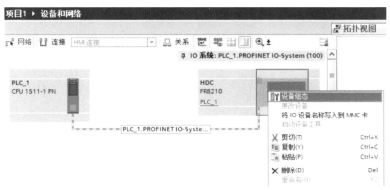

图 5-45　设备组态

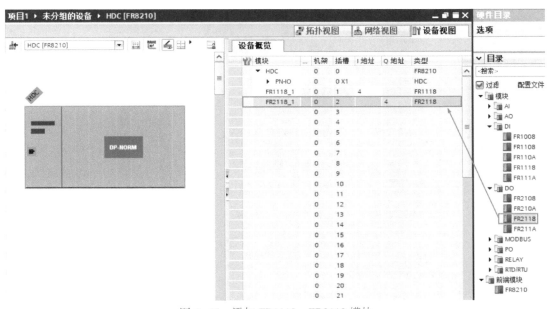

图 5-46　添加 FR1118、FR2118 模块

（4）若 FR8210 是第一次使用，则需要按如图 5-47、图 5-48 所示操作分配 PROFINET 设备名称。

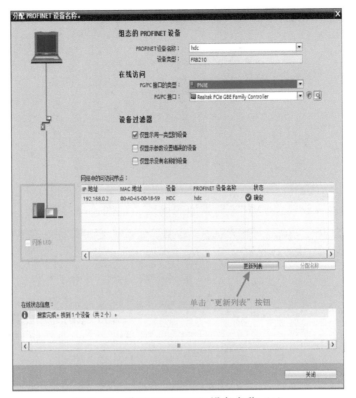

图 5-47　分配 PROFINET 设备名称（1）

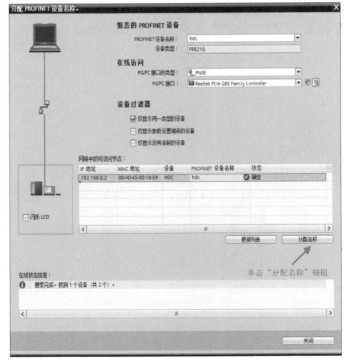

图 5-48　分配 PROFINET 设备名称（2）

（5）硬件配置下载成功后，将 FR8210 断电后重新上电，SYS 以 1Hz 的频率闪烁，RUN 常亮，SF、BF 熄灭。PROFINET 适配器模块的指示灯位于模块的前面板。表 5-7 为 FR8210 指示灯状态的含义。

表 5-7　FR8210 指示灯状态的含义

编号	指　示　灯	颜色	状　　态	含　　义
1	PWR，系统电源指示灯	绿色	亮	电源正常
			灭	系统电源未接或电源故障
2	SYS，系统指示灯	绿色	以 1Hz 的频率闪烁	扫描正常
			以 3~5Hz 的频率闪烁	扫描从站时，部分或全部从站丢失
3	RUN，运行指示灯	绿色	亮	从站处于运行状态
			灭	从站未运行
4	SF，诊断故障指示灯	红色	亮	PROFINET 诊断存在
			灭	没有 PROFINET 诊断
5	BF，通信连接故障指示灯	红色	亮	没有可用的连接状态
			闪烁	连接状态好；没有通信连接 PROFINET IO-Controller
			灭	PROFINET IO-Controller 有一个活跃的沟通连接到这个 PROFINET IO 设备

5.4.2　S7-1500 PLC 与 ABB 机器人的 PROFINET 通信

 实例【5-6】通过 PROFINET 控制 ABB 机器人

图 5-49 是 ABB 机器人通过 PROFINET 与 S7-1500 PLC 的通信。当使用 PROFINET 与 S7-1500 PLC 通信时，需要组态第三方设备，即 ABB 机器人（IRB120）及其控制器 IRC5。

步骤与分析

（1）在操作之前，需要确定 ABB 机器人的 IRC5 控制器是否配置了 888-2（使用控制器网口）。ABB 机器人（IRB120）与 S7-1500 PLC 的连接如图 5-50 所示。

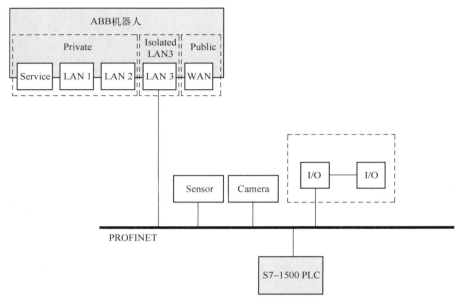

图 5-49　ABB 机器人通过 PROFINET 与 S7-1500 PLC 的通信

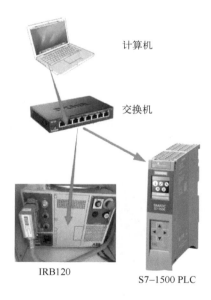

图 5-50　ABB 机器人（IRB120）与 S7-1500 PLC 的连接

（2）S7-1500 PLC 的网络组态如图 5-51 所示。

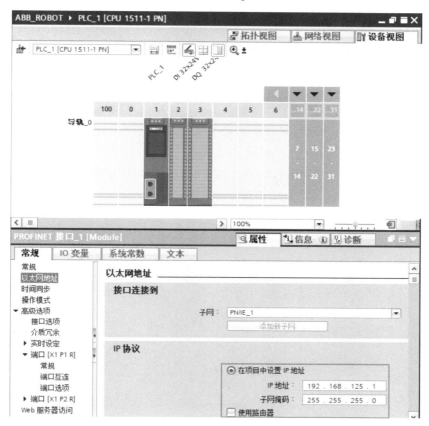

图 5-51　S7-1500 PLC 的网络组态

（3）导入 IRB120 的 GSD 文件。在"管理通用站描述文件"界面中，先选择对应 GSDML 文件的保存路径，然后找到要添加的 GSD 文件，单击"安装"按钮，如图 5-52 所示。

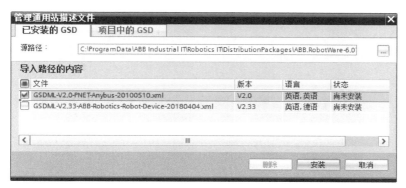

图 5-52　导入并安装 GSD 文件

图 5-53 为 GSD 的相关文件。其中，GSDML-V2.0-PNET-Anybus-20100510 即为 PROFINET 的 GSD 文件。

图 5-53　GSD 的相关文件

图 5-54 为安装 GSD 文件后的 ABB 机器人显示在目录中，位于"其它现场设备"→"PROFINET IO"→"General"→"ABB Robotics"→"Anybus"下，有两种模块，即 I/O 模块和前端模块 DSQC688。需要注意的是，本实例需要先添加前端模块，再添加 I/O 模块。

图 5-54　安装 GSD 文件后的 ABB 机器人显示在目录中

（4）添加 DSQC688 模块并与 S7-1500 PLC 进行以太网连接

将前端模块 DSQC688 拖到编程网络中，并与 CPU1511－1PN 进行以太网连接，如图 5-55 所示。

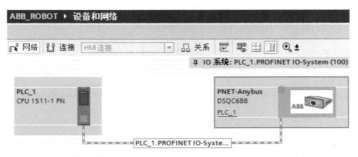

图 5-55　前端模块 DSQC688 与 CPU1511-1 PN 的以太网连接

　　右键单击 DSQC688，选择"设备组态"，如图 5-56 所示，添加 I/O 模块，分别为 Input 8byte 和 Output 8byte，如图 5-57 所示。

图 5-56　选择"设备组态"选项

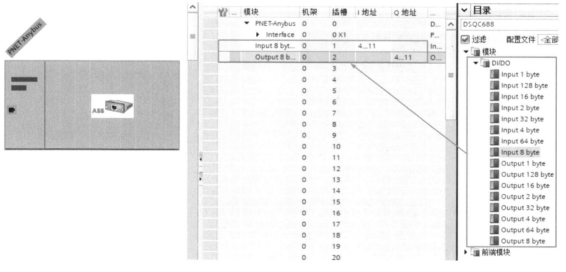

图 5-57　添加 I/O 模块

　　设置 DSQC688 的以太网地址 192.168.125.2，如图 5-58 所示。

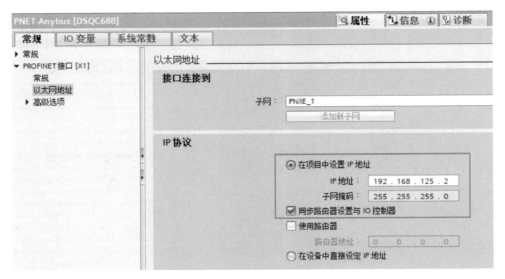

图 5-58　设置 DSQC688 的以太网地址

图 5-59 为输入/输出地址总览。图 5-60 为分布式 I/O 情况。

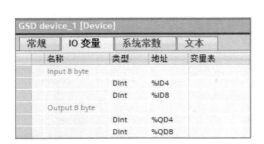

图 5-59　输入/输出地址总览

图 5-60　分布式 I/O 情况

（5）编写程序。首先在博途中加载 ABB 机器人相应的 GSD 文件（DSQC688），然后在硬件配置中组态 ABB 机器人，配置通信映像区模块。

图 5-61 是本实例的主程序。

（6）ABB 机器人的设置

由"控制面板"→"配置"→"主题"选择 Communication，如图 5-62 所示。在如图 5-63 所示中，单击"IP Setting"显示全部，设置对应的 IP 地址 192.168.125.2，如图 5-64 所示。

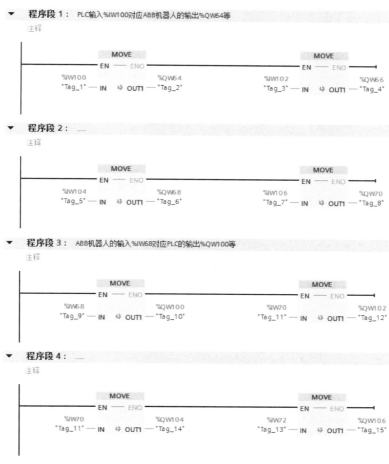

图 5-61　本实例的主程序

图 5-62　选择 Communication

图 5-63　单击"IP Setting"显示全部

图 5-64　设置 IP 地址

　　选择"控制面板"→"配置"→"I/O System"→"Signal"，添加 PN 从站如图 5-65 所示。

　　图 5-65 中：

　　（1）Name：设置信号名称，修改为 GIX。

　　（2）Type of Signal：选择信号类型，即 Digital input：数字量输入；Digital output：数字量输出；Analog input：模拟量输入；Analog output：模拟量输出；Group input：数组输入；Group output：数组输出。

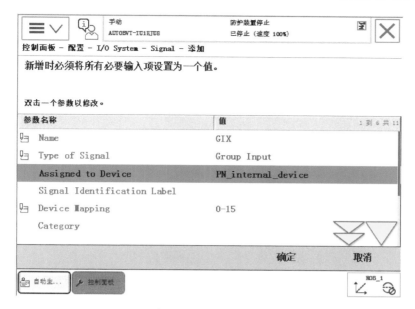

图 5-65　添加 PN 从站

（3） Assigned to Device：选择"PN_Internal_device"。

（4） Device Mapping：设备映射，即"0"指定第一位数据；"0-0"指定第一位数据；"0~15"指定接收数据的第 1 位到第 16 位数据。

第 6 章

S7-1500 PLC 的工艺指令编程

📖 导读

　　S7-1500 PLC 的工艺指令主要分为三大类，即 PID 控制、计数与测量控制及运动控制。由比例（Proportional）、积分（Integral）和微分（Derivative）构成的 PID 控制采用闭环控制，目前在工业控制系统中广泛采用。PID 控制：首先计算反馈的实际值和设定值之间的偏差，然后对偏差进行比例、积分和微分处理，最后根据处理结果调整相关的执行机构，达到减小过程值与设定值之间偏差的目的。计数模块又称 TM Count 模块，分为安装在 S7-1500 PLC 主机架上或 ET 200MP 分布式 IO 站点上的 TM Count 2×24V 模块和安装在 ET 200SP CPU 主机架上或 ET 200SP 分布式 IO 站点上的 TM Count 1×24V 模块。S7-1500 PLC 运动控制的对象类型可以是速度轴、位置轴、外部编码器及同步轴。

▌6.1　PID 控制的功能与编程

6.1.1　PID 控制概述

1. 自动控制

　　自动控制是指在无人直接参与的情况下，利用控制装置操纵受控对象，使被控量等于给定值或按给定信号的变化规律去变化的过程。

　　图 6-1 为液位控制的两种方式。

　　液位手动控制是根据眼睛来观察、脑来判断、手来操作的一种方式，其目的就是为了降低或消除液位差 Δh，以保证恒液位控制。

　　液位自动控制是要建立一个受控对象（水池）、一个输出量（实际水位）、一个输入量（要求水位）、一个检测装置（水位传感器）、一个执行机构（阀门控制器），根据如图 6-2

所示的自动控制示意图进行控制，通过给定值和实际检测得到的实际值得出一个偏差量，由控制器进行控制。

（a）液位手动控制　　　　　　（b）液位自动控制

图 6-1　液位控制的两种方式

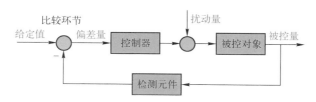

图 6-2　自动控制示意图

2. PID 控制

在工程实际应用中采用最多的控制是由比例（Proportional）、积分（Integral）、微分（Derivative）构成的 PID 控制。自 PID 控制问世至今已有近百年历史，以其结构简单、稳定性好、工作可靠、调整方便而成为工业控制的主要技术之一。当不能完全掌握被控对象的结构和参数或得不到精确的数学模型时，采用 PID 控制最方便，即当用户不完全了解一个系统和被控对象或不能通过有效的测量手段来获得系统参数时，最适合采用 PID 控制。

PID 控制就是根据系统的误差，利用比例、积分、微分计算出控制量进行控制的。

（1）比例（P）控制

比例控制是一种最简单的控制方式。其控制器的输出与输入误差信号成比例关系。当仅有比例控制时，系统输出存在稳态误差。

（2）积分（I）控制

积分控制器的输出与输入误差信号的积分成正比关系。对于一个自动控制系统，如果在进入稳态后存在稳态误差，则称这个控制系统是有稳态误差的系统，简称有差系统。为了消除稳态误差，在控制器中引入积分项。积分项是稳态误差对时间进行积分，随着时间的增加，即便稳态误差很小，积分项也会增大，推动积分控制器的输出增大，使稳态误差减小，直到等于零。因此，比例+积分（PI）控制器可以使系统在进入稳态后无稳态误差。

（3）微分（D）控制

微分控制器的输出与输入误差信号的微分（误差的变化率）成正比关系。自动控制系统在克服稳态误差的调节过程中可能会出现振荡甚至失稳。其原因是存在具有较大惯性或滞后的被控对象，具有抑制稳态误差的作用。解决办法是使抑制稳态误差的作用"超前"，即在稳态误差接近于 0 时，抑制稳态误差的作用应该为 0。这就是说，在控制器中仅引入比例项往往是不够的，比例项的作用仅是放大稳态误差的幅值，而微分项可以预测稳态误差变化的趋势，具有比例+微分的控制器就能够提前使抑制稳态误差的作用为 0，甚至为负值，从而可避免被控量的严重超调。所以对较大惯性或滞后的被控对象，比例+微分（PD）控制器能改善系统在调节过程中的动态特性。

如果 PID 控制器可控制一个过程系统中的执行器动作，影响过程系统的某个过程值，那么这个过程系统就被称为受控系统。恰当地设置 PID 控制器参数，可使受控系统的过程值尽快达到设定值并保持恒定。当 PID 控制器的输出值发生变化后，受控系统过程值的变化通常存在一定的时间滞后。PID 控制器必须在控制算法中补偿这种时间滞后响应。

图 6-3 是通过加热系统控制室温的简单受控系统。传感器用于测量室温，并将室温实际值传送给控制器；控制器将室温实际值与设定值进行比较，并计算加热控制的输出值（调节变量）；执行器根据调节变量进行动作，改变供热系统的输出。

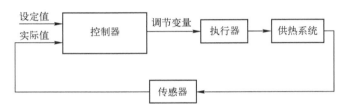

图 6-3   通过加热系统控制室温的简单受控系统

3. 受控系统的种类

受控系统的特性取决于过程和设置的技术需求。要使某个受控系统得到有效的控制，必须为其选择一个合理的控制类型，因此，要对控制器的比例、积分和微分作用进行组态。

受控系统按照 PID 控制器输出值（以下简称输出值）阶跃变化的时间响应可分为以下几类。

（1）自调节受控系统

① 比例作用受控系统。

比例作用受控系统的过程值几乎立即跟随输出值变化。过程值与输出值的比率由受控系统的比例增益定义。例如管道系统中的闸门阀、分压器、液压系统等。

② PT1 受控系统。

PT1 受控系统过程值的变化最初与输出值的变化成比例，过程值的变化率与时间为函数关系，如弹簧减振系统、RC 元件的充电、由蒸汽加热的储水器等。

③ PT2 受控系统。

PT2 受控系统的过程值不会立即跟随输出值阶跃变化，也就是说，过程值的增加与正向上升率成正比，以逐渐下降的上升率逼近设定值，显示出具有二阶延迟元件的比例响应特性，如压力控制、流速控制、温度控制等。

（2）非自调节受控系统

非自调节受控系统具有积分响应，例如流入容器的液体，其过程值会趋于无限大。

（3）具有/不具有死区时间的受控系统

死区时间通常是指从系统的输入值发生变化，到由该变化引起的系统响应（输出值的变化）被测量出来所经历的运行时间。在具有死区时间的受控系统中，如果设定值和过程值之间出现偏差值（如存在干扰量的影响），那么受控系统输出值的变化将被延时一段死区时间，如传送带控制等。

4. PID 控制算法

在连续控制系统中，模拟 PID 的控制规律形式为

$$u(t) = K_P\left[e(t) + \frac{1}{T_1}\int e(t)\,\mathrm{d}t + T_D\frac{\mathrm{d}e(t)}{\mathrm{d}t}\right] \tag{6-1}$$

式中，$e(t)$ 为偏差输入函数；$u(t)$ 为调节器输出函数；K_P 为比例系数；T_1 为积分时间常数；T_D 为微分时间常数。

由于式（6-1）为模拟量表达式，而 PLC 程序只能处理离散数字量，因此，必须将连续形式的模拟量微分方程转化为离散形式的差分方程。式（6-1）经离散化后的差分方程为

$$u(k) = K_P\left[e(k) + \frac{1}{T_1}\sum_{t=0}^{k} Te(k-i) + T_D\frac{e(k)-e(k-1)}{T}\right] \tag{6-2}$$

式中，T 是采样周期；k 是采样序号，$k = 0,1,2,\cdots,i,\cdots,k$；$u(k)$ 是采样时刻 k 时的输出值；$e(k)$ 是采样时刻 k 时的偏差值；$e(k-1)$ 是采样时刻 $k-1$ 时的偏差值；$e(k-i)$ 是采样时刻 $k-i$ 时的偏差值。

为了减小计算量和节省内存，将式（6-2）变为递推关系式形式，即

$$\begin{aligned}
u(k) &= u(k-1) + K_P\left(1 + \frac{T}{T_1} + \frac{T_D}{T}\right)e(k) - K_P\left(1 + \frac{2T_D}{T}\right)e(k-1) + K_P\frac{T_D}{T}e(k-2) \\
&= u(k-1) + r_0 e(k) - r_1 e(k-1) + r_2 e(k-2) \\
&= u(k-1) - r_0 f(k) + r_1 f(k-1) - r_2 f(k-2) + S_p(r_0 - r_1 + r_2)
\end{aligned} \tag{6-3}$$

式中，S_p 是调节器设定值；$f(k)$ 是采样时刻 k 时的反馈值；$f(k-1)$ 是采样时刻 $k-1$ 时的反馈值；$f(k-2)$ 是采样时刻 $k-2$ 时的反馈值；r_0、r_1、r_2 为简化后的常数。

至此，式（6-3）已可以用作编程算法使用了。

6.1.2　PID 控制器

1. 定义

PID 控制器是由比例、积分和微分单元组成的，可在控制回路中连续检测受控变量的实际测量值，并将其与期望设定值进行比较，使用所生成的控制偏差来计算输出，以便尽可能快速平稳地将受控变量调整到设定值。S7-1500 PLC 的 PID 控制回路是由受控对象、控制器、测量元件（传感器）和控制元件组成的。

2. PID 控制器的简单应用

图 6-4 是采用 PID 控制器的室内温度自动控制系统。

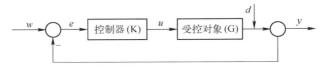

图 6-4 采用 PID 控制器的室内温度自动控制系统

图 6-4 中，设定值 w 已预先定义，是室内温度的期望值 75℃，可通过设定值（w）和实际值（y）来计算控制偏差（e）；控制器（K）可将控制偏差转换为受控变量（u）；受控变量通过受控对象（G）来更改实际值（y）；受控对象（G）可调节室内温度，即通过增加或减少能量输入进行控制。

除受控对象（G）外，也可以通过干扰变量（d）来改变实际值（y）。图 6-4 中的干扰变量可能是室内温度意外的变化。例如，由室外温度变化引起的室内温度变化。采用 PID 控制器能尽可能快地达到所需的 75℃，并尽可能保持设定值不变。

图 6-4 中，如果实际值的控制和测量之间存在延时，则会发生过调。图 6-5 为 PID 控制器的实际温度曲线。

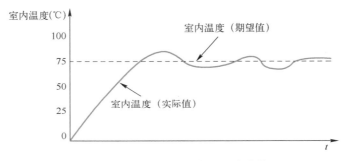

图 6-5 PID 控制器的实际温度曲线

3. PID 控制器的工艺对象和指令

连接了传感器和执行器的 S7-1500 PLC 可通过 PID 控制器实现对一个受控系统的比例、微分、积分作用，使受控系统达到期望的状态。PID 控制器的工艺对象，即指令的背景数据块用于保存组态数据。

SIMATIC S7-1500 PLC 的 PID 控制器指令集分为两大类：Compact PID 和 PID 基本函数。Compact PID 指令集包含 PID_Compact、PID_3Step 及 PID_Temp 等指令；PID 基本函数指令集包含 CONT_C、CONT_S、PULSEGEN、TCONT_CP 及 TCONT_S 等指令。PID 基本函数指令集传承 SIMATIC S7-300/400 PLC 的 PID 控制，这里不再赘述。

（1）PID_Compact 指令

PID_Compact 指令提供一个能工作在手动或自动模式下，具有集成优化功能的 PID 连续控制器或脉冲控制器，可连续采集在控制回路中测量的过程值，并将其与设定值进行比较，生成控制偏差用于计算输出值，通过输出值可以尽可能快速且稳定地将过程值调整到设定值。

在自动模式下，PID_Compact 指令可通过预调节和精确调节这两个步骤实现对受控系统的比例、积分和微分的自动控制。用户可以在工艺对象的"PID 参数"中手动输入参数。

（2）PID_3Step 指令

PID_3Step 指令提供一个 PID 控制器，通过积分响应对阀门或执行器进行调节，可组态以下控制器：

① 带位置反馈的三步步进控制器；

② 不带位置反馈的三步步进控制器；

③ 具有模拟量输出值的阀门控制器。

（3）PID_Temp 指令

PID_Temp 指令提供具有集成调节功能的连续 PID 控制器，专为温度控制而设计，适用于加热或加热/制冷控制。

PID_Temp 指令可连续采集在控制回路中测量的过程值，并将其与设定值进行比较，根据生成的控制偏差计算加热制冷的输出值，通过输出值可将过程值调整到设定值。PID_Temp 指令可以在手动或自动模式下使用和串级使用。

（4）控制器的串级控制

在串级控制中，多个控制回路相互嵌套，从控制器会将较高级主控制器的输出值（OutputHeat）作为设定值（Setpoint）。建立串级控制系统的先决条件：受控系统可分为多个子系统，且各个子系统具有自身的对应测量过程值。

6.1.3　西门子 PID_Compact 工艺对象与编程

西门子 S7-1500 PLC 的 PID_Compact 工艺对象是用于实现自动和手动模式都可自我优化调节的 PID 控制器 ⊵ PID_Compact_DB 。在控制回路中，PID 控制器连续采集受控变量的实际测量值，并将其与期望设定值进行比较，基于所生成的系统偏差计算控制器输出值，尽可能快速稳定地将受控变量调整到设定值。PID 控制器的输出值通过以下三个分量进行计算：通过比例分量计算的控制器输出值与系统偏差成比例；通过积分分量计算的控制器输出值随着控制器输出的持续时间而增加，最终补偿控制器的输出值；微分分量随着系统偏差变化率的增加而增加，系统偏差的变化率减小时，微分分量也会随之减小。

工艺对象可在"初始启动时自调节"期间自行计算 PID 控制器的比例、积分和微分分量，通过"运行中自调节"对这些分量进行进一步优化。

一般来说，要在新的循环中断 OB 组织块中创建 PID 控制器的块，以周期性时间间隔启动程序。图 6-6 为组织块 OB1、循环中断组织块与 PID 控制器之间的关系。

图 6-6 中：

① 主程序从 Main［OB1］开始执行；

② 循环中断组织块每 100ms 触发一次（可以设置时间），会在任何时间（例如在执行 Main［OB1］期间）中断程序，并执行循环中断组织块中的程序，如 PID_Compact（FB）。

③ 执行 PID_Compact（FB），并将输出值写入 PID_Compact（DB）。

④ 执行循环中断组织块后，Main［OB1］将从中断点继续执行，相关值保持不变。

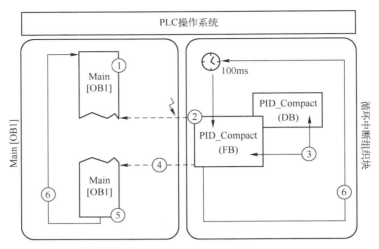

图 6-6　组织块 OB1、循环中断组织块与 PID 控制器之间的关系

⑤ Main［OB1］操作完成。

⑥ 将重新开始主程序循环。

实例【6-1】 液压站压力的 PID 控制

图 6-7 为液压站的实物图。本实例通过液压站的电动机转速来控制可调输出的压力，控制器采用 S7-1500 PLC 中的 PID 控制回路，工作示意图如图 6-8 所示。请选择合适的方案编程、调试。

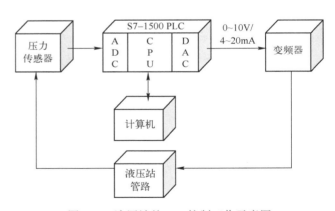

图 6-7　液压站的实物图　　　　　　　图 6-8　液压站的 PID 控制工作示意图

步骤与分析

（1）本实例的电气接线图如图 6-9 所示。S7-1500 PLC 的相关模块选用 CPU1511-1 PN、DI 32×24VDC BA、AI 8×U/I/RTD/TC ST、AQ 8×U/I HS。

（2）S7-1500 PLC 的硬件配置如图 6-10 所示。

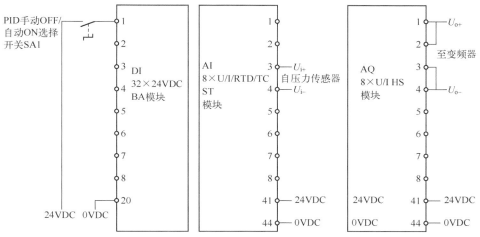

图 6-9　本实例的电气接线图

（3）在 S7-1500 PLC 中添加 PID 控制器工艺对象的方式有多种，最直接的就是在现有的 PLC 项目树中单击"工艺对象"→"新增对象"，如图 6-11 所示。

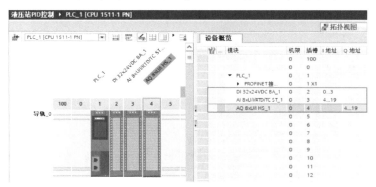

图 6-10　S7-1500 PLC 的硬件配置

图 6-11　添加工艺对象

弹出如图 6-12 所示的"新增对象"窗口，选择"PID"控制器，会出现类型为 PID Compact[FB1130] 的默认选项。编号为数据块 DB 的序号，可以手动填写，也可以自动填写。

图 6-12　"新增对象"窗口

从项目树中进入如图 6-13 所示的"工艺对象"→"PID_Compact_1〔DB1〕",会出现"组态"和"调试"两个功能。

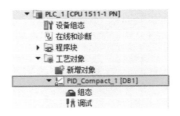

图 6-13 "工艺对象"中的"PID_Compact_1〔DB1〕"

选择"组态"会出现如图 6-14 所示的组态菜单,包括"基本设置""过程值设置"和"高级设置"。表 6-1 为组态设置过程中的每一步完成情况。

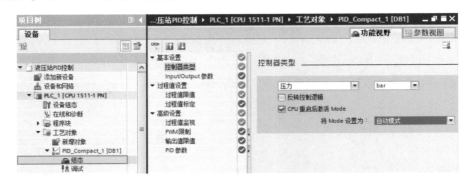

图 6-14 组态菜单

表 6-1 组态设置过程中的每一步完成情况

蓝色	组态包含默认值且已完成;组态仅包含默认值;通过这些默认值即可使用工艺对象,无需进一步更改
绿色	组态包含用户定义的值且已完成;组态的所有输入域中均包含有效值,而且至少更改了一个默认值
红色	组态不完整或有缺陷;至少一个输入域或下拉列表框不包含任何值或包含的值无效;相应域或下拉列表框的背景为红色;单击这些域或下拉列表框时,弹出的错误消息便会指出错误原因

① 控制器类型。

"控制器类型"用于预先选择需受控值的单位。在本实例中,将单位为"bar"的"压力"用作控制器类型,如图 6-15 所示。常见的控制器类型包括速度控制、压力控制、流量控制、温度控制等,默认是以百分比为单位的"常规"控制器。

如果受控值的增加会引起实际值的减小(例如,由于阀位开度增加而使水位下降,或者由于冷却性能增加而使温度降低),可以选中"反转控制逻辑",但本实例不符合该情况,所以不选中"反转控制逻辑",如图 6-16 所示,将"CPU 重启后激活 Mode"设为"自动模式",以控制系统稳定运行。

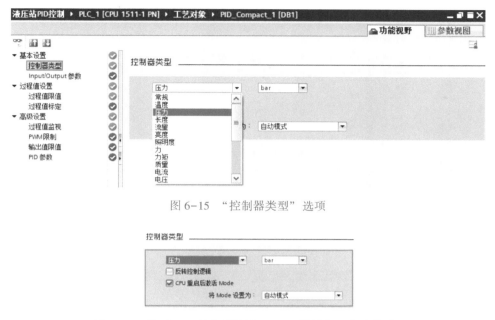

图 6-15　"控制器类型"选项

图 6-16　将"CPU 重启后激活 Mode"设置为"自动模式"

② 输入/输出参数。

在如图 6-15 所示的"基本设置"→"Input/Output 参数"选项中为设定值、实际值和工艺对象 PID_Compact 的受控变量提供输入/输出参数，如图 6-17 所示。输入值可以选择 Input 或 Input_PER（模拟量）：Input 表示使用从用户程序而来的反馈值；Input_PER（模拟量）表示使用外设输入。输出值可以选择 Output、Output_PER（模拟量）、Output_PWM：Output 表示输出至用户程序；Output_PER（模拟量）表示外设输出；Output_PWM 表示使用 PWM 输出。本实例中，输入值选择 Input_PER（模拟量），输出值选择 Output_PER（模拟量）。

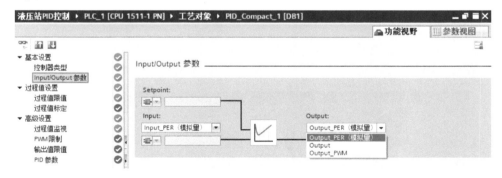

图 6-17　输入/输出参数的选择

③ 过程值限值和过程值标定。

图 6-18、图 6-19 分别为"过程值限值"和"过程值标定"选项。标定的过程值上限和标定的过程值下限为一组，标定的过程值下限和标定的过程值上限为一组，根据传感器输入的电压信号或电流信号进行实际设置。本实例中，由于 0～10V 对应 0～90bar，即下限为

0.0，上限为 27648.0。上限和下限为用户设置的高低限值，当反馈值达到高限或低限时，系统将停止 PID 控制器的输出。

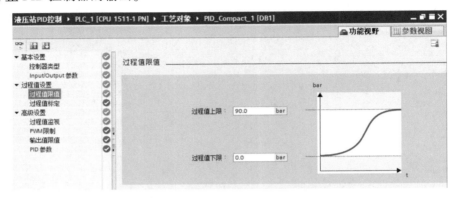

图 6-18 "过程值限值" 选项

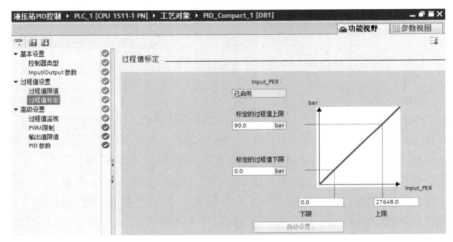

图 6-19 "过程值标定" 选项

④ 高级设置。

图 6-20 为高级设置中的 "过程值监视" 选项。当反馈值达到高限或低限时，PID 指令块会给出相应的报警位。

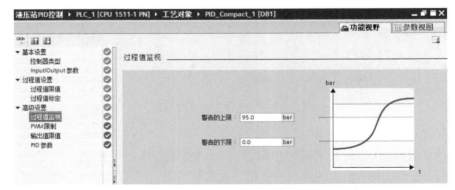

图 6-20 高级设置中的 "过程值监视" 选项

当输出的 PWM 信号为非模拟量时，需要定义如图 6-21 所示的"PWM 限制"功能，即"最短接通时间"和"最短关闭时间"。

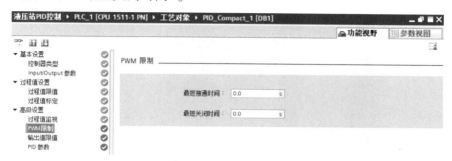

图 6-21　"PWM 限制"功能

在某些场合，为了确保输出可控的模拟量，可以按如图 6-22 所示对"输出值限值"进行定义，包括上限、下限和对错误的响应。

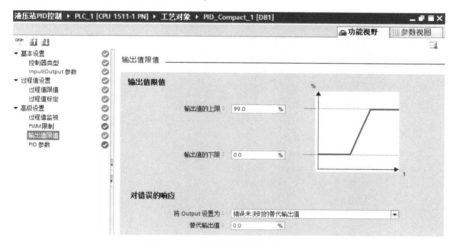

图 6-22　"输出值限制"的选项

高级设置中的"PID 参数"可以手动输入（见图 6-23），或者采用"调节规则"。

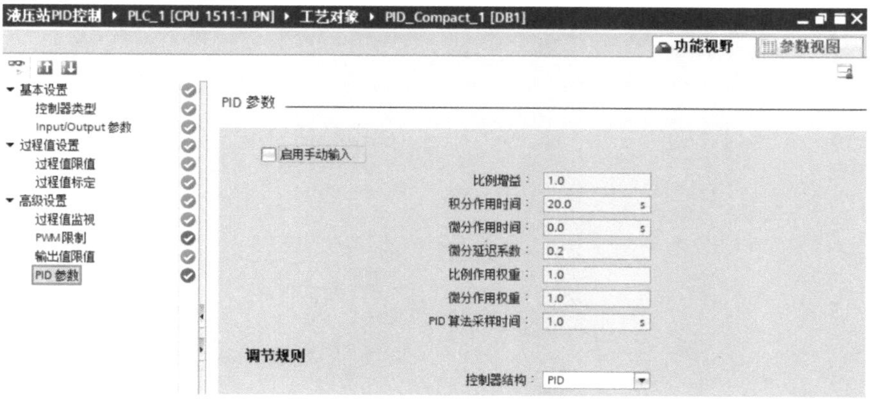

图 6-23　"PID 参数"选项

完成以上组态后，就可以右键单击项目树中的 PID_Compact_1［DB1］进入"打开 DB 编辑器"，即可进入背景数据块参数表。表 6-2 为输入/输出参数，与如图 6-24 所示的 PID 指令一一对应。

表 6-2　输入/输出参数

名称	数据类型	默认值
▼ Input		
■　　Setpoint	Real	0.0
■　　Input	Real	0.0
■　　Input_PER	Int	0
■　　Disturbance	Real	0.0
■　　ManualEnable	Bool	false
■　　ManualValue	Real	0.0
■　　ErrorAck	Bool	false
■　　Reset	Bool	false
■　　ModeActivate	Bool	false
▼ Output		
■　　ScaledInput	Real	0.0
■　　Output	Real	0.0
■　　Output_PER	Int	0
■　　Output_PWM	Bool	false
■　　SetpointLimit_H	Bool	false
■　　SetpointLimit_L	Bool	false
■　　InputWarning_H	Bool	false
■　　InputWarning_L	Bool	false
■　　State	Int	0
■　　Error	Bool	false
■　　ErrorBits	DWord	16#0
▼ InOut		
■　　Mode	Int	4

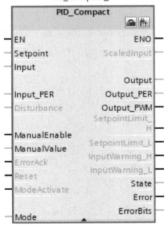

图 6-24　PID 指令

（4）PID 控制指令的调用与编程。

为了让 PID 控制按预想的采样频率运算，PID 控制指令必须用在定时发生的中断程序或主程序中被定时器所控制，并按一定的频率执行。图 6-25 为"循环中断"选项，定义循环时间为 100000μs。

图 6-25   "循环中断"选项

在指令树中的扩展指令处找到相应的 PID_Compact 指令，并将 PID_Compact 指令放置在循环中断组织块 OB30 中。图 6-26 为完整的 PID 程序（OB30）。由图可知，设定值为 25%，手动情况下的模拟量输出为 10%。

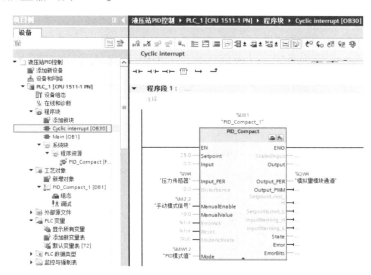

图 6-26   完整的 PID 程序（OB30）

如图 6-27 所示，在主程序中对 PID 控制器的模式进行修改，即当%I0.0＝OFF 时（选择开关为自动），将 PID 控制器模式修改为 3（自动模式）。

（5）在线模式下激活 PID 控制器。

在 S7-1500 PLC 中可以使用优化步骤调整 PID 控制器以适应受控对象，在一般情况下，可选择以下两种方式来优化 PID 控制器。

① 启动调节。

启动调节可应用转折正切定理。该定理用于确定阶跃响应的时间常数。受控对象的阶跃响应存在一个转折点，对该转折点做切线，使用该切线可确定过程参数延迟时间（T_u）和恢复时间（T_g）。根据过程参数将确定优化的 PID 控制器参数。设定值与实际值之间必须至少相差 30% 才能使用转折正切定理确定 PID 控制器参数；否则，将通过振荡过程和功能"运行中调节"自动确定 PID 控制器参数。

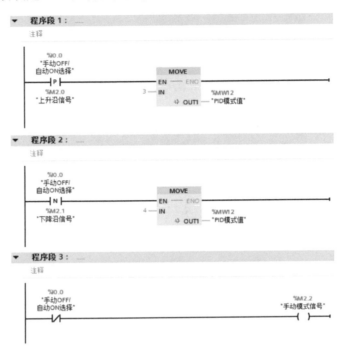

图 6-27　主程序

② 运行中调节。

运行中调节使用振荡过程来优化 PID 控制器参数。通过该过程可间接确定受控对象的行为，增益因子将增大，直到稳定限制且受控变量均匀振荡。PID 控制器参数将基于振荡周期进行计算。

图 6-28 显示了分别采用转折正切定理（启动调节）和振荡过程（运行中调节）时受控对象的阶跃响应。

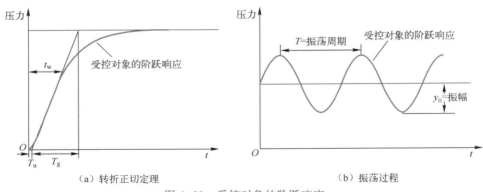

图 6-28　受控对象的阶跃响应

图 6-29 是液压站压力的趋势显示窗口。

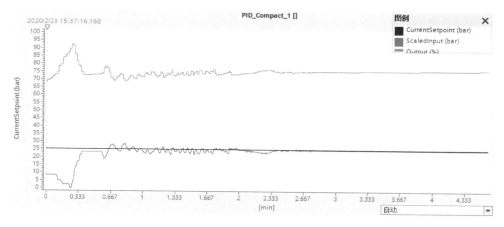

图 6-29　液压站压力的趋势显示窗口

6.2　计数模块的功能与编程

6.2.1　概述

S7-1500 PLC 的计数模块被称为 TM Count 模块，可分为两种型号：TM Count 2×24V 模块，安装在 S7-1500 PLC 主机架上或 ET 200MP 的分布式 IO 站点；TM Count 1×24V 模块，安装在 ET 200SP CPU 主机架上或 ET 200SP 的分布式 IO 站点。

S7-1500 PLC 的测量模块被称为 TM PosInput 模块，可分为两种型号：TM PosInput 2 模块，安装在 S7-1500 PLC 主机架上或 ET 200MP 的分布式 IO 站点；TM PosInput 1 模块，安装在 ET 200SP CPU 主机架上或 ET 200SP 的分布式 IO 站点。

TM Count 模块和 TM PosInput 模块的性能参数见表 6-3。

表 6-3　TM Count 模块和 TM PosInput 模块的性能参数

性 能 参 数	SIMATIC S7-1500 PLC 或 ET 200MP		ET 200SP	
	TM Count 2×24V	TM PosInput 2	TM Count 1×24V	TM PosInput 1
通道数量	2	2	1	1
最大信号频率	200kHz	1MHz	200kHz	1MHz
带四倍频评估的增量型编码器的最大计数频率	800kHz	4MHz	800kHz	4MHz
最大计数值	32bit	32bit/31bit	32bit	32bit/31bit
到增量和脉冲编码器的 RS-422/TTL 连接	×	√	×	√
到增量和脉冲编码器的 24V 连接	√	×	√	×
SSI 绝对值编码器连接	×	√	×	√
5V 编码器电源	×	√	×	×

性 能 参 数	SIMATIC S7-1500 PLC 或 ET 200MP		ET 200SP	
	TM Count 2×24V	TM PosInput 2	TM Count 1×24V	TM PosInput 1
24V 编码器电源	√	√	√	√
每个通道的 DI 数	3	2	3	2
每个通道的 DQ 数	2	2	2	2
门控制	√	√	√	√
捕获功能	√	√	√	√
同步	√	√	√	√
比较功能	√	√	√	√
频率、速度和周期测量	√	√	√	√
等时模式	√	√	√	√
诊断中断	√	√	√	√
用于计数信号和数字量输入的可组态滤波器	√	√	√	√

6.2.2　TM Count 2×24V 模块

　　TM Count 2×24V 模块可以连接两路 24V 编码器，每个通道同时提供三个数字量输入信号和两个数字量输出信号。表 6-4 为 TM Count 2×24V 模块接线端子的定义。图 6-30 为 TM Count 2×24V 模块的接线图。

表 6-4　TM Count 2×24V 模块接线端子的定义

接 线 端 子		24V 增量编码器		24V 脉冲编码器		
		有信号	无信号	有方向信号	无方向信号	向上/向下
计数器通道 0						
1	CH0. A	编码器信号 A		计数信号		向上计数信号
2	CH0. B	编码器信号 B		方向信号	—	向下计数信号
3	CH0. N	编码器信号 N		—		
4	DI0. 0	数字量输入 DI0				
5	DI0. 1	数字量输入 DI1				
6	DI0. 2	数字量输入 DI2				
7	DQ0. 0	数字量输出 DQ0				
8	DQ0. 1	数字量输出 DQ1				
9	24VDC	24V 编码器电源				
10	M	编码器电源、数字输入和数字输出的接地				

续表

接线端子		24V 增量编码器		24V 脉冲编码器		
		有信号	无信号	有方向信号	无方向信号	向上/向下
计数器通道 1						
11	CH1. A	编码器信号 A		计数信号		向上计数信号
12	CH1. B	编码器信号 B		方向信号	—	向下计数信号
13	CH1. N	编码器信号 N		—		
14	DI1. 0	数字量输入 DI0				
15	DI1. 1	数字量输入 DI1				
16	DI1. 2	数字量输入 DI2				
17	DQ1. 0	数字量输出 DQ0				
18	DQ1. 1	数字量输出 DQ1				
19~40	—	—				

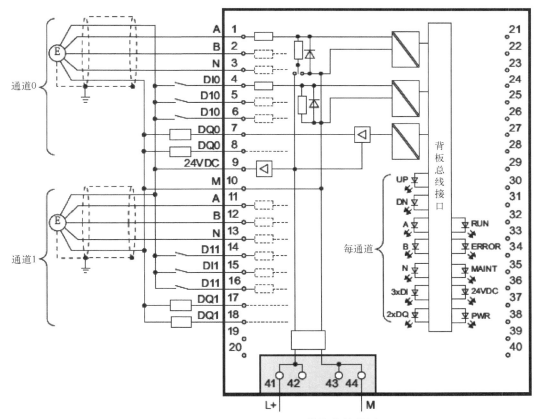

图 6-30　TM Count 2×24V 模块的接线图

实例【6-2】 TM Count 2×24V 模块的计数功能

将 TM Count 2×24V 模块与带有方向信号的 24V 脉冲编码器连接，用 CPU1511-1 PN 作为控制器，请进行硬件配置并实现计数功能。

步骤与分析

（1）将 TM Count 2×24V 模块与带有方向信号的 24V 脉冲编码器连接，即将脉冲信号连接到模块的接线端子 1，方向信号连接到模块的接线端子 2（见图 6-30）。

（2）在 PLC 项目视图中，从硬件目录中找到"工艺模块"→"计数"→"TM Count 2×24V"，并将其拖到设备机架上，如图 6-31 所示。

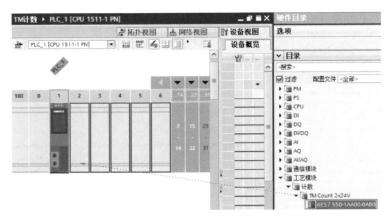

图 6-31　将 TM Count 2×24V 模块拖到设备机架上

在模板下方单击属性，进入模板的基本参数设置界面，将通道 0 的工作模式选择为"使用工艺对象"计数和测量"操作"，如图 6-32 所示。"I/O 地址"选项如图 6-33 所示。

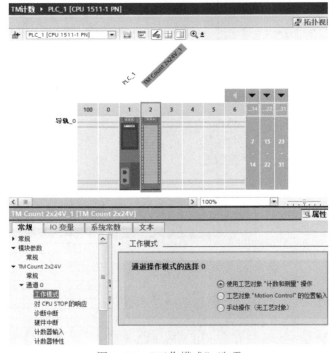

图 6-32　"工作模式"选项

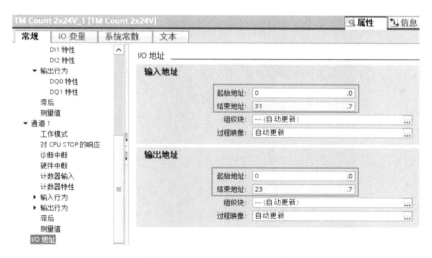

图 6-33　"I/O 地址"选项

（3）组态工艺对象。

硬件配置完成后，需要组态模块的工艺对象。在项目树中，单击"工艺对象"→"新增对象"。新增对象时，选择"计数和测量"中的 High_Speed_Counter（高速计数器），并填入对象类型，如图 6-34 所示。

图 6-34　新增对象

新增对象后，在项目树下就能显示出新增的工艺对象，如图 6-35 所示，单击"组态"，即可在工作区域看到基本参数配置界面，可以通过状态图标反映参数分配状态：红色图标表示参数包含错误或不可用的参数；绿色图标表示参数包含手动修改过的可用参数；蓝色图标表示参数是系统默认的可用配置参数。

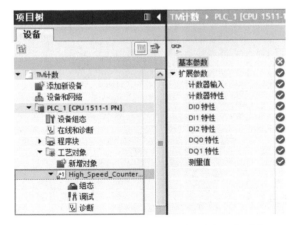

图 6-35　在项目树中显示出新增的工艺对象

为工艺对象分配硬件如图 6-36 所示。选择基本参数中的通道 0 如图 6-37 所示。

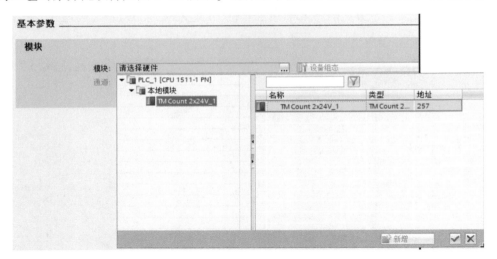

图 6-36　为工艺对象分配硬件

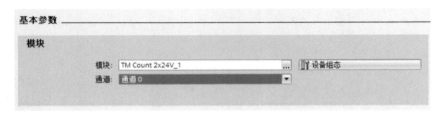

图 6-37　选择"通道 0"

在"计数器输入"参数中选择输入信号/编码器类型，可选择的信号类型见表 6-5，在"附加参数"选项中选择"滤波器频率"和"传感器类型"，如图 6-38 所示。

表 6-5　工艺对象支持的信号类型

图　例	名　　称	信 号 类 型
	增量编码器（A、B 相差）	带有 A 和 B 相位差信号的增量编码器
	增量编码器（A、B、N）	带有 A 和 B 相位差信号及零信号 N 的增量编码器
	脉冲（A）和方向（Dir）	带有方向信号（信号 Dir）的脉冲编码器（信号 A）
	单相脉冲（A）	不带方向信号的脉冲编码器（信号 A），可以通过控制接口指定计数方向
	向上计数（A），向下计数（B）	向上计数（信号 A）和向下计数（信号 B）的信号

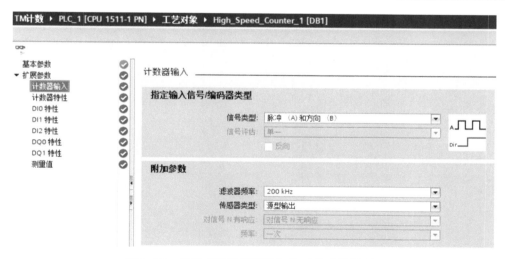

图 6-38　选择"滤波器频率"和"传感器类型"

在"计数器特性"选项中可以配置计数器的起始值、上/下限值和计数器值达到限值时的状态，以及门启动时的计数器特性。本实例设置的起始值为 0，上、下限值为+/−10000，当计数器值达到限值时，计数器将停止，并且将计数器值重置为起始值，将门功能设置为继续计数，如图 6-39 所示。

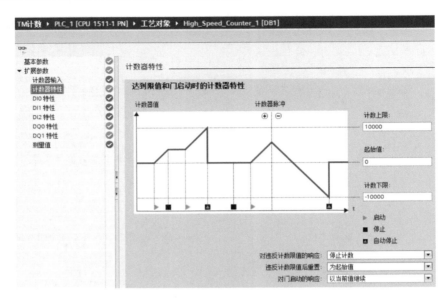

图 6-39 "计数器特性"的配置

TM Count 2×24V 模块内置两个比较器，可以将计数器值与预设的比较值进行比较。在本实例中，将 DQ0 设置为当计数器值大于比较值且小于上限值时输出，也就是当计数器值大于 1000 且小于 10000 时，第一个数字量 DQ 会输出为 1。同时，比较器的状态还可以在如图 6-40 所示的高速计数器程序块输出管脚的 CompResult0 和 CompResult1 中显示。

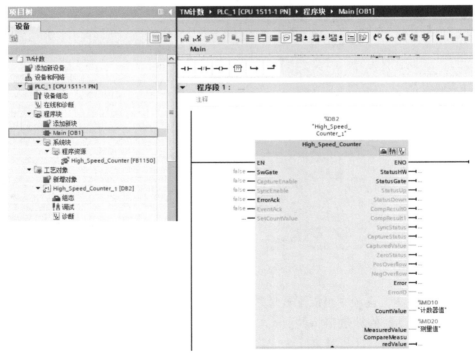

图 6-40 高速计数器程序块

图 6-41 是高速计数器的调试窗口，可以获取每个状态位和实际的测量值。

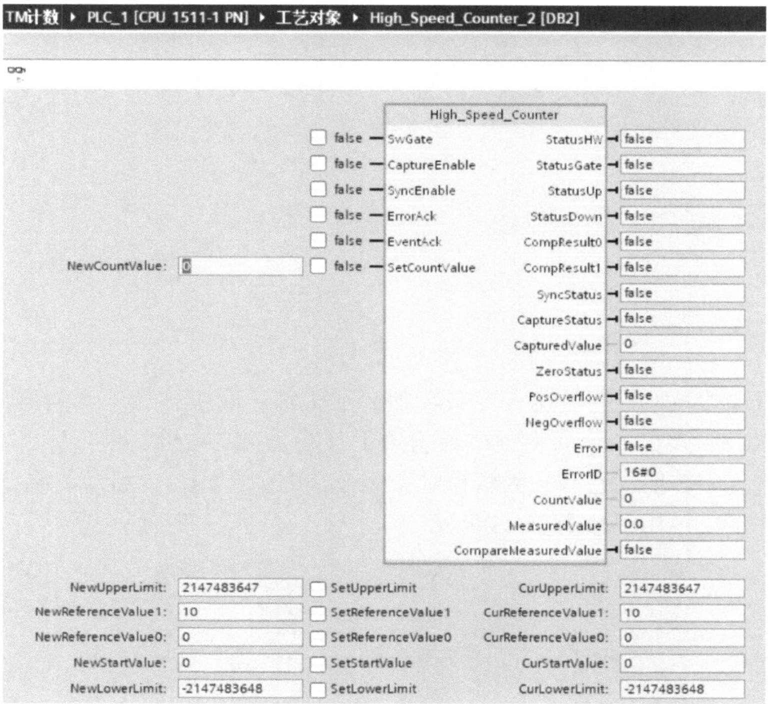

图 6-41　高速计数器的调试窗口

图 6-42 是高速计数器的诊断窗口。当模块发生错误时，来自模块反馈接口的状态位和

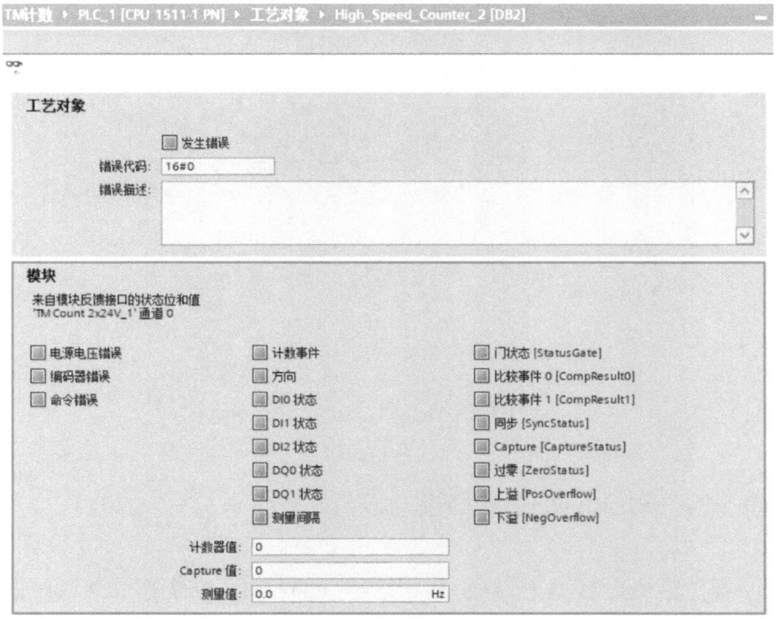

图 6-42　高速计数器的诊断窗口

TM Count 2×24V_1 通道 0 都可以进行错误提示，如计数事件、电源电压错误、方向、编码器错误、命令错误、测量间隔、DI0 状态、D11 状态、D12 状态、DQ0 状态、DQ1 状态、比较事件 0 [CompResult0]、比较事件 1 [CompResut1]、门状态 [StatusGate]、同步 [SyncStatus]、Capture [CaptureStatus]、过零 [ZeroStatus]、上溢 [PosOverflow]、下溢 [NegOverflow]，以及计数器值、Capture 值、测量值等。

6.3 运动控制的功能与编程

6.3.1 概述

S7-1500 PLC 的运动控制功能支持旋转轴、定位轴、同步轴和外部编码器等工艺对象，只要有 PROFIDRIVE 功能的驱动装置或带模拟量设定值接口的驱动装置，均可以通过标准运动控制功能实现完美的动作。它的轴控制面板及全面的在线和诊断功能有助于轻松完成驱动装置的调试和优化工作，如图 6-43 所示。

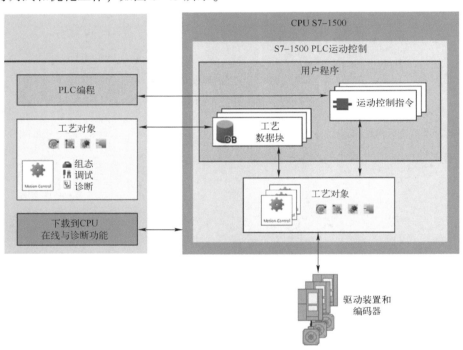

图 6-43　CPU 集成运动控制对象示意图

6.3.2　G120 驱动器的运动控制功能

 实例【6-3】基于 CPU1516-3 PN/DP 和 TM Count 2×24V 模块的 G120 驱动器的运动控制

如图 6-44 所示，使用 S7-1500 PLC 的 CPU1516-3 PN/DP 通过 PROFINET 通信控制

G120 驱动器，通过安装在电动机后面的编码器连接到工艺模块 TM Count 2×24V 用作位置反馈。请进行硬件配置和编程。

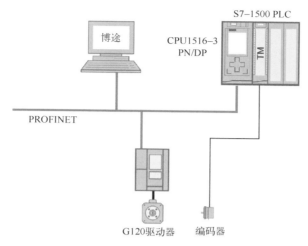

图 6-44　G120 驱动器的运动控制系统

步骤与分析

（1）新建项目及硬件组态。

组态 CPU 站点，在博途中新建一个项目，在设备组态中插入 CPU1516-3 PN/DP 和工艺模块 TM Count 2×24V，如图 6-45 所示。

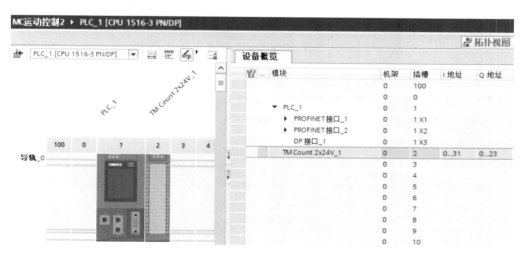

图 6-45　插入 CPU 和工艺模块

选择 CPU1516 的 PROFINET 接口，为 PROFINET 接口分配子网、IP 地址和设备名称，确保 CPU、驱动器和编程计算机的 IP 地址在同一个子网（这里设置为 192.168.0.1），且不与其他设备冲突，如图 6-46 所示。

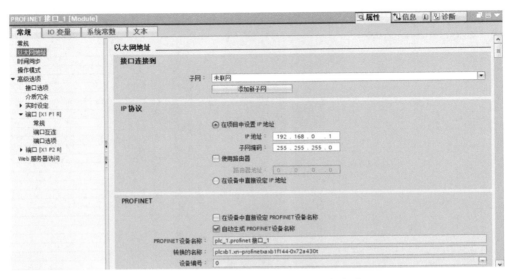

图 6-46　分配子网、IP 地址和设备名称

将 TM Count 2×24V 模块通道 0 的工作模式选择为 ⊙ 工艺对象 "Motion Control" 的位置输入，这样接入通道 0 的编码器就可以在后面的运动控制工艺对象里面进行配置，如图 6-47 所示。

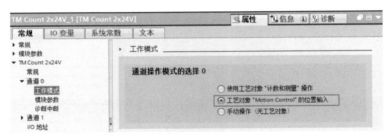

图 6-47　通道 0 工作模式的选择

同时，根据所连接编码器实际数据配置通道 0 的模块参数，例如"信号类型"选择"增量编码器"，"单转步数"选择编码器每圈的脉冲数，"基准速度"选择所使用电动机的额定转速，如图 6-48 所示。

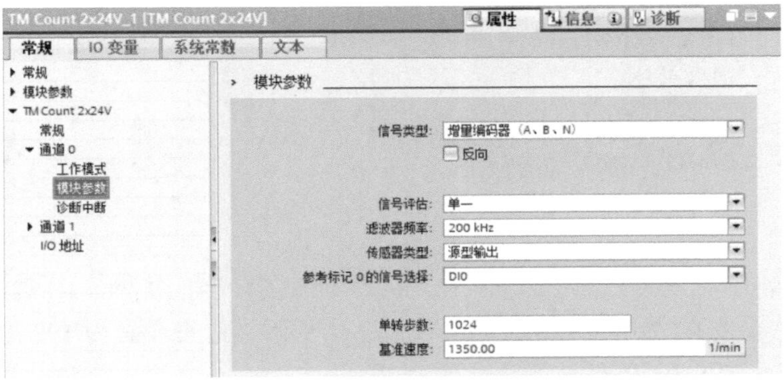

图 6-48　通道 0 模块参数的选择

（2）配置驱动器。

在 CPU 的站点硬件组态完毕后，需要在项目中插入一个驱动器，本实例选用 SINAMICS G120 CU250S-2PN Vector V4.7，将其拖到项目中后，再将其 PROFINET 接口与组态的 CPU 的 PROFINET 网络连接，如图 6-49 所示。

图 6-49　插入驱动器

将 S7-1500 PLC 与 G120 驱动器联网，如图 6-50 所示。

图 6-50　将 S7-1500 PLC 与 G120 驱动器联网

进入驱动器的"设备概览"，插入所使用的功率单元，为驱动器设置 IP 地址和设备名称，并在循环数据交换中选择"标准报文 3，PZD-5/9"，如图 6-51 所示。表 6-6 为标准报文 3 的字结构。

（3）配置工艺对象。

在 S7-1500 PLC 的运动控制功能中，被控对象都是以工艺对象的形式存在的，所以需要先在项目中插入一个新的工艺对象，在"运动控制"中就可以看到对象类型可以是速度轴、定位轴、外部编码器及同步轴。本实例选用定位轴，并定义一个名称，如图 6-52 所示。

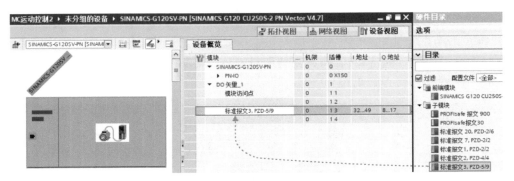

图 6-51   选择驱动器报文类

表 6-6   标准报文 3 的字结构

过程值序号	写部分	读部分
过程值 1	控制字 1	状态字 1
过程值 2	转速设定值，32 位	转速实际值，32 位
过程值 3		
过程值 4	控制字 2	状态字 2
过程值 5	编码器 1，控制字	编码器 1，状态字
过程值 6	无	编码器 1，位置实际值 1，32 位
过程值 7		
过程值 8		编码器 1，位置实际值 2，32 位
过程值 9		

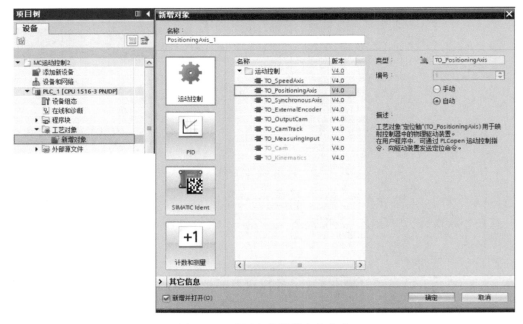

图 6-52   选用定位轴并定义名称

插入工艺对象后，在项目树下可以看到该对象及其"组态""调试""诊断"等选项。工艺对象的组态可分为"基本参数""硬件件接口"和"扩展参数"，如图 6-53 所示。在这些参数中，如果是蓝色图标，则代表默认参数可用；如果是红色图标，则表示有错误或未设置；如果是绿色图标，则表示经过修改且可用的参数。

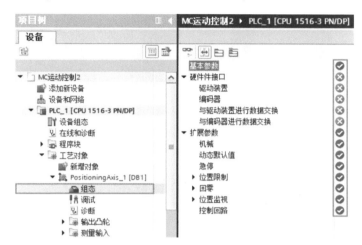

图 6-53　工艺对象的组态参数

首先需要在"基本参数"选项中，根据项目实际情况选择轴的类型及单位等参数，本实例都选用默认值；然后在"驱动装置"选项中选择驱动装置类型为 PROFldrive，驱动装置从下拉列表中选择前面已经组态好的"SINAMICS-G1205V-PN"，如图 6-54 所示。

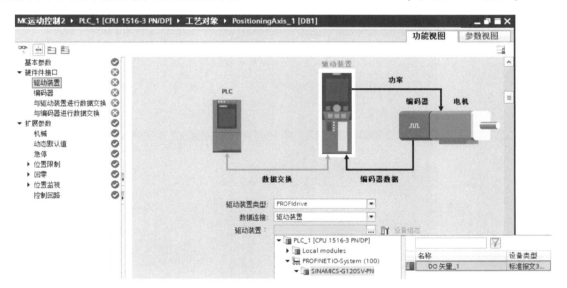

图 6-54　"驱动装置"的配置

图 6-55 为完成后的驱动装置配置。

在如图 6-56 所示的"编码器"选项中，选择前面组态好的 TM Count 2×24V 通道 0。

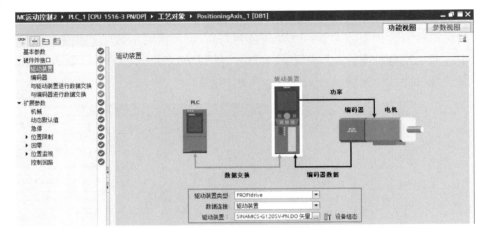

图 6-55　完成后的驱动装置配置

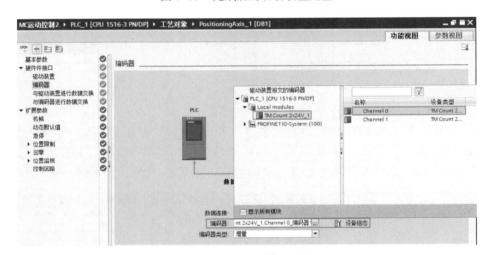

图 6-56　"编码器"选项

图 6-57 为完成后的编码器配置。

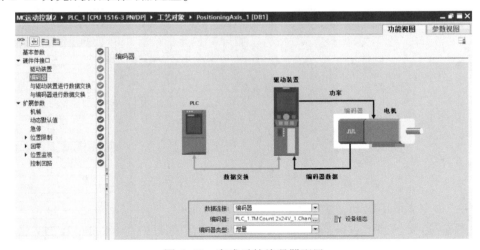

图 6-57　完成后的编码器配置

在如图 6-58 所示的"与驱动装置进行数据交换"选项中，需要将"驱动器报文"选择为与前面驱动器组态一致的"报文 3"，"参考转速"根据实际电动机填写。本实例使用1024 脉冲的增量式旋转编码器，将"GX-XJGT1 中的位"改为 0，如图 6-59 所示。

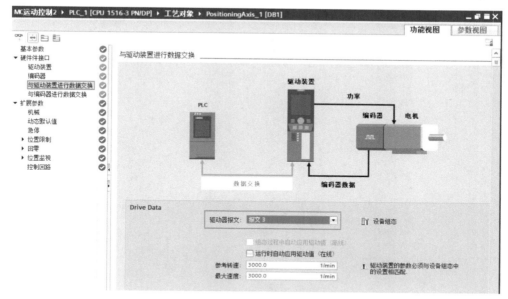

图 6-58　"与驱动装置进行数据交换"选项

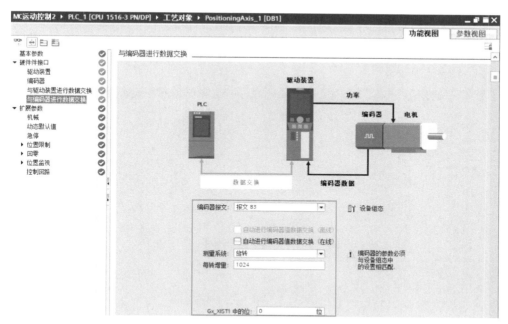

图 6-59　"与编码器进行数据交换"选项

至此，工艺对象必需的硬件接口已经基本配置完毕，下面需要配置扩展参数。扩展参数是用户根据自己项目的实际情况进行调整的参数，例如需要在"机械"配置页面选择编码器所在位置，以及传动比参数和丝杠螺距参数等。如图 6-60 所示，在本实例中，传动比为 1:1，丝杠螺距为 10.0mm，意味着之后在控制指令中让轴移动 10mm，电动机实际转一圈。

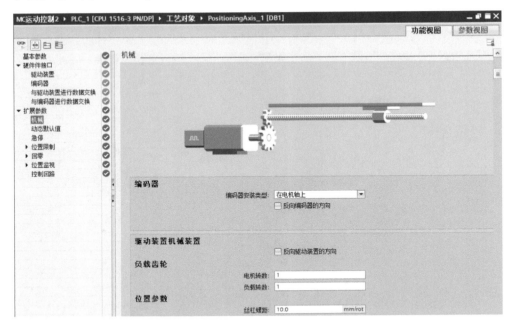

图 6-60　"机械"参数的配置

"位置监视"用于设置工艺对象运行状态的监视参数，当轴的运行状态超过监视允许的参数值时，工艺对象会报出相应的错误。在驱动器和设备没有优化之前，经常会由于默认的监视值过小而报错，所以建议在系统优化之前，先将"位置监视"中的"容差时间"设置得大一些，如图 6-61 所示。

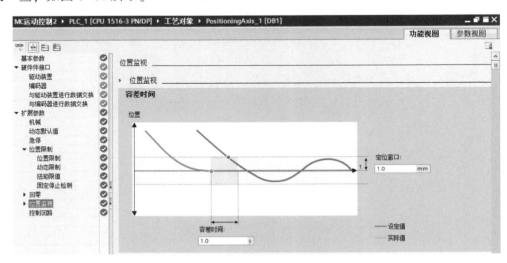

图 6-61　"位置监视"选项中的"容差时间"

设置"位置监视"选项下"定位窗口中的最短停留时间"如图 6-62 所示。

图 6-63 为设置"位置监视"选项下的"停止信号"。

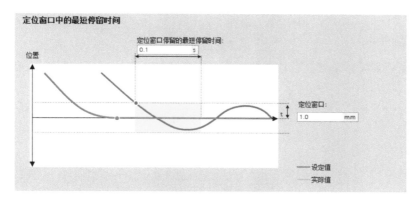

图 6-62　设置"位置监视"选项下"定位窗口中的最短停留时间"

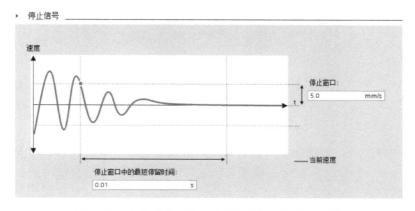

图 6-63　位置"位置监视"选项下的"停止信号"

如图 6-64 所示的"跟随误差"选项主要监视轴的运行状态。跟随误差指的是轴在运行过程中，实际值和给定值之间的差值，当跟随误差超过允许范围时，系统会报出跟随误差错误。因为跟随误差会随着速度的增大而增大，所以跟随误差是动态值。

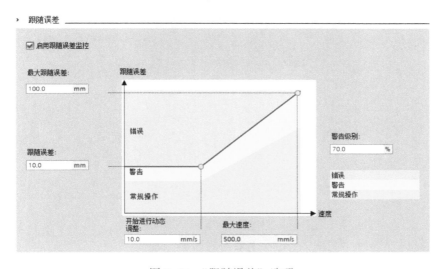

图 6-64　"跟随误差"选项

在如图 6-65 所示的"控制回路"选项中，可以调节控制器的增益及预控制系数来优化工艺对象的控制效果。

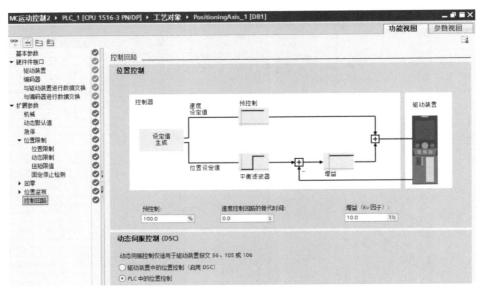

图 6-65　"控制回路"选项

至此，S7-1500 PLC 运动控制工艺对象的参数组态基本完毕，将当前项目存盘编译，并下载到 CPU 中，如果 CPU 和驱动器均正常，则可以使用工艺对象自带的调试功能测试轴的运行状态，同时起到检测参数的目的。

（4）在线调试。

S7-1500 PLC 运动控制工艺对象提供了在线调试工具，使用如图 6-66 所示的"轴控制面板"可以进行简单的调试，以检验工艺对象的参数分配和基本运行状态。

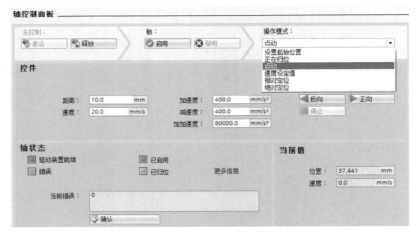

图 6-66　"轴控制面板"界面

① 在项目树中选择"调试"，进入"轴控制面板"；

② 在"主控制"区域选择"激活"使"轴控制面板"获得控制权，随后会有一个安全

提示，确认即可；

③ "启动" 和 "禁用" 可以将驱动器使能或去使能；

④ 在 "操作模式" 中可以选择 "点动" "相对定位" "绝对定位" 等；

⑤ 在 "控件" 区域可以设置工艺对象的位置、速度、加速度等，"正向" "反向" 和 "停止" 用来启动和停止轴的运行；

⑥ "轴状态" 可以显示工艺对象的基本状态及故障代码和描述，轴的更多状态可单击 "更多信息" 切换到诊断页面中了解；

⑦ "当前值" 可以显示当前轴的 "位置" 和 "速度" 等。

（5）诊断。

当工艺对象出现错误时，可以在如图 6-67 所示的诊断页面了解具体信息，相应的状态位会变成红色，例如跟随误差超限，可单击后面的箭头直接切换到与此错误相关的参数组态页面。

图 6-67　诊断页面

（6）编写程序。

经过前面的调试后，若运行没有问题，就可以编写程序了。在指令库中的 "工艺" 分类中找到 S7-1500 PLC 运动控制的功能块，如图 6-68 所示，以 MC_POWER、MC_MOVEVELOCITY 为例，直接将其拖到程序段中，分配背景数据块后，将前面配置好的工艺对象从项目树中拖到功能块的 Axis 管脚，分别如图 6-69 和图 6-70 所示。

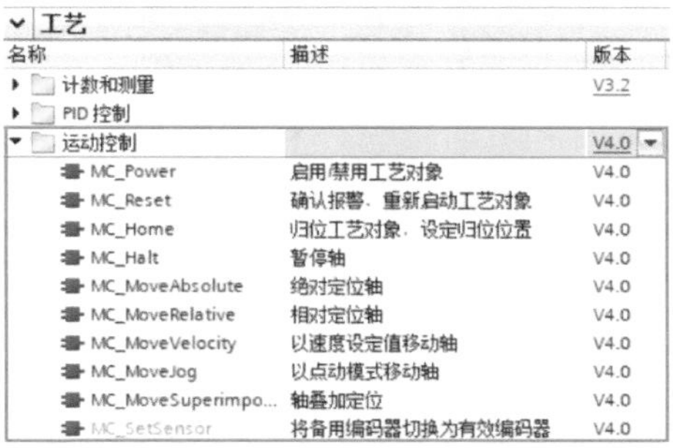

图 6-68　运动控制的功能块

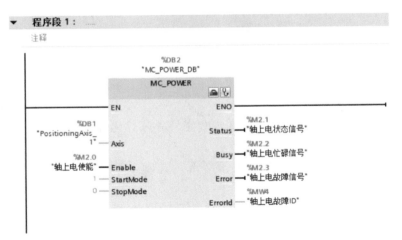

图 6-69　MC_POWER 功能块

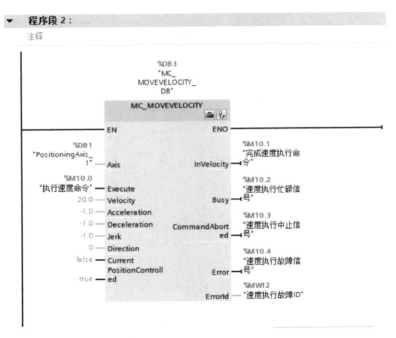

图 6-70　MC_MOVEVELOCITY 功能块

第 7 章

S7-1500 PLC 的上位机 WinCC RT

📑 导读

　　在 S7-1500 PLC 控制系统中，一旦任务增加、系统变得复杂，不可能仅靠增大 PLC 点数或改进机型来实现控制功能。此时，WinCC RT 作为 RLC 控制技术上位机 SCADA 系统就出现了。SCADA 系统的主要特征是采用 Internet 技术、面向对象技术及智能算法技术等，可以对现场的运行设备进行监视和控制，以实现数据采集、设备控制、测量、参数调节及各类信号报警等各项功能，越来越广泛地应用于工业和公用事业领域。本章主要介绍 WinCC RT 的初步使用、WinCC RT 的应用实例及 OPC UA 在 WinCC RT 上的应用。

▌7.1　WinCC RT 的初步使用

7.1.1　概述

　　WinCC RT（WinCC Runtime）是西门子公司推出的用于计算机的 SCADA 系统，运行系统软件：单机版需要 WinCC Runtime Professional 软件，服务器版需要 WinCC Runtime Professional 和 WinCC Server for Runtime Professional 软件。

　　WinCC RT 的建立有两种方式。一种方式是在项目树中双击"添加新设备"，在"添加新设备"界面中选择添加"PC 系统"下的"WinCC RT Professional"，如图 7-1 所示。

　　另一种方式是从硬件目录中添加"PC 系统"下的"PC station"，如图 7-2 所示。单击"PC-System_1"，添加"通信模块"为"常规 IE"，将其拖至 PC station 中的插槽内，为设备添加以太网卡，并添加"SIMATIC HMI 应用软件（WinCC RT Professional）"，如图 7-3 所示。

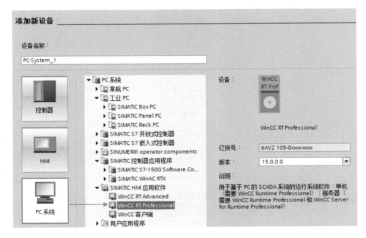

图 7-1 "添加新设备"界面

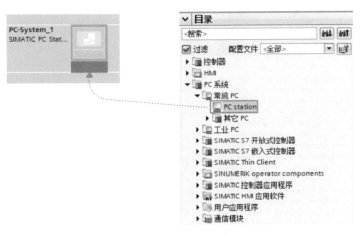

图 7-2 添加"PC 系统"下的"PC station"

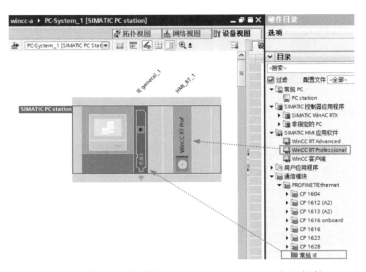

图 7-3 添加"通信模块"和"SIMATIC HMI 应用软件"

在设备视图中，选中 PC station，在"属性"→"常规"→"常规"中输入"PC 名称"，此时"PC 名称"应与实际运行计算机的名称一致，且要求为大写字母或数字，如果运行计算机的名称不是大写字母或数字，则需进行修改。图 7-4 中的"PC 名称"为"WINCCRT1"。

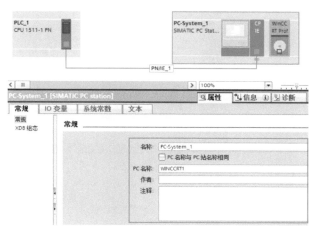

图 7-4　输入"PC 名称"

在项目树内，双击"PC-System_1"下的"连接"，将"接口"选为"TCP/IP"，如图 7-5 所示。

图 7-5　选择"接口"

在项目树中，单击"PC-System_1"→"HMI_RT_1"→"画面"→"添加新画面"，在新画面中添加 I/O 域等对象，与触摸屏画面的建立类似，在此不再赘述。

7.1.2　WinCC RT 使用实例

实例【7-1】用 WinCC RT 来控制电动机的启动与停止

在计算机上运行 WinCC RT 软件，通过启动按钮和停止按钮对电动机接触器 Q0.0 进行启/停控制。

步骤与分析

（1）配置 S7-1500 PLC 的 CPU1511-1 PN 与 PC station 的设备与网络，如图 7-6 所示，并建立连接，如图 7-7 所示。

图 7-6　配置设备与网络

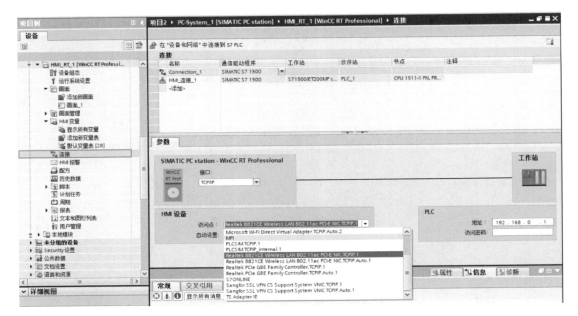

图 7-7　建立连接

（2）按照如图 7-8 所示的电动机启/停梯形图进行软件编程。

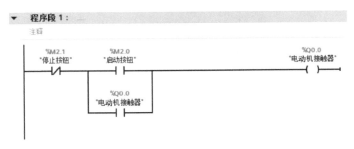

图 7-8　电动机启/停梯形图

（3）建立 HMI 变量如图 7-9 所示，可以采用与 S7-1500 PLC 同步的方式建立，也可以先绘制图形、按钮等对象后再自动建立。

名称 ▼	变量表	数据类型	连接	PLC 名称	PLC 变量	地址
停止按钮	默认变量表	Bool	HMI_连接_1	PLC_1	停止按钮	
启动按钮	默认变量表	Bool	HMI_连接_1	PLC_1	启动按钮	
电动机接触器	默认变量表	Bool	HMI_连接_1	PLC_1	电动机接触器	%Q0.0

图 7-9　建立 HMI 变量

如图 7-10 所示，对"启动按钮"按鼠标左键定义事件，与触摸屏按钮的属性类似，即"置位位"；如图 7-11 所示，对"启动按钮"释放鼠标左键定义事件，即"复位位"，与触摸屏不同，这里的按钮事件非常多，如图 7-12 所示，包括"单击""按鼠标左键""释放鼠标左键""按鼠标右键""释放鼠标右键""键盘按下""键盘释放""激活""对象改变"等，可根据工艺要求进行选用。

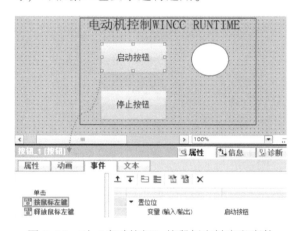

图 7-10　对"启动按钮"按鼠标左键定义事件　　　图 7-11　对"启动按钮"释放鼠标左键定义事件

按照同样方法，定义"停止按钮"的按鼠标左键和释放鼠标左键事件，对应变量为"停止按钮"。

图 7-13 为电动机接触器的外观，设置为"0"时背景色为灰色、"1"时背景色为红色。

图 7-12　按钮事件

图 7-13　电动机接触器的外观

（4）完成 WinCC RT 编译后，博途可以直接生成客户端。选择"下载到文件系统"如图 7-14 所示。

图 7-14　选择"下载到文件系统"

"下载预览"界面如图 7-15 所示。

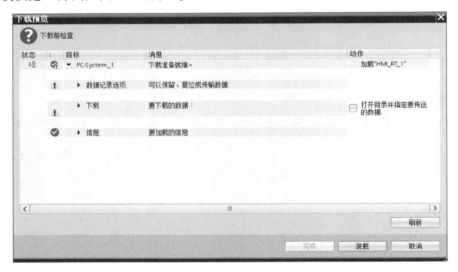

图 7-15　"下载预览"界面

下载到文件系统活动文件及文件夹如图 7-16 所示。

名称	修改日期	类型	大小
PC-System_1	2020/2/22 9:16	Siemens SCADA RT project file	1 KB
HMI_I5DU	2020/2/22 9:06	文件夹	

图 7-16　下载到文件系统活动文件及文件夹

将客户端文件拷贝到操作员计算机上，单击图标运行 WinCC RT Start 程序，如图 7-17 所示。

在"Project"处通过图标找到 PC-System_1 文件并运行，如图 7-18 所示。

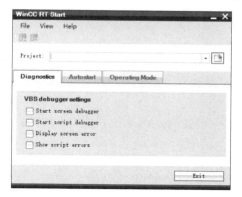

图 7-17　运行 WinCC RT Start 程序　　　图 7-18　找到 PC-System_1 文件并运行

单击图标，即可启动 WinCC RT 运行上位机操作画面，该程序的任务符号为。图 7-19 为正在激活时的状态。图 7-20 为上位机操作画面。按照要求进行启动按钮和停止按钮的测试，电动机接触器能正常工作，如图 7-21 所示。

图 7-19　正在激活时的状态　　　　图 7-20　上位机操作画面

图 7-22 为设置自动启动功能，即当工控机死机或由于其他原因需要重启时，计算机会自动加载 *.mcx 项目程序。

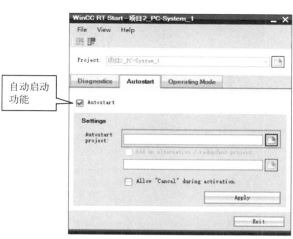

图 7-21　测试启动按钮和停止按钮　　　图 7-22　设置自动启动功能

7.2　WinCC RT 的应用实例

7.2.1　WinCC RT 的 VB 脚本编程

1. VB 脚本的使用

VB 脚本的特点是简单易学，且集成成熟技术，是很多上位机控制软件的主要语言，也是 WinCC RT 支持的两种脚本（VB 脚本和 C 脚本）之一。

在 WinCC RT 中使用 VB 脚本（见图 7-23）的前提是将运行系统设置为"启动""Sm-artTags 通过缓存读取 PLC 值"，如图 7-24 所示。

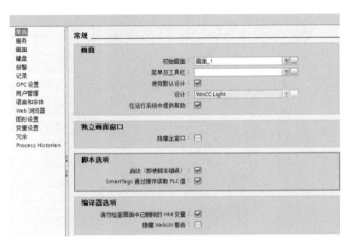

图 7-23　"脚本"选项　　　　　　　　　　图 7-24　设置"脚本选项"

单击如图 7-25 所示的"VB 脚本"→"添加新 VB 函数"，即可进入函数编辑窗口：通过图标可以列出 HMI 和 PLC 的所有对象，并通过 SmartTags 来读取变量值；通过图标

图 7-25　函数编辑窗口

可以列出 VB 脚本的所有常量，如 Empty、False、True 等（见图 7-26）；通过图标🐜可以列出 VB 脚本的所有标准函数，如 Abs、Array、Asc 等（见图 7-27）；通过图标🐜可以列出 VB 脚本的所有用户函数；通过图标🐜可以列出 VB 脚本的所有系统函数，如 ActivateScreen（激活窗口）、InverBit（位取反）等，如图 7-28 所示。

图 7-26　VB 脚本的所有常量

图 7-27　VB 脚本的所有标准函数

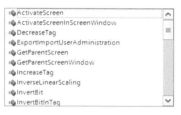

图 7-28　VB 脚本的所有系统函数

在编写脚本时，如果要对来自 S7-1500 PLC 的外部变量进行操作，则格式为 SmartTags（"变量名"）。若直接采用变量名，则操作无效。

例如，SmartTags（"chiller"）=（SmartTags（"chillerH"）* 1000）+SmartTags（"chillerL"）：为可操作的格式，含义为变量 chiller=chillerH * 1000+chillerL。

若只编写 chiller=chillerH * 1000+chillerL，则操作无效。

2. 编写显示实时时间的 VB 脚本

 实例【7-2】WinCC RT 显示实时时间

编写显示实时时间的 VB 脚本，并在 WinCC RT 上显示出来。

步骤与分析

（1）建立 HMI 变量如图 7-29 所示，选择数据类型为"Int"，连接为"<内部变量>"。

HMI 变量			
名称 ▲	变量表	数据类型	连接
Hour	默认变量表	Int	<内部变量>
Min	默认变量表	Int	<内部变量>
Sec	默认变量表	Int	<内部变量>

图 7-29　建立 HMI 变量

（2）添加新 VB 函数 Time1，在程序编辑窗口中输入程序代码如图 7-30 所示。图中，Hour、Minute、Second 是标准函数，Now 是常量。

图 7-30　程序代码

（3）添加计划任务 Task_1，触发器设置为 1s，即每 1s 执行一次数据显示，如图 7-31 所示。设置该计划任务的事件，即事件更新函数 Time1，如图 7-32 所示。

图 7-31　添加计划任务 Task_1

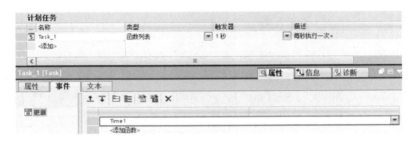

图 7-32　设置事件

（4）在"服务"设置中包括"运行系统中的文本库""运行系统中的计划任务""运行系统中所计划的打印作业""运行系统中的画面""报警顺序报表""运行系统中的报警记录""运行系统中的数据记录""配方"等，根据需要进行勾选。本实例使用"运行系统中的计划任务"，因此需要勾选，如图 7-33 所示。

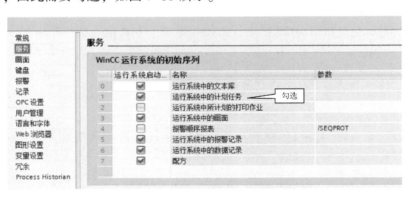

图 7-33　勾选"运行系统中的计划任务"

（5）在画面中建立 3 个 I/O 域，如图 7-34 所示，分别对应 Hour、Min 和 Sec，并设置为"显示格式"为"十进制"，"格式样式"为"s99"。

（6）编译程序，并下载到文件，执行效果为 11：43：31。

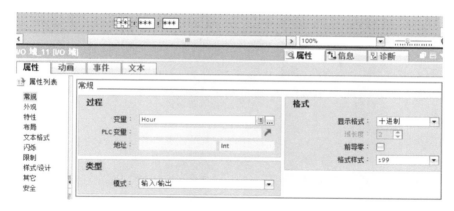

图 7-34　建立 I/O 域

3. 用 VB 脚本来显示其他时间

如果想要提取系统中的当前时间（年/月/日/周），则指令如下：

年：SmartTags（"变量名"）＝ Year（Now）；

月：SmartTags（"变量名"）＝ Month（Now）；

日：SmartTags（"变量名"）＝ Day（Now）；

周：SmartTags（"变量名"）＝ Weekday（Now）。

按照西方人的习惯，周日是每周的第一天，因此当前为周日时，Weekday（Now）提取的数为 1，周一时，提取的数为 2，依此类推。如果想按照中国人的习惯提取，则需要编写脚本进行转换，参考脚本为

```
SmartTags（"weee"）＝ Weekday（Now）
If SmartTags（"weee"）＞1 Then
    SmartTags（"wddd"）＝ SmartTags（"weee"）+1
Else
    SmartTags（"wddd"）＝ 7
End if
```

变量 wddd 的值即为得到的包含周的日期数据。

通过上述指令得到的数据只能为实际位数，例如年份，得到的数据为 2020、2019、2018 等，为四位数；月份，得到的 1~9 月为一位数，10~12 月为两位数。有时想让得到的数据为固定的位数，可以进行如下编程。

（1）仅提取 2020 中的最后两位 20。

```
SmartTags（"年份"）＝ Right（Year（Now），2）
```

通过上述指令，仅提取 2020 中的最右侧两位 20。

（2）使月份 1~9 变为 01~09。

```
SmartTags（"bbb"）＝ Right（0&Month（Now），2）
```

这里采用 &（与）指令符，可以将两个数据合并在一起，将 1 变为 01，再提取右侧两位，即得 01；将 12 变为 012，再提取右侧两位，即得 12 不变。

7.2.2 WinCC RT 创建变量的限制

当将 WinCC RT 连接 S7-1500 PLC 时，要根据 S7-1500 PLC 的型号、WinCC RT 专业版有无 CP 卡来确定登录到 S7 连接的变量数量及最大连接数量。表 7-1 显示了 S7-1500 PLC 支持的变量数量。

表 7-1 S7-1500 PLC 支持的变量数量

S7-1500 PLC	同时登录到 S7 连接的变量数量	WinCC RT 专业版 最大连接数量（有 CP 卡）	WinCC RT 专业版 最大连接数量（无 CP 卡）
CPU1511-1 PN V1.01 (6ES7511-1AK00-0AB0)	1500	30	19
CPU1511-1 PN V1.1 (6ES7511-1AK00-0AB0)	1500	30	19
CPU1516-3 PN/DP V1.01 (6ES7516-3AN00-0AB0)	3000	83	41
CPU1513-1 PN V1.1 (6ES7513-1AL00-0AB0)	1500	41	27
CPU1516-3 PN/DP V1.1 (6ES7516-3AN00-0AB0)	3000	83	41

7.2.3 WinCC RT 的复杂实例

 实例【7-3】瓶装生产线的 WinCC RT 控制

瓶装生产线的现场设备如图 7-35 所示。

放瓶   灌装   旋盖   称重、包装

图 7-35   瓶装生产线的现场设备

请进行 PLC 编程，实现如下控制功能：

（1）瓶装生产线的控制地点分为现场和计算机站两个地方：现场为按钮控制；计算机站为 WinCC RT 控制。两者可以互相切换。

（2）选用 S7-1500 PLC 的 CPU1516-3 PN/DP，并配置相应的数字量、模拟量模块，通过 PROFINET 与 WinCC RT 通信。

（3）流程控制分为手动和自动。手动包括输送带运行的 M 正向点动、M 反向点动和灌装阀控制等。自动按照如图 7-36 所示的工艺流程图，需要设置启动、停止和暂停三个功能按钮：按下启动按钮，全自动流程不间断操作；按下暂停按钮，中断当前操作，记录当前的所有变量（包括定时时间等），待重新按下启动按钮后继续；按下停止按钮，将当前的操作流程走完后停机。

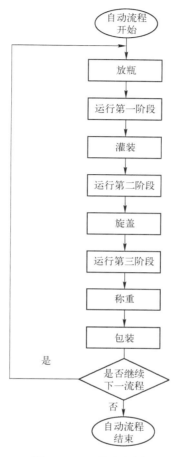

图 7-36　工艺流程图

（4）可以在 WinCC RT 中设置灌装时间，并进行瓶装计数。

步骤与分析

（1）选择 S7-1500 PLC 的 CPU1516-3 PN/DP 作为控制器，建立瓶装生产线网络视图如图 7-37 所示。这里选用 S7-1500 PLC 的一个 PROFINET 接口建立 PN/IE_1 网络。

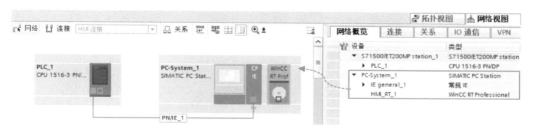

图 7-37　建立瓶装生产线网络视图

建立通信连接如图 7-38 所示。计算机站端 SIMATIC PC station-WinCC RT Professional 的接口为 TCP/IP，通过自动设置的访问点与 S7-1500 PLC 的地址 192.168.0.1 连接建立 Connection_1。

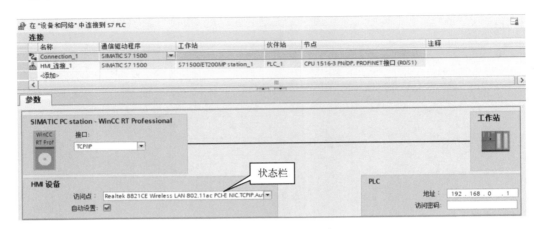

图 7-38　建立通信连接

（2）瓶装生产线运行画面如图 7-39 所示，共有 3 个部分，即状态栏、菜单栏和主画面。

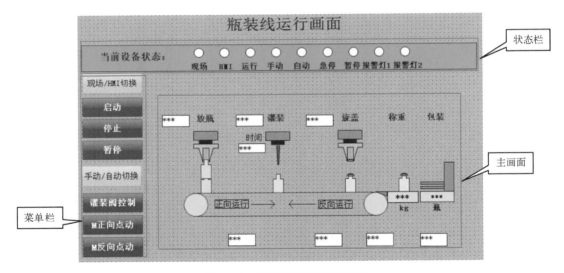

图 7-39　瓶装生产线运行画面

图 7-39 可分解为 8 个环节，用 M5.0~M5.7 分别对应运行放瓶阶段、运行第一阶段、运行灌装阶段、运行第二阶段、运行旋盖阶段、运行第三阶段、运行称重阶段和运行包装阶段；在每一个阶段相互切换时，需要用 M6.0~M6.7 来一一对应，如图 7-40 所示。

运行工艺流程与 M5.0~M5.7 的对应关系如图 7-41 所示。

M5.0~M5.7 与 M6.0~M6.7 的对应关系如图 7-42 所示。

名称	变量表	数据类型	地址 ▲
运行状态字节	默认变量表	Byte	%MB5
运行放瓶阶段	默认变量表	Bool	%M5.0
运行第一阶段	默认变量表	Bool	%M5.1
运行灌装阶段	默认变量表	Bool	%M5.2
运行第二阶段	默认变量表	Bool	%M5.3
运行旋盖阶段	默认变量表	Bool	%M5.4
运行第三阶段	默认变量表	Bool	%M5.5
运行称重阶段	默认变量表	Bool	%M5.6
运行包装阶段	默认变量表	Bool	%M5.7
运行中间位1	默认变量表	Bool	%M6.0
运行中间位2	默认变量表	Bool	%M6.1
运行中间位3	默认变量表	Bool	%M6.2
运行中间位4	默认变量表	Bool	%M6.3
运行中间位5	默认变量表	Bool	%M6.4
运行中间位6	默认变量表	Bool	%M6.5
运行中间位7	默认变量表	Bool	%M6.6
运行中间位8	默认变量表	Bool	%M6.7

图 7-40　8 个环节对应的变量

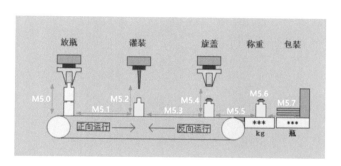

图 7-41　运行工艺流程与
M5.0~M5.7 的对应关系

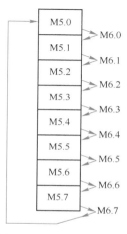

图 7-42　M5.0~M5.7 与
M6.0~M6.7 的对应关系

为了完成 WinCC RT 的监控效果，内部变量主要为 Vtag1 ~ Vtag6 和 Htag1 ~ Htag7。在如图 7-43 所示中，Vtag1、Vtag3、Vtag5 分别表示放瓶、灌装、旋盖动画下降的时间；Htag1、Htag2、Htag3、Htag4、Htag7 分别表示运行第一二三阶段、称重和包装的时间。

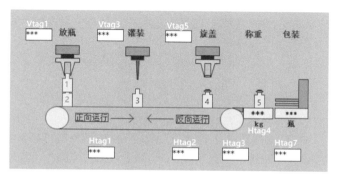

图 7-43　WinCC RT 内部变量

"垂直移动"动画如图 7-44 所示。

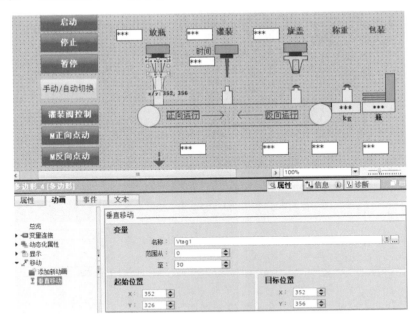

图 7-44 "垂直移动"动画

"高度"动画如图 7-45 所示。

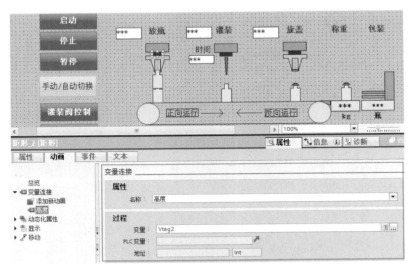

图 7-45 "高度"动画

水平移动动画如图 7-46 所示。

（3）为 WinCC RT 添加计划任务，根据实例需要，添加两个计划任务，分别为 MoveBottle1 和 InitPara。前者用于整个运行工艺流程的动画、变量处理；后者用于停机时的变量清零。图 7-47 为添加计划任务 MoveBottle1（每 100ms 执行一次），并在如图 7-48 所示中添加更新函数，即 Move1。该函数可以用 VB 脚本来编程。

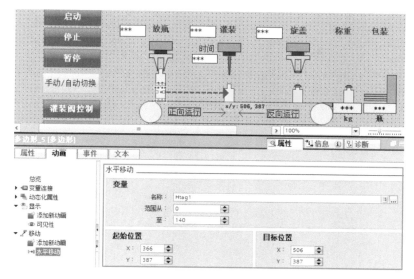

图 7-46　"水平移动"动画

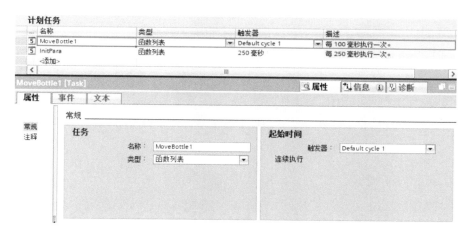

图 7-47　添加计划任务 MoveBottle1

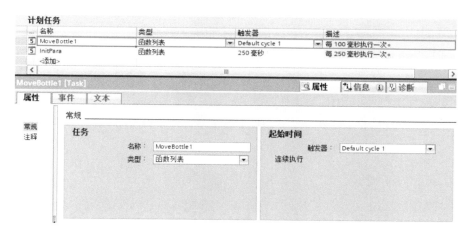

图 7-48　添加更新函数

添加计划任务 InitPara 如图 7-49 所示。

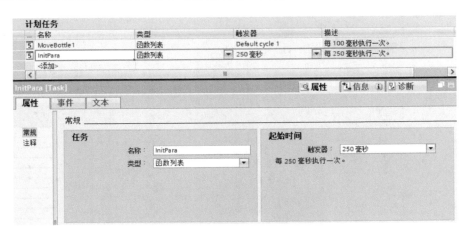

图 7-49 添加计划任务 InitPara

InitPara 更新函数如图 7-50 所示。

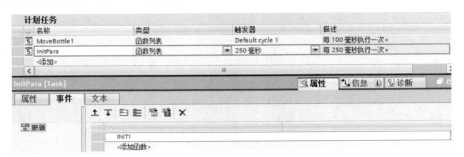

图 7-50 InitPara 更新函数

图 7-51 为 Move1 脚本。

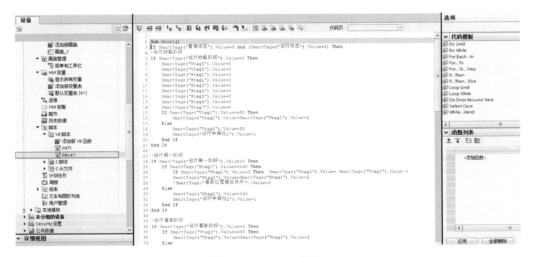

图 7-51 Move1 脚本

图 7-52 为添加内部变量。

图 7-52　添加内部变量

Move1 脚本程序如下。

```
Sub Move1( )
If SmartTags(“暂停状态”). Value=0 And（SmartTags(“运行状态”). Value=1）Then
'运行放瓶阶段
If SmartTags(“运行放瓶阶段”). Value=1 Then
        SmartTags(“Vtag3”). Value=0
        SmartTags(“Vtag5”). Value=0
        SmartTags(“Htag1”). Value=0
        SmartTags(“Htag2”). Value=0
        SmartTags(“Htag3”). Value=0
        SmartTags(“Htag4”). Value=0
        SmartTags(“Htag5”). Value=0
        SmartTags(“Htag6”). Value=0
        SmartTags(“Htag7”). Value=0
        If SmartTags(“Vtag1”). Value<=30 Then
            SmartTags(“Vtag1”). Value=SmartTags(“Vtag1”). Value+2
        Else
            SmartTags(“Vtag1”). Value=30
            SmartTags(“运行中间位 1”). Value=1
        End If
End If

'运行第一阶段
If SmartTags(“运行第一阶段”). Value=1 Then
    If SmartTags(“Htag1”). Value<=140 Then
        If SmartTags(“Vtag1”). Value>0 Then    SmartTags(“Vtag1”). Value= SmartTags(“Vtag1”)
. Value-1
        SmartTags(“Htag1”). Value=SmartTags(“Htag1”). Value+2
        'SmartTags(“灌装位置接近开关”). Value=0
    Else
        SmartTags(“Htag1”). Value=140
        SmartTags(“运行中间位 2”). Value=1
```

```
            End If
    End If

    '运行灌装阶段
    If SmartTags("运行灌装阶段").Value=1 Then
        If SmartTags("Vtag3").Value<=30 Then
            SmartTags("Vtag3").Value=SmartTags("Vtag3").Value+2
        Else
            SmartTags("Vtag3").Value=30
            SmartTags("运行中间位3").Value=1
        End If
    End If

    '运行第二阶段
    If SmartTags("运行第二阶段").Value=1 Then
        If SmartTags("Htag2").Value<=140 Then
            SmartTags("Htag2").Value=SmartTags("Htag2").Value+2
            'SmartTags("灌装位置接近开关").Value=0
            If SmartTags("Vtag3").Value>0 Then    SmartTags("Vtag3").Value=SmartTags
("Vtag3").Value-1
        Else
            SmartTags("Htag2").Value=140
            SmartTags("运行中间位4").Value=1
        End If
    End If

    '运行旋盖阶段
    If SmartTags("运行旋盖阶段").Value=1 Then
        If SmartTags("Vtag5").Value<=30 Then
            SmartTags("Vtag5")=SmartTags("Vtag5")+2
        Else
            SmartTags("Vtag5").Value=30
            SmartTags("运行中间位5").Value=1
        End If
    End If
    '运行第三阶段
    If SmartTags("运行第三阶段").Value=1 Then
        If SmartTags("Htag3").Value<=104 Then
            SmartTags("Htag3").Value=SmartTags("Htag3").Value+2
            If SmartTags("Vtag5").Value>0 Then    SmartTags("Vtag5").Value=SmartTags
("Vtag5").Value-1
        Else
            SmartTags("Htag3").Value=104
            SmartTags("运行中间位6").Value=1
        End If
    End If
    '运行称重阶段
    If SmartTags("运行称重阶段").Value=1 Then
```

```
        If SmartTags("Htag4").Value<=SmartTags("灌装时间 HMI").Value Then
            SmartTags("Htag4").Value=SmartTags("Htag4").Value+2
        Else
            SmartTags("Htag4").Value=SmartTags("灌装时间 HMI").Value
            SmartTags("运行中间位 7").Value=1
        End If
    End If
'运行包装阶段
If SmartTags("运行包装阶段").Value=1 Then
    If SmartTags("Htag6").Value<=120 Then
        SmartTags("Htag6").Value=SmartTags("Htag6").Value+2
    Else
        SmartTags("Htag6").Value=120
        SmartTags("运行中间位 8").Value=1
    End If
    '保证来回动作
    If SmartTags("Htag6").Value<=60 Then
        SmartTags("Htag5").Value=SmartTags("Htag6").Value
    Else
        SmartTags("Htag5").Value=120-SmartTags("Htag6").Value
        SmartTags("Htag7").Value=SmartTags("Htag6").Value-60
        SmartTags("Htag4").Value=0
        If SmartTags("Htag7").Value>=30 Then SmartTags("成品位置接近开关").Value=1
    End If
End If
End If
'其他循环执行语句
SmartTags("Vtag2").Value=SmartTags("Vtag1").Value+10
SmartTags("Vtag4").Value=SmartTags("Vtag3").Value+10
SmartTags("Vtag6").Value=SmartTags("Vtag5").Value+10
If SmartTags("运行包装阶段").Value=0 Then SmartTags("Htag7").Value=0
End Sub


Sub INIT1()
If SmartTags("运行状态").Value=0 Then
    'statements
    SmartTags("Vtag1").Value=0
    SmartTags("Vtag3").Value=0
    SmartTags("Vtag5").Value=0
    SmartTags("Htag1").Value=0
    SmartTags("Htag2").Value=0
    SmartTags("Htag3").Value=0
    SmartTags("Htag4").Value=0
    SmartTags("Htag5").Value=0
    SmartTags("Htag6").Value=0
    SmartTags("Htag7").Value=0
End If
End Sub
```

（4）本实例的 PLC 程序主要包括 OB1 程序、OB100 初始化程序、FC1 手动程序和 FC2
自动程序。

OB1 程序如图 7-53 所示。

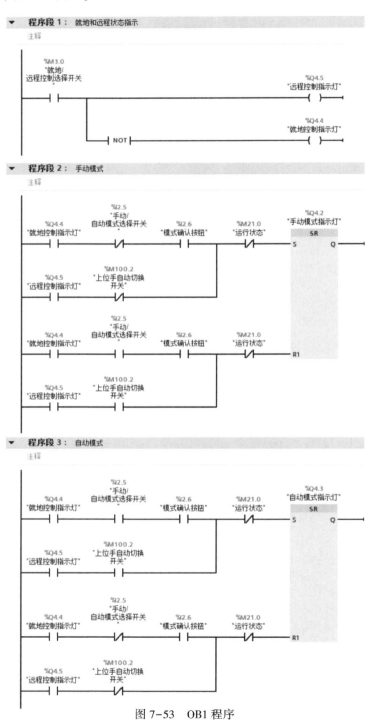

图 7-53　OB1 程序

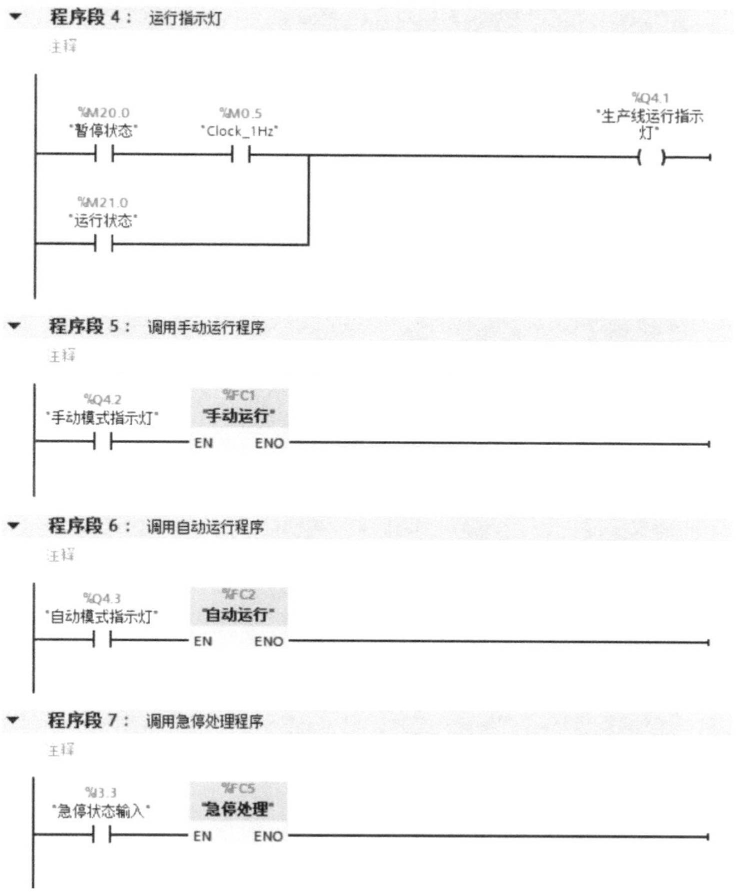

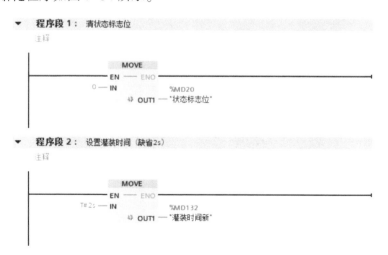

图 7-53　OB1 程序（续）

OB100 初始化程序如图 7-54 所示。

图 7-54　OB100 初始化程序

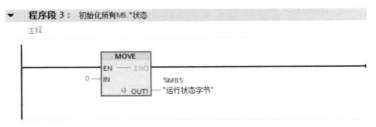

图 7-54 OB100 初始化程序（续）

FC1 手动程序如图 7-55 所示。

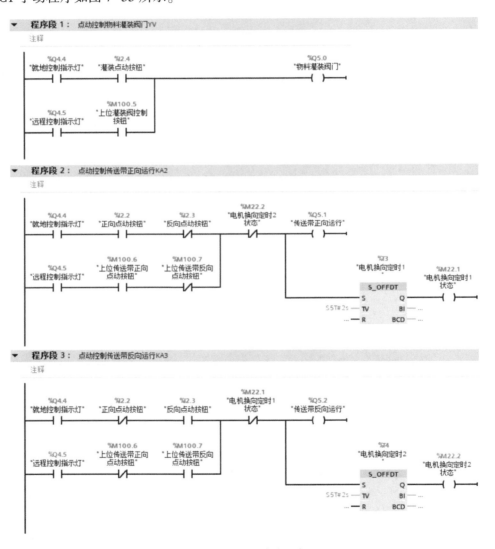

图 7-55 FC1 手动程序

FC2 自动程序如图 7-56 所示。

▼　**程序段 1：**　生产线运行状态（启动自动循环）
　　主释

```
   %Q4.4           %I2.0                                    %M21.0
"就地控制指示灯"   "启动按钮"                                "运行状态"
    ─┤├─           ─┤├─────────────────────────────────────( S )─

   %Q4.5           %M100.0
"远程控制指示灯"  "上位启动按钮"
    ─┤├─           ─┤├─
```

▼　**程序段 2：**　生产线运行状态（按下停止按钮）
　　主释

```
   %Q4.4           %I2.1                                     %M8.0
"就地控制指示灯"   "停止按钮"                              "停止指令按下"
    ─┤├─           ─┤/├────────────────────────────────────( S )─

   %Q4.5           %M100.1
"远程控制指示灯"  "上位停止按钮"
    ─┤├─           ─┤├─
```

▼　**程序段 3：**　生产线暂停状态
　　主释

```
   %I2.0           %Q4.4                                    %M20.0
"启动按钮"      "就地控制指示灯"                            "暂停状态"
    ─┤├─           ─┤├─                                      RS
                                                          R      Q
   %I2.1
"停止按钮"
    ─┤/├─

   %M100.0          %Q4.5
"上位启动按钮"  "远程控制指示灯"
    ─┤├─           ─┤├─

   %M100.1
"上位停止按钮"
    ─┤├─

   %Q4.4           %I2.7            %M21.0
"就地控制指示灯"  "暂停按钮"       "运行状态"
    ─┤├─           ─┤├─             ─┤├─         S1

   %Q4.5           %M101.0
"远程控制指示灯"  "上位暂停按钮"
    ─┤├─           ─┤├─
```

▼　**程序段 4：**　传送带正向运行KA2
　　主释

```
   %M21.0          %M20.0           %M5.1                    %Q5.1
"运行状态"       "暂停状态"     "运行第一阶段"          "传送带正向运行"
    ─┤├─           ─┤/├─            ─┤├─                      ( )─

                                    %M5.3
                                "运行第二阶段"
                                    ─┤├─

                                    %M5.5
                                "运行第三阶段"
                                    ─┤├─
```

图 7-56　FC2 自动程序

程序段 5： 传送带反向运行KA3（禁止）

注释

```
    %M1.2                                              %Q5.2
 "Always TRUE"                                      "传送带反向运行"
    ┤ ├                                                 ( R )
```

程序段 6： 启动物料灌装阀门YV

注释

```
   %M21.0        %M20.0         %M4.1          %M6.2           %Q5.0
  "运行状态"     "暂停状态"    "灌装位置接近开    "运行中间位3"      "物料灌装阀门"
                               关"
   ┤ ├          ┤/├           ┤ ├            ┤ ├              ( )
```

程序段 7： 调用计数统计程序

注释

```
   %M1.2         %FC3
 "Always TRUE"  "计数统计"
   ┤ ├         EN    ENO
```

程序段 8： M5.0变量置位

注释

```
   %M21.0
  "运行状态"                      MOVE
    ┤P├              ┌──────── EN ── ENO ─────────
   %M4.7            │          0 ─ IN                 %MB5
 "运行上升沿"        │                    ⇓ OUT1 ── "运行状态字节"
                    │
                    │                              %M5.0
                    │                            "运行放瓶阶段"
                    └────────────────────────────── ( S )
```

程序段 9： 中间变量1

注释

```
                 "延时数据块".
                  delay[1]
   %M6.0           TON                             %M5.1
 "运行中间位1"       Time                           "运行第一阶段"
   ┤ ├          IN        Q ──┬───────────────── ( S )
           T#2s ─ PT      ET  │
                              │                   %M5.0
                              │                 "运行放瓶阶段"
                              ├───────────────── ( R )
                              │
                              │                   %M6.0
                              │                 "运行中间位1"
                              └───────────────── ( R )
```

程序段 10： 中间变量2

注释

```
                 "延时数据块".
                  delay[2]
   %M6.1           TON                             %M5.2
 "运行中间位2"       Time                           "运行灌装阶段"
   ┤ ├          IN        Q ──┬───────────────── ( S )
           T#2s ─ PT      ET  │
                              │                   %M5.1
                              │                 "运行第一阶段"
                              ├───────────────── ( R )
                              │
                              │                   %M6.1
                              │                 "运行中间位2"
                              └───────────────── ( R )
```

图 7-56　FC2 自动程序（续 1）

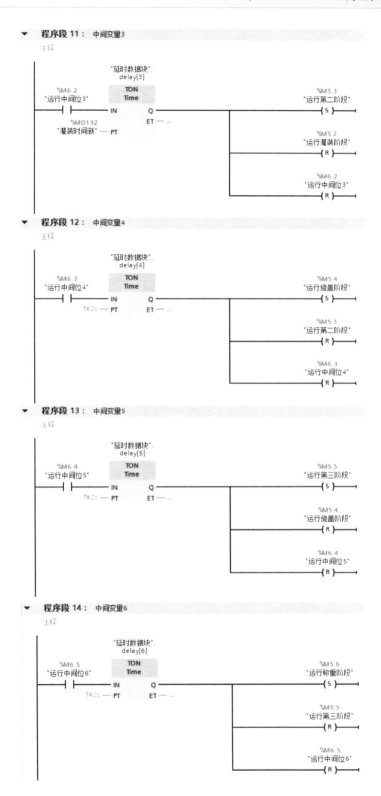

图 7-56　FC2 自动程序（续 2）

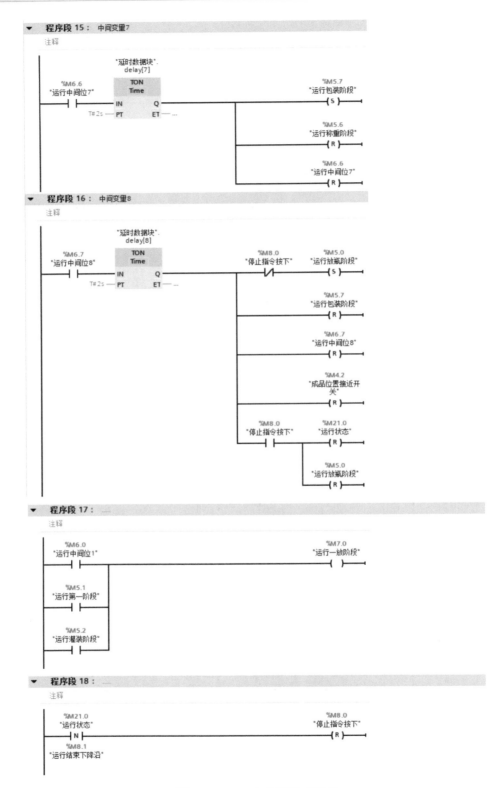

图 7-56 FC2 自动程序（续 3）

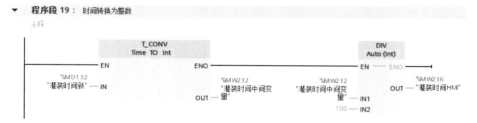

图 7-56　FC2 自动程序（续 4）

（5）WinCC RT 的调试和运行。

"现场/HMI 切换"画面如图 7-57 所示。

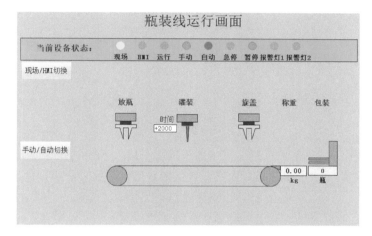

图 7-57　"现场/HMI 切换"画面

"手动/自动切换"画面如图 7-58 所示。

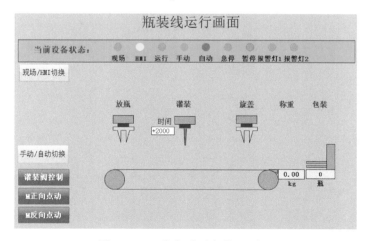

图 7-58　"手动/自动切换"画面

手动"M 正向点动"画面如图 7-59 所示。

自动菜单如图 7-60 所示。

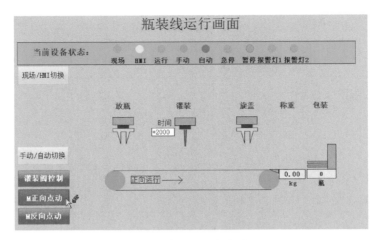

图 7-59　手动 "M 正向点动" 画面

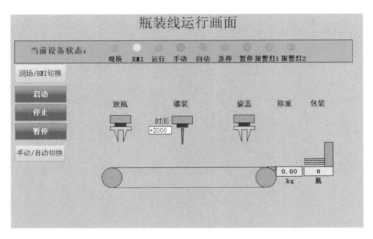

图 7-60　自动菜单

手动 "启动" 画面如图 7-61 所示。

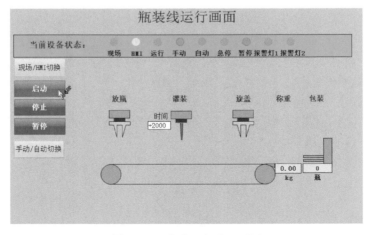

图 7-61　手动 "启动" 画面

放瓶阶段画面如图 7-62 所示。

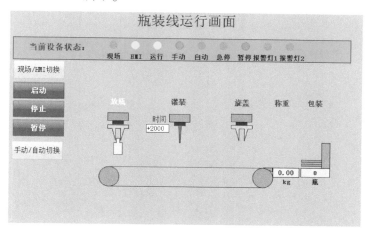

图 7-62　放瓶阶段画面

第一运行阶段画面如图 7-63 所示。

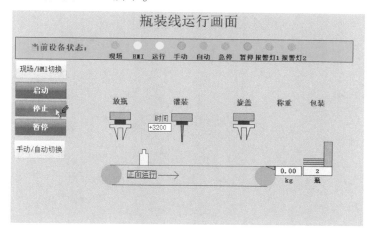

图 7-63　第一运行阶段画面

灌装画面如图 7-64 所示。

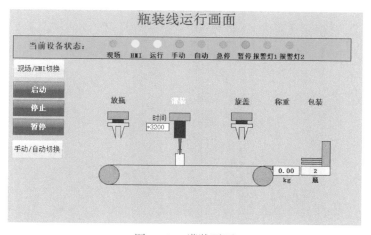

图 7-64　灌装画面

第二运行阶段画面如图 7-65 所示。

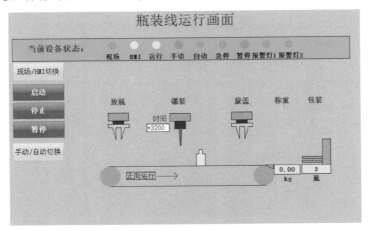

图 7-65　第二运行阶段画面

旋盖画面如图 7-66 所示。

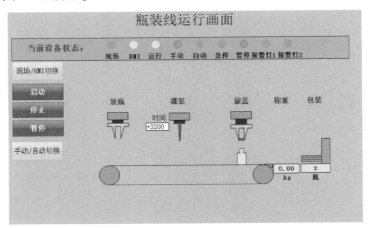

图 7-66　旋盖画面

第三运行阶段画面如图 7-67 所示。

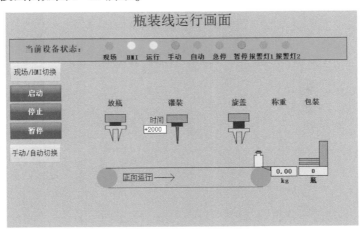

图 7-67　第三运行阶段画面

称重画面如图 7-68 所示。

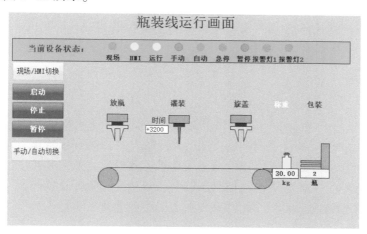

图 7-68　称重画面

包装画面如图 7-69 所示。

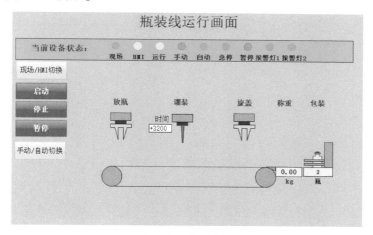

图 7-69　包装画面

暂停和重新启动画面如图 7-70 所示。

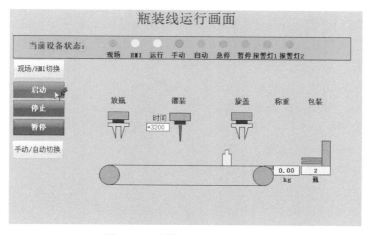

图 7-70　暂停和重新启动画面

7.3 OPC UA 在 WinCC RT 上的应用

7.3.1 概述

OPC（OLE for Process Control）是为了给工业控制系统应用程序之间的通信所建立一个接口标准，可在工业控制设备与控制软件之间建立统一的数据存取规范，给工业控制领域提供了一种标准数据访问机制，并将硬件与应用软件有效分离，是一套与厂商无关的软件数据交换标准接口和规程，主要解决过程控制系统与其数据源的数据交换问题，可以在各个应用之间提供透明的数据访问。图 7-71 为 OPC 在工业中的应用。

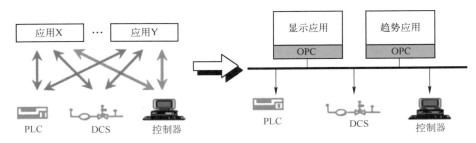

图 7-71　OPC 在工业中的应用

OPC 通信标准的核心是互通性和标准化。传统的 OPC 基于微软的 COM/DCOM 技术，可在控制级别很好地解决硬件设备之间的互通性，但在企业层面的通信标准化方面缺乏灵活性。于是，OPC 基金会（OPC Foundation）发布了最新的数据通信统一方法——OPC 统一架构（OPC UA）。它涵盖了 OPC 实时数据访问规范（OPC DA）、OPC 历史数据访问规范（OPC HDA）、OPC 报警事件访问规范（OPC A&E）和 OPC 安全协议（OPC Security）的不同方面，只使用一个地址空间就能访问之前所有的对象，而且不受 Windows 平台限制。

OPC UA 的优势主要体现在以下几个方面：

（1）一个通用接口集成了之前所有 OPC 的特性和信息；

（2）更加开放，具有平台无关性，Windows、Linux 都能兼容；

（3）扩展了对象类型，支持更复杂的数据类型，比如变量、方法和事件；

（4）在协议和应用层集成了安全功能；

（5）易于配置和使用。

OPC UA 架构如图 7-72 所示。

图 7-73 为三种网络下的 UA 服务器和客户机分布。

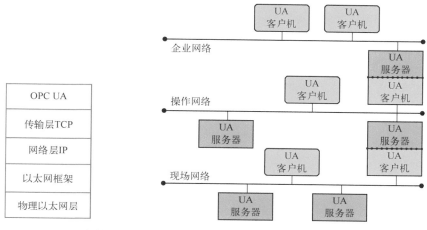

图 7-72　OPC UA 架构　　　　图 7-73　三种网络下的 UA 服务器和客户机分布

7.3.2　S7-1500 PLC 作为 OPC UA 服务器实现通信

实例【7-4】 S7-1500 PLC 与 KepServer 之间的 OPC UA 通信

采用 S7-1500 PLC（CPU 为 CPU1511-1 PN）作为 OPC UA 服务器，采用 KepServer 作为 OPC UA 客户端，通过 OPC UA 实现两者之间的通信。

步骤与分析

（1）选用 S7-1500 PLC 的 CPU1511-1 PN，如图 7-74 所示。单击"OPC UA"选项，勾选"激活 OPC UA 服务器"和"启用 SIMATIC 服务器标准接口"，如图 7-75 所示，按需设置最大数量和端口号，如图 7-76 所示。

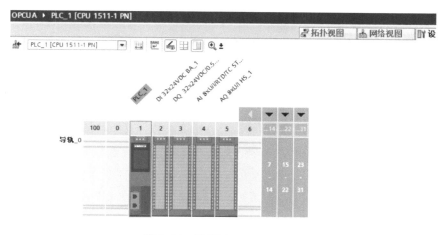

图 7-74　选用 CPU1511-1 PN

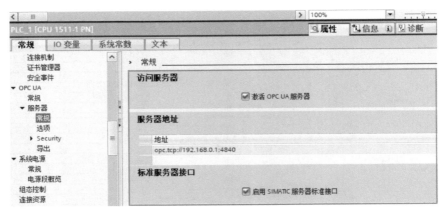

图 7-75 "OPC UA"选项中的"常规"选项勾选

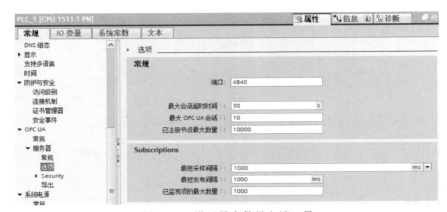

图 7-76 设置最大数量和端口号

启用"服务器证书"如图 7-77 所示。

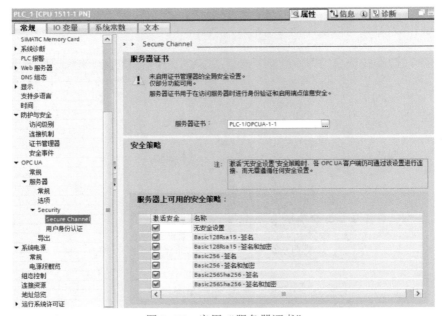

图 7-77 启用"服务器证书"

"可信客户端"界面 1 如图 7-78 所示。

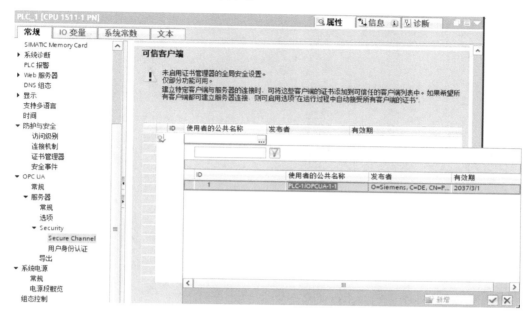

图 7-78　"可信客户端"界面 1

"可信客户端"界面 2 如图 7-79 所示。

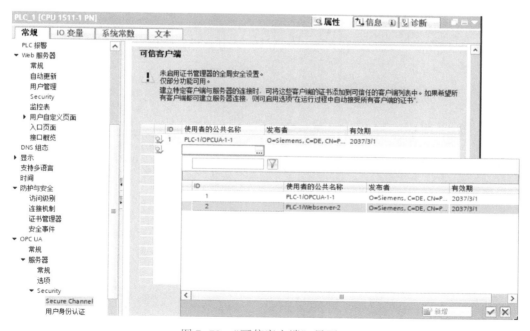

图 7-79　"可信客户端"界面 2

启用"用户身份认证"如图 7-80 所示，可以选择"启用访客认证"或"启用用户名和密码认证"。

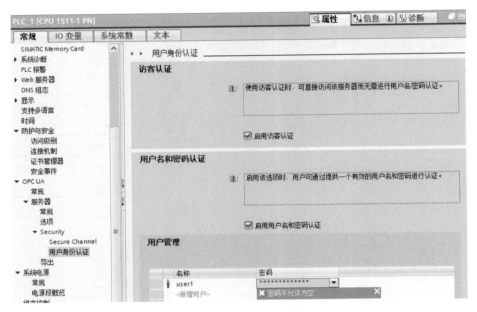

图 7-80   启用"用户身份认证"

数据块设置如图 7-81 所示,必须勾选"可从 HMI/OPC UA 访问"和"从 HMI/OPC UA 可写",否则无法访问。

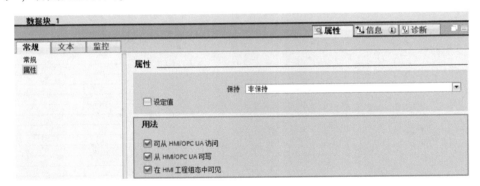

图 7-81   数据块设置

(2) OPC UA 客户端的设置。

OPC UA 客户端软件很多,可根据需要选择。本实例选择 KepServer 作为客户端访问。图 7-82 为新建 KepServer 通道。

图 7-82   新建 KepServer 通道

选择"OPC UA Client"如图 7-83 所示。

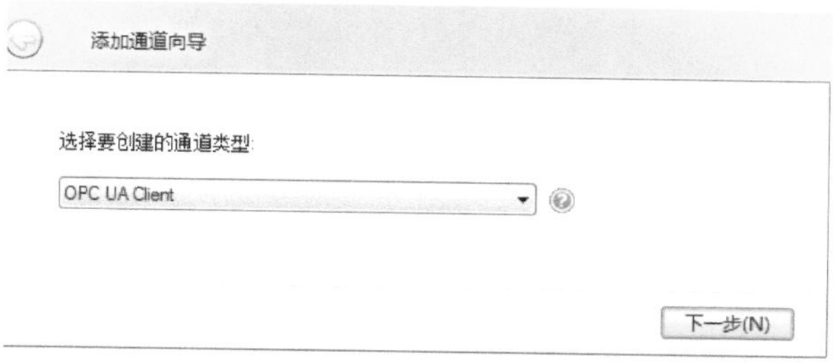

图 7-83　选择 "OPC UA Client"

将默认的端点 URL 改为 S7-1500 PLC 上的地址 opc.tcp://localhost：49320，如图 7-84 所示。

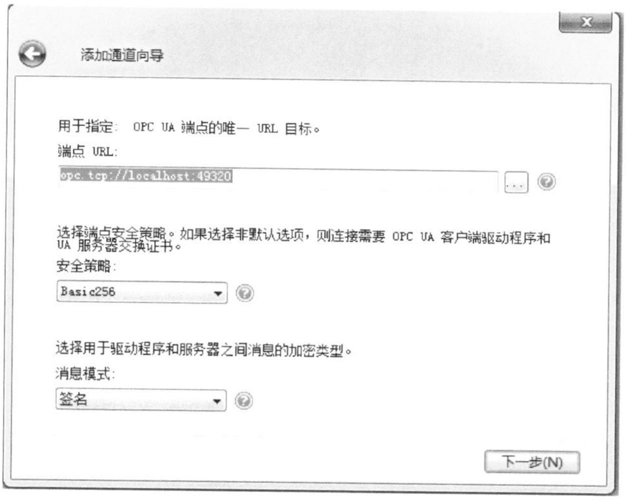

图 7-84　将默认的端点 URL 改为 S7-1500 PLC 上的地址

输入 OPC UA 的用户名和密码，如果采用访客模式，则单击 "下一步" 按钮，如图 7-85 所示。

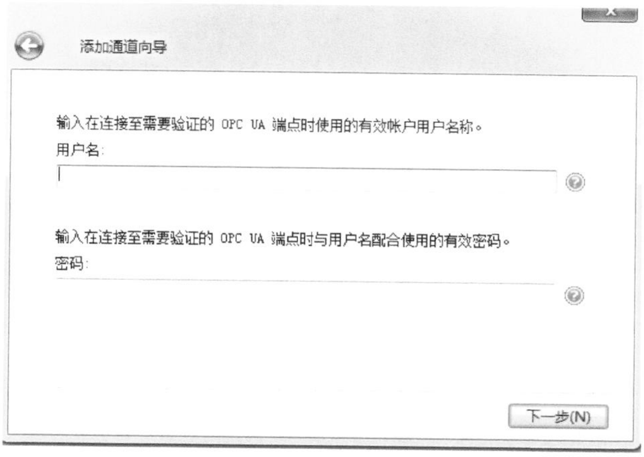

图 7-85　输入 OPC UA 的用户名和密码

添加设备向导如图 7-86 所示，根据实际进行配置，新建一个设备，并导入 S7-1500 PLC 的标签名。这里需要说明的是，OPC UA 设置正确才可以在线选择导入项，否则会提示错误。

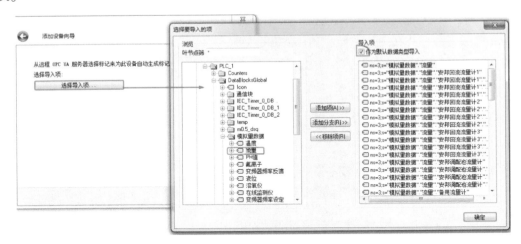

图 7-86　添加设备向导

添加完成后的设备如图 7-87 所示。

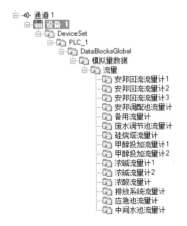

图 7-87　添加完成后的设备

验证通信成功后，通信数据的读/写均正常，OPC 客户端上的数据通信如图 7-88 所示。

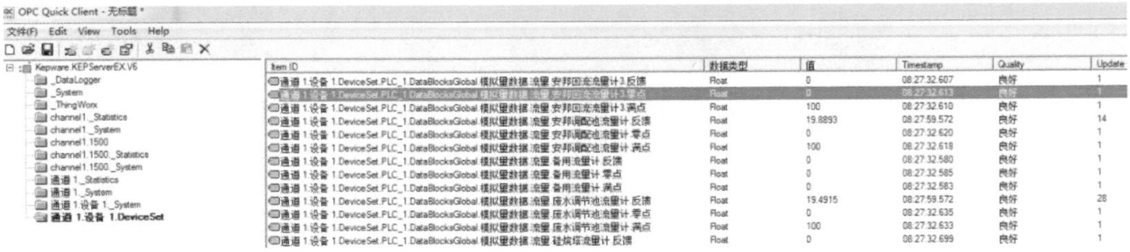

图 7-88　OPC 客户端上的数据通信

7.3.3　服务器为 WinCC RT 和客户端为精智面板的 OPC UA 通信

实例【7-5】WinCC RT 和 TP1500 Comfort 的 OPC UA 通信

采用 WinCC RT Professional 作为 OPC UA 服务器，采用 TP1500 Comfort 精智面板作为 OPC UA 客户端，TP1500 Comfort 精智面板使用 X3 以太网接口进行通信连接。

步骤与分析

（1）组态 WinCC RT Professional OPC UA 服务器。

为了使用 WinCC RT Professional OPC UA 服务器，必须保证 WinCC Runtime Professional 软件已经安装，且确认勾选了 "WinCC OPC UA Server" 选项，如图 7-89 所示。安装后，在文件夹中应该有 OPC 文件夹，且在该文件夹下应有 UAServer 文件夹，如图 7-90 所示。

图 7-89　勾选 "WinCC OPC UA Server" 选项　　　　图 7-90　UAServer 文件夹

建立 WinCC RT 项目，将 IP 地址设置为 192.168.40.33，如图 7-91 所示。

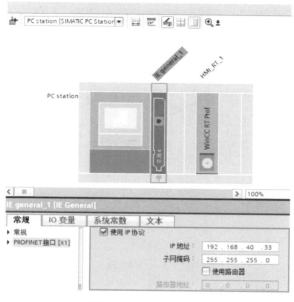

图 7-91　设置 IP 地址

建立 HMI 变量，如图 7-92 所示。

名称 ▲	变量表	数据类型	连接
RTProTag	默认变量表	Int	<内部变量>

图 7-92　建立 HMI 变量

新建一个画面，放置一个 IO 域，并关联变量 RTProTag，如图 7-93 所示。

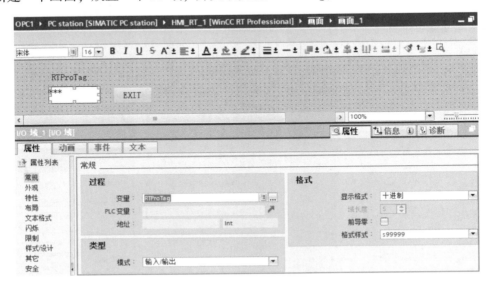

图 7-93　关联变量 RTProTag

"运行系统设置"界面如图 7-94 所示，设置"OPC 设置"，"端口号"使用默认值 4861，"安全策略"使用 Basic128Rsa15，"消息安全模式"选择"签名和加密"。

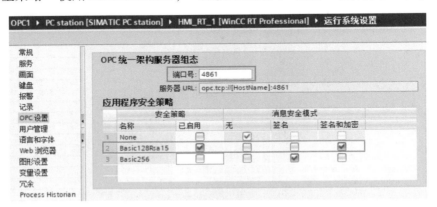

图 7-94　"运行系统设置"界面

启动 WinCC RT 运行系统或启动 WinCC RT 仿真运行系统。WinCC RT 必须有授权，如果项目中使用了中文，还必须有硬件加密锁，否则 OPC UA 通信无法建立。

（2）组态 TP1500 Comfort OPC UA 客户端。

使用 WinCC RT 创建 HMI_1［TP1500 Comfort］项目，连接名称为 Connection_1，通信驱

动程序为 OPC UA，对应的 UA 服务器为 opc.tcp://192.168.40.33：4861，如图 7-95 所示。

图 7-95　HMI_1［TP1500 Comfort］项目的 OPC UA 连接

由于 TP1500 Comfort 组态计算机就是 WinCC RT 项目运行计算机，所以 IP 地址都是 192.168.40.33。

单击"默认变量表"，建立一个新变量 opctag，连接选择 Connection_1，单击地址下拉三角，将弹出浏览 OPC UA 服务器失败的提示窗口，如图 7-96 所示。单击 ✕ 按钮关闭窗口。

图 7-96　浏览 OPC UA 服务器连接失败的提示窗口

在 WinCC RT 项目计算机中浏览文件夹，可以发现被拒绝的证书文件，如图 7-97 所示。

图 7-97　被拒绝的证书文件

拷贝证书文件到如图 7-98 所示的文件夹。

图 7-98　拷贝证书文件

单击 TP1500 Comfort 项目变量中的地址下拉三角，就可以正常浏览 WinCC RT OPC UA 服务器了，如图 7-99 所示，选择变量 RTProTag 后，单击 ▼ 按钮关闭对话框。

图 7-99　TP1500 Comfort 项目变量

默认变量表如图 7-100 所示。

图 7-100　默认变量表

建立一个画面，放置一个 IO 域，并关联到 opctag 后，将项目下载到 TP1500 Comfort 中。启动 TP1500 Comfort 运行系统，IO 域显示####，说明通信尚未建立。此时退出 TP1500 Comfort 运行系统。双击触摸屏桌面上的 My Computer 图标，进入文件系统，打开相应的文件夹，找到被拒绝的证书文件，如图 7-101 所示。

图 7-101　被拒绝的证书文件

将该证书文件拷贝至如图 7-102 所示的文件夹。

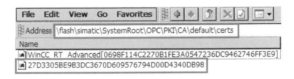

图 7-102　拷贝至文件夹

再次启动 TP1500 Comfort 运行系统，通信仍然没有建立。

打开 WinCC RT，可浏览到如图 7-103 所示的文件夹，发现一个新的被拒绝证书文件。

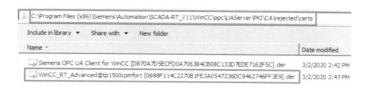

图 7-103　新的被拒绝证书文件

拷贝此证书文件至如图 7-104 所示的文件夹。这样，就完成了认证过程，通信也成功建立。

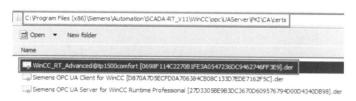

图 7-104　拷贝证书文件至文件夹

图 7-105、图 7-106 分别为 TP1500 Comfort 运行画面和 WinCC RT 运行画面。

图 7-105　TP1500 Comfort 运行画面　　　　图 7-106　WinCC RT 运行画面

参 考 文 献

［1］ 李方园．智能工厂设备配置研究 ［M］．北京：电子工业出版社．2018

［2］ 崔坚．SIMATIC S7-1500 与 TIA 博途软件使用指南 ［M］．北京：机械工业出版社．2018

［3］ 李方园．PLC 工程应用案例 ［M］．北京：中国电力出版社．2013

［4］ 西门子公司网站（http：//www. ad. siemens. com. cn）

反侵权盗版声明

电子工业出版社依法对本作品享有专有出版权。任何未经权利人书面许可，复制、销售或通过信息网络传播本作品的行为；歪曲、篡改、剽窃本作品的行为，均违反《中华人民共和国著作权法》，其行为人应承担相应的民事责任和行政责任，构成犯罪的，将被依法追究刑事责任。

为了维护市场秩序，保护权利人的合法权益，本社将依法查处和打击侵权盗版的单位和个人。欢迎社会各界人士积极举报侵权盗版行为，本社将奖励举报有功人员，并保证举报人的信息不被泄露。

举报电话：(010) 88254396；(010) 88258888
传　　真：(010) 88254397
E-mail：dbqq@phei.com.cn
通信地址：北京市海淀区万寿路 173 信箱
　　　　　电子工业出版社总编办公室
邮　　编：100036